建筑与市政工程施工现场八大员岗位读本

安 全 员

本书编委会　编

中国建筑工业出版社

图书在版编目(CIP)数据

安全员/本书编委会编. —北京：中国建筑工业出版
社，2014.8
(建筑与市政工程施工现场八大员岗位读本)
ISBN 978-7-112-17075-3

Ⅰ.①安… Ⅱ.①本… Ⅲ.①建筑工程-工程施工-安
全技术-岗位培训-自学参考资料 Ⅳ.①TU714

中国版本图书馆 CIP 数据核字(2014)第 152160 号

本书根据《建筑与市政工程施工现场专业人员职业标准》(JGJ/T 250—2011)、《建筑施工扣件式钢管脚手架安全技术规范》(JGJ 130—2011)、《建筑施工门式钢管脚手架安全技术规范》(JGJ 128—2010)、《建筑施工模板安全技术规范》(JGJ 162—2008)、《施工现场临时用电安全技术规范》(JGJ 46—2005)、《建筑施工起重吊装工程安全技术规范》(JGJ 276—2012)、《建筑机械使用安全技术规程》(JGJ 33—2012)、《建设工程施工现场消防安全技术规范》(GB 50720—2011)、《建筑施工安全检查标准》(JGJ 59—2011)等相关规范和标准编写而成的。共分为 8 章，包括：绪论、施工企业安全生产管理、建筑施工安全技术措施、分项工程安全技术措施、建筑机械使用安全、施工现场消防安全、施工现场安全检查、安全事故的救援及处理。本书可作为施工企业、培训机构对广大安全人员考证的培训教材，同时也可供安全人员自学使用或当做工作中的工具书使用。

*　　*　　*

责任编辑：武晓涛　张　磊
责任设计：董建平
责任校对：姜小莲　张　颖

建筑与市政工程施工现场八大员岗位读本
安全员
本书编委会　编

*

中国建筑工业出版社出版、发行(北京西郊百万庄)
各地新华书店、建筑书店经销
北京红光制版公司制版
北京同文印刷有限责任公司印刷

*

开本：787×1092 毫米　1/16　印张：18¾　字数：465 千字
2014 年 12 月第一版　　2015 年 9 月第二次印刷
定价：**42.00** 元
ISBN 978-7-112-17075-3
(25500)

编 委 会

前　言

安全员负责安全生产的日常监督与管理工作，做好定期与不定期的安全检查，控制安全事故的发生。为了更好地贯彻实施国家最新颁布的《建筑与市政工程施工现场专业人员职业标准》（JGJ/T 250—2011），提高安全员专业技术水平，加强科学施工与工程管理，确保工程质量和安全生产，我们组织建筑行业的专家学者，结合实践经验精心编写了此书。

本书根据《建筑与市政工程施工现场专业人员职业标准》（JGJ/T 250—2011）、《建筑施工扣件式钢管脚手架安全技术规范》（JGJ 130—2011）、《建筑施工门式钢管脚手架安全技术规范》（JGJ 128—2010）、《建筑施工模板安全技术规范》（JGJ 162—2008）、《施工现场临时用电安全技术规范》（JGJ 46—2005）、《建筑施工起重吊装工程安全技术规范》（JGJ 276—2012）、《建筑机械使用安全技术规程》（JGJ 33—2012）、《建设工程施工现场消防安全技术规范》（GB 50720—2011）、《建筑施工安全检查标准》（JGJ 59—2011）等相关规范和标准编写而成。共分为 8 章，包括：绪论、施工企业安全生产管理、建筑施工安全技术措施、分项工程安全技术措施、建筑机械使用安全、施工现场消防安全、施工现场安全检查、安全事故的救援及处理等。本书可作为施工企业、培训机构对广大安全人员考证的培训教材，同时也可供安全人员自学使用或当做工作中的工具书使用。

我们希望通过本书的介绍，对施工一线各岗位的人员及广大读者均有所帮助。由于编者的经验和学识有限，加之当今我国建筑业施工水平的飞速发展，尽管编者尽心尽力，但内容难免有疏漏或未尽之处，敬请有关专家和广大读者予以批评指正。

目　　录

1 绪 论

1.1 安全员的工作职责

安全员的工作职责宜符合表 1-1 的规定。

安全员的工作职责

表 1-1

项次	分　类	主要工作职责
1	项目安全策划	(1) 参与制定施工项目安全生产管理计划 (2) 参与建立安全生产责任制度 (3) 参与制定施工现场安全事故应急救援预案
2	资源环境安全检查	(4) 参与开工前安全条件检查 (5) 参与施工机械、临时用电、消防设施等的安全检查 (6) 负责防护用品和劳保用品的符合性审查 (7) 负责作业人员的安全教育培训和特种作业人员资格审查
3	作业安全管理	(8) 参与编制危险性较大的分部、分项工程专项施工方案 (9) 参与施工安全技术交底 (10) 负责施工作业安全及消防安全的检查和危险源的识别，对违章作业和安全隐患进行处置 (11) 参与施工现场环境监督管理
4	安全事故处理	(12) 参与组织安全事故应急救援演练，参与组织安全事故救援 (13) 参与安全事故的调查、分析
5	安全资料管理	(14) 负责安全生产的记录、安全资料的编制 (15) 负责汇总、整理、移交安全资料

1.2 安全员的专业要求

(1) 安全员应具备表 1-2 规定的专业技能。

安全员应具备的专业技能

表 1-2

项次	分　类	专　业　技　能
1	项目安全策划	(1) 能够参与编制项目安全生产管理计划 (2) 能够参与编制安全事故应急救援预案

项次	分 类	专 业 技 能
2	资源环境安全检查	（3）能够参与对施工机械、临时用电、消防设施进行安全检查，对防护用品与劳保用品进行符合性判断 （4）能够组织实施项目作业人员的安全教育培训
3	作业安全管理	（5）能够参与编制安全专项施工方案 （6）能够参与编制安全技术交底文件，并实施安全技术交底 （7）能够识别施工现场危险源，并对安全隐患和违章作业进行处置 （8）能够参与项目文明工地、绿色施工管理
4	安全事故处理	（9）能够参与安全事故的救援处理、调查分析
5	安全资料管理	（10）能够编制、收集、整理施工安全资料

（2）安全员应具备表 1-3 规定的专业知识。

安全员应具备的专业知识　　　　　　　　　　表 1-3

项次	分 类	专 业 知 识
1	通用知识	（1）熟悉国家工程建设相关法律法规 （2）熟悉工程材料的基本知识 （3）熟悉施工图识读的基本知识 （4）了解工程施工工艺和方法 （5）熟悉工程项目管理的基本知识
2	基础知识	（6）了解建筑力学的基本知识 （7）熟悉建筑构造、建筑结构和建筑设备的基本知识 （8）掌握环境与职业健康管理的基本知识
3	岗位知识	（9）熟悉与本岗位相关的标准和管理规定 （10）掌握施工现场安全管理知识 （11）熟悉施工项目安全生产管理计划的内容和编制方法 （12）熟悉安全专项施工方案的内容和编制方法 （13）掌握施工现场安全事故的防范知识 （14）掌握安全事故救援处理知识

2 施工企业安全生产管理

2.1 建筑施工企业安全生产管理主要内容

安全生产管理是企业管理的一个重要组成部分，是指经营管理者对安全生产工作进行的策划、组织、指挥、协调、控制和改进的一系列活动，目的是保证在生产经营活动中的人身安全、财产安全，促进生产的发展，保持社会的稳定。

完善安全生产管理体制，建立健全安全生产管理制度、安全生产管理机构和安全生产责任制是安全管理的重要内容，也是实现安全生产目标管理的组织保证。

2.1.1 安全生产管理的主要任务

（1）贯彻落实国家安全生产法规，落实"安全第一、预防为主、综合治理"的安全生产、劳动保护方针。

（2）制定安全生产的各种规程、规定和制度，并认真贯彻实施。

（3）制定并落实各级安全生产责任制。

（4）积极采取各项安全生产技术措施，保障职工有一个安全可靠的作业条件，减少和杜绝各类事故。

（5）采取各种劳动卫生措施，不断改善劳动条件和环境，防止和消除职业病和职业危害，做好女工和未成年工的特殊保护，保障劳动者的身心健康。

（6）定期对企业的各级领导、特种作业人员和所有职工进行安全教育，强化安全意识。

（7）及时完成各类事故进行调查、处理和上报。

（8）推动安全生产目标管理，推广和应用现代化安全管理技术与方法，深化企业安全管理。

2.1.2 安全生产管理体制

为适应社会主义市场经济的需要，1993年国务院将原来的"国家监察、行政管理、群众监督"的安全生产管理体制，发展为"企业负责、行业管理、国家监察、群众监督"。同时，又考虑到许多事故发生的原因，是由于劳动者不遵守规章制度，违章违纪造成的，所以增加了"劳动者遵章守纪"这一条规定。实践证明，这样的安全生产管理体制更加符合社会主义市场经济条件下，加强企业安全生产工作的要求。

1. 企业负责

企业负责这条原则，最先是由时任国务院副总理邹家华提出，并通过国务院（1993）50号文正式发布的。这条原则的确立，进一步完善了自1985年以来，我国实行的"国家监察、行政管理、群众监督"的管理体制，明确了企业应认真贯彻执行劳动保护和安全生产的政策、法令和规章制度，要对本企业的劳动保护和安全生产工作负责。从而改变了以往安全生产工作由国家包办代替，企业责任不明确的情况，健全了社会主义市场经济条件下的安全生产管理体制。

2. 行业管理

企业行政主管部门根据"管生产必须管安全"的原则。管理本行业的安全生产工作，建立安全管理机构，配备安全技术干部，组织贯彻执行国家安全生产方针、政策、法规；制定行业的规章制度和规范标准；对本行业安全生产工作进行计划、组织和监督检查及考核等。

3. 国家监察

安全生产行政主管部门按照国务院要求，实施国家劳动安全监察。国家监察是一种执法监察，主要是监察国家法律法规的执行情况，预防和纠正违反法规、政策的偏差。它不干预企事业遵循法律法规、制定的措施和步骤等具体事务，也不能替代行业管理部门日常管理和安全检查。

4. 群众（工会组织）监督

保护职工的安全健康是工会的职责。工会对危害职工安全健康的现象有抵制、纠正及控告的权力，这是一种自下而上的群众监督。这种监督是与国家安全监察和行政管理相辅相成的，应密切配合，相互合格，互通情况，共同搞好安全生产工作。

5. 劳动者遵章守纪

从许多事故发生的原因看，大都与职工的违章行为有直接关系。因此，劳动者的遵章守纪与安全生产有着直接的关系，遵章守纪是实现安全生产的前提和重要保证。劳动者应当在生产过程中自觉遵守安全生产规章制度和劳动纪律，严格执行安全技术操作规程，做到不违章操作，并制止他人的违章操作，从而实现全员的安全生产。

2.1.3 安全生产管理制度

安全生产管理制度是根据坚持国家法律、行政法规制定的，项目全体员工在生产经营活动中必须贯彻执行，同时，也是企业规章制度的重要组成部分。通过建立安全生产管理制度，可以把企业员工组织起来，围绕安全生产目标进行生产建设。同时，我国的安全生产方针和法律法规也是通过安全生产管理制度去实现的。安全生产管理制度既有国家制定的，也有企业制定的。

1963 年 3 月 30 日，在总结了我国安全生产管理经验的基础上，由国务院发布了《关于加强企业生产中安全工作的几项规定》。在这个规定中，规定了必须建立的五项基本制度，即安全生产责任制、安全技术措施、安全生产教育、安全生产定期检查、伤亡事故的调查和处理。尽管我们在安全生产管理方面已取得了长足进步，但这五项制度仍是今天企业必须建立的安全生产管理基本制度。此外，随着社会和生产的发展，安全生产管理制度也在不断发展，国家和企业在五项基本制度的基础上又建立和完善了许多新制度，如安全卫生评价，易燃、易爆、有毒物品管理，防护用品使用与管理，特种设备及特种作业人员管理，机械设备安全检修，以及文明生产等制度。

2.1.4 安全生产管理机构

建筑施工企业安全生产管理机构是指建筑施工企业及其在建设工程项目中设置的负责安全生产管理工作的独立职能部门。它是建筑业企业安全生产的重要组织保证。

1. 安全生产管理机构的主要职责

(1) 宣传和贯彻国家有关安全生产法律法规和标准；

(2) 编制并适时更新安全生产管理制度并监督实施；

(3) 组织或参与企业生产安全事故应急救援预案的编制及演练；

(4) 组织开展安全教育培训与交流；

(5) 协调配备项目专职安全生产管理人员；

(6) 制订企业安全生产检查计划并组织实施；

(7) 监督在建项目安全生产费用的使用；

(8) 参与危险性较大工程安全专项施工方案专家论证会；

(9) 通报在建项目违规违章查处情况；

(10) 组织开展安全生产评优评先表彰工作；

(11) 建立企业在建项目安全生产管理档案；

(12) 考核评价分包企业安全生产业绩及项目安全生产管理情况；

(13) 参加生产安全事故的调查和处理工作；

(14) 企业明确的其他安全生产管理职责。

2. 安全生产管理机构的设置

每一个建筑业企业，都应当建立健全以企业法人为第一责任人的安全生产保证系统，都必须建立完善的安全生产管理机构。

(1) 公司一级安全生产管理机构

公司应设立以法人为第一责任者分工负责的安全管理机构，根据本单位的施工规模及职工人数设置专职安全生产管理机构部门并配备专职安全员。根据规定，特一级企业安全员配备不应少于 25 人，一级企业不应少于 15 人，二级企业不应少于 10 人，三级企业不应少于 5 人。建立安全生产领导小组，实行领导小组成员轮流进行安全生产值班制度，随时解决和处理生产中的安全问题。

(2) 工程项目经理部安全生产管理机构

工程项目经理部是施工第一线的管理机构，必须依据工程特点，建立以项目经理为首的安全生产领导小组。小组成员由项目经理、项目技术负责人、专职安全员、施工员及各工种班组的组长组成。工程项目经理部应根据工程规模大小配备专职安全员。建立安全生产领导小组成员轮流安全生产值日制度，解决和处理施工生产中的安全问题并进行巡回安全生产监督检查，并建立每周一次的安全生产例会制度和每日班前安全讲话制度。项目经理应亲自主持定期的安全生产例会，协调安全与生产之间的矛盾，督促检查班前安全讲话活动的活动记录。

项目施工现场必须建立安全生产值班制度。24 小时分班作业时，每班都必须要有领导值班和安全管理人员在现场。做到只要有人作业，就有领导值班。值班领导应认真做好安全生产值班记录。

　　建设工程实行施工总承包的，安全生产领导小组由总承包企业、专业承包企业和劳务分包企业项目经理、技术负责人和专职安全生产管理人员组成。

　　施工现场安全管理机构示意图见图 2-1。

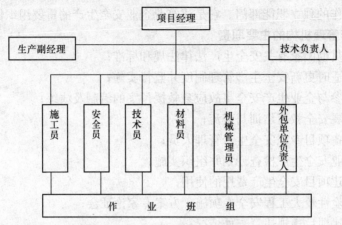

图 2-1　施工现场安全管理机构示意图

　　（3）生产班组安全生产管理

　　加强班组安全建设是安全生产管理的基础，也是关键所在。因为班组成员既是完成安全生产各项目标的主要承担者和实现者，也是生产安全事故和职业危害的直接受害者。每个生产班组都要设置不脱产的兼职安全巡查员，协助班组长搞好班组的安全生产管理。班组要坚持班前班后岗位安全检查、安全值日和安全日活动制度，同时要做好班组的安全记录。

　　加强班组安全管理是减少伤亡事故最切实、最有效的方法。

2.1.5　安全生产责任制

　　安全生产责任制是生产经营单位和企业根据"管生产必须管安全"、"安全生产，人人有责"的原则，明确规定各级领导、各职能部门、岗位、各工种人员在生产活动中应承担的安全职责的管理制度。

　　安全生产责任制是各项安全管理制度的核心，是企业岗位责任制的一个重要组成部分，是企业安全管理中最基本的制度，是保障安全生产的重要组织措施。它是经过长期的安全生产、劳动保护管理实践证明的成功制度与措施。

　　实践证明，凡是建立、健全了安全生产责任制的企业，各级领导重视安全生产、劳动保护工作，切实贯彻执行党的安全生产、劳动保护方针、政策和国家的安全生产、劳动保护法规，在认真负责地组织生产的同时，积极采取措施，改善劳动条件，工伤事故和职业性疾病就会减少。反之，就会职责不清，相互推诿，而使安全生产、劳动保护工作无人负责，无法进行，工伤事故与职业病就会不断发生。

　　建立和健全以安全生产责任制为中心的各项安全管理制度，是保障施工项目安全生产的重要组织手段。没有规章制度，就没有准绳，无章可循就容易出问题。安全生产是关系到施工企业全员、全方位、全过程的一件大事，因此，必须制定具有制约性的安全生产责任制。

建立和实施安全生产责任制，就将安全与生产从组织领导上统一起来，把管生产必须管安全的原则从制度上固定下来，从而增强了各级管理人员的安全责任感，充分调动各级人员和各部门的积极性和主观能动性，使安全管理纵向到底、横向到边，专管成线，群管成网，责任明确，协调配合，共同努力，真正把安全生产工作落到实处。

1. 企业领导安全生产责任

（1）企业法人代表

1）认真贯彻执行国家有关安全生产的方针政策和法规、规范，掌握本企业安全生产动态，定期研究安全工作。对本企业安全生产负全面领导责任。

2）领导编制和实施本企业中、长期整体规划及年度、特殊时期安全工作实施计划。建立健全和完善本企业的各项安全生产管理制度及奖惩办法。

3）制定企业各级安全责任制等制度，建立健全安全生产的保证体系，保证安全技术措施经费的落实。

4）领导并支持安全管理人员或部门的监督检查工作；定期向企业职工代表会议报告企业安全生产情况和措施。

5）定期研究解决安全生产中的问题。

6）组织审批安全技术措施计划并贯彻实施。

7）定期组织安全检查和开展安全竞赛等活动。

8）对职工进行安全和遵章守纪教育。

9）督促各级领导干部和各职能单位的职工做好本职范围内的安全工作。

10）总结与推广安全生产先进经验。

11）在事故调查组的指导下，领导、组织本企业有关部门或人员做好特大、重大伤亡事故调查处理的具体工作，监督防范措施的制定和落实，预防事故重复发生。主持重大伤亡事故的调查分析，提出处理意见和改进措施，并督促实施。

（2）企业技术负责人（总工程师）

1）贯彻执行国家和上级的安全生产方针、政策，协助法定代表人做好安全方面的技术领导工作，在本企业施工安全生产中负技术领导责任。

2）领导制订年度和季节性施工计划时，要确定指导性的安全技术方案。

3）组织编制和审批施工组织设计、特殊复杂工程项目或专业性工程项目施工方案时，应严格审查是否具备的安全技术措施及其可行性，并提出决定性意见。

4）领导安全技术攻关活动，确定劳动保护研究项目，并组织鉴定验收。

5）对本企业使用的新材料、新技术、新工艺从技术上负责，组织审查其使用和实施过程中的安全性，组织编制或审定相应的操作规程，重大项目应组织安全技术交底工作。

6）参加特大、重大伤亡事故的调查，从技术上分析事故原因，制定防范措施。

（3）企业主管生产负责人

1）对本企业安全生产工作负直接领导责任，协助法定代表人认真贯彻执行安全生产方针、政策、法规，落实本企业各项安全生产管理制度。

2）组织实施本企业中长期、年度、特殊时期安全工作规划、目标及实施计划，组织落实安全生产责任制。

3）参与编制和审核施工组织设计、特殊复杂工程项目或专业性工程项目施工方案。

审批本企业工程生产建设项目中的安全技术管理措施，制订施工生产中安全技术措施经费的使用计划。

4）领导组织本企业的安全生产宣传教育工作，确定安全生产考核指标。

5）领导组织本企业定期和不定期的安全生产检查，及时解决施工中的不安全生产问题。

6）认真听取、采纳安全生产的合理化建议，保证本企业安全生产保障体系的正常运转。

7）在事故调查组的指导下，组织特大、重大伤亡事故的调查、分析及处理中的具体工作。

2. 项目管理人员安全生产责任

（1）项目经理

1）对合同工程项目生产经营过程中的安全生产负全面领导责任。

2）贯彻落实安全生产方针、政策、法规和各项规章制度，结合项目特点及施工全过程的情况，制定本工程项目各项安全生产管理办法，或针对性的安全管理要求，并监督其实施。

3）在组织工程项目业务承包、聘用业务人员时，必须本着安全工作只能加强的原则，根据工程特点，确定安全工作的管理体制和人员，并明确各业务承包人的安全责任和考核指标，严格履行安全考核指标和安全生产奖惩办法，支持、指导安全管理人员的工作。

4）健全和完善用工管理手续，录用外包队必须及时向有关部门申报，严格用工制度与管理规定，适时组织上岗安全教育，要对外包工队的健康与安全负责，加强劳动保护工作。

5）组织落实施工组织设计中的安全技术措施，组织并监督工程项目施工中安全技术交底制度和设备、设施验收使用制度的实施。

6）领导、组织施工现场定期的安全生产检查，发现施工生产中不安全问题，组织制定措施，及时解决。对上级提出的安全生产与管理方面的问题，要定时、定人、定措施予以解决。

7）发生事故，及时上报，保护好现场，做好抢救工作，积极组织配合事故的调查，认真落实纠正和预防措施，吸取事故教训。

（2）项目工程技术负责人（项目总工程师）

1）对项目工程生产经营中的安全生产负技术责任。

2）贯彻、落实安全生产方针、政策，严格执行安全技术规程、规范、标准。结合项目工程特点，主持项目工程的安全技术交底。

3）参加或组织编制施工组织设计，编制、审查施工方案时，要制定、审查安全技术措施，保证其可行性与针对性，并随时检查、监督、落实。

4）主持制定技术措施计划和季节性施工方案的同时，制定相应的安全技术措施并监督执行。及时解决执行中出现的问题。

5）项目工程应用新材料、新技术、新工艺，要及时上报，经批准后方可实施。同时要组织上岗人员的安全技术培训、教育。认真执行相应的安全技术措施与安全操作工艺、要求，预防施工中因化学物品引起的火灾、中毒或其新工艺实施中可能造成的事故。

6) 主持安全防护设施和设备的验收。发现设备、设施的不正常情况应及时采取措施。严格控制不合标准要求的防护设备、设施投入使用。

7) 参加安全生产检查，对施工中存在的不安全因素，从技术方面提出整改意见和办法予以消除。

8) 参加、配合因工伤亡及重大未遂事故的调查，从技术上分析事故原因，提出防范措施、意见。

(3) 安全员

1) 认真执行安全生产规章制度，不违章指导。

2) 落实施工组织设计中的各项安全技术措施。

3) 经常进行安全检查，消除事故隐患，制止违章作业。

4) 对员工进行安全技术和安全纪律教育。

5) 发生工伤事故及时报告，并认真分析原因，提出和落实改进措施。

(4) 工长、施工员

1) 认真执行上级有关安全生产规定，对所管辖班组（特别是外包工队）的安全生产负直接领导责任。

2) 认真执行安全技术措施及安全操作规程，针对生产任务特点，向班组（特别是外包工队）进行书面安全技术交底，履行签认手续，并对规程、措施、交底要求执行情况经常检查，及时纠正作业违章。

3) 经常检查所辖班组（特别是外包工队）作业环境及各种设备、设施的安全状况，发现问题及时纠正解决。对重点、特殊部位施工，必须检查作业人员及各种设备设施技术状况是否符合安全要求，严格执行安全技术交底，落实安全技术措施，并监督其执行，做到不违章指挥。

4) 定期和不定期组织所辖班组（特别是外包工队）学习安全操作规程，开展安全教育活动，教育工人不违章作业。接受安全部门或人员的安全监督检查，及时解决提出的不安全问题。

5) 对分管工程项目应用的新材料、新工艺、新技术严格执行申报、审批制度，发现问题，及时停止使用，并上报有关部门或领导。

6) 发生因工伤亡及未遂事故要保护好现场，立即上报。

(5) 班组长

1) 严格执行安全生产规章制度及安全操作规程，合理安排班组人员工作，对本班组人员在生产中的安全和健康负责。

2) 经常组织班组人员学习安全操作规程，监督班组人员正确使用个人劳保用品，不断提高自保能力。

3) 安排生产任务时要认真进行安全技术交底，有权拒绝违章指挥，也不违章指挥、冒险蛮干。

4) 岗前要对所使用的机具、设备、防护用具及作业环境进行安全检查，发现问题立即采取改进措施，及时消除事故隐患，并上报有关领导。

5) 组织班组开展安全活动，开好班前安全生产会，做好收工前的安全检查，坚持周安全讲评工作。

6) 认真做好新工人的岗位教育。

7) 发生因工伤亡及未遂事故要立即组织抢救，保护好现场，立即上报有关领导。

（6）分包单位（队）负责人

1) 认真执行安全生产的各项法规、规定、规章制度及安全操作规程，合理安排班组人员工作，对该项目本单位（队）人员在施工生产中的安全和健康负责。

2) 按制度严格履行各项劳务用工手续，做好本单位（队）人员的岗位安全培训，经常组织学习安全操作规程，监督员工遵守劳动、安全纪律，做到不违章指挥，制止违章作业。

3) 必须保持本单位（队）人员的相对稳定，人员需要变更时，须事先向有关部门申报，批准后新来人员应按规定办理各种手续，并经入场和上岗安全教育后方准上岗。

4) 根据上级的交底向本单位（队）各工种进行详细的书面安全交底，针对当天任务、作业环境等情况，做好班前安全讲话，监督其执行情况，发现问题及时纠正、解决。

5) 定期和不定期组织检查本单位（队）人员作业现场安全生产状况，发现问题及时纠正，重大隐患应立即上报有关领导。

6) 发生因工伤亡及未遂事故，保护好现场，做好伤者抢救工作，并立即上报有关领导。

（7）工人

1) 认真学习，严格执行安全技术操作规程，自觉遵守安全生产规章制度。

2) 积极参加安全活动，认真执行安全交底，不违章作业，服从安全人员的指导。

3) 发扬团结友爱精神，在安全生产方面做到互相帮助、互相监督。对新工人要积极传授安全生产知识，维护一切安全设施和防护用具，做到正确使用，不准拆改。

4) 对不安全作业要敢于提出意见，并有权拒绝违章指令。

5) 发生伤亡和未遂事故，要保护好现场并立即上报。

3. 各职能部门安全责任

（1）生产计划部门

1) 在编制年、季、月生产计划时，必须树立"安全第一"的思想，组织均衡生产，保障安全工作与生产任务协调一致。对改善劳动条件、预防伤亡事故的项目必须视同生产任务，纳入生产计划优先安排，在检查生产计划完成情况时，一并检查。对施工中重要的安全防护设施、设备的实施工作（如支拆脚手架、安全网等）也要纳入计划，列为正式工序，给予时间保证。

2) 在检查生产计划实施情况的同时，要检查安全措施项目的执行情况。

3) 坚持按合理施工顺序组织生产，要充分考虑职工的劳逸结合，认真按施工组织设计组织施工。

4) 在生产任务与安全保障发生矛盾时，必须优先安排解决安全工作的实施。

（2）技术部门

1) 认真学习、贯彻国家和上级有关安全技术及安全操作规程规定，保障施工生产中的安全技术措施的制定与实施。

2) 在编制和审查施工组织设计和方案的过程中，要在每个环节中贯穿安全技术措施，对确定后的方案，若有变更，应及时组织修订。

3）检查施工组织设计和施工方案中安全措施的实施情况，对施工中涉及安全方面的技术性问题，提出解决办法。

4）对新技术、新材料、新工艺，必须制定相应的安全技术措施和安全操作规程。

5）对改善劳动条件，减轻笨重体力劳动，消除噪声、治理尘毒危害等方面的治理情况进行研究，负责制定技术措施。

6）参加伤亡事故和重大已、未遂事故中技术性问题的调查，分析事故原因，从技术上提出防范措施。

7）会同劳动、教育部门编制安全技术教育计划，对职工进行安全技术教育。

（3）安全管理部门

1）贯彻执行国家安全生产和劳动保护方针、政策、法规、条例及企业的规章制度。

2）做好安全生产的宣传教育和管理工作，总结交流推广先进经验。

3）经常深入基层，指导下级安全技术人员的工作，掌握安全生产情况，调查研究生产中的不安全问题，提出改进意见和措施。

4）组织安全活动和定期安全检查，及时向上级领导汇报安全情况。

5）参加审查施工组织设计（施工方案）和编制安全技术措施计划，并对贯彻执行情况进行督促检查。

6）与有关部门共同做好新员工、转岗工人、特种作业人员的安全技术训练、考核、发证工作。

7）进行工伤事故统计、分析和报告，参加工伤事故的调查和处理。

8）制止违章指挥和违章作业，遇有严重险情，有权暂停生产，并报告领导处理。

9）对违反安全生产和劳动保护法规的行为，经说服劝阻无效时，有权越级上告。

（4）机械动力部门

1）对机、电、起重设备、锅炉、受压容器及自制机械设施的安全运行负责，按照安全技术规范经常进行检查，并监督各种设备的维修、保养的进行。

2）对设备的租赁要建立安全管理制度。确保租赁设备完好、安全可靠。

3）对新购进的机械、锅炉、受压容器及大修、维修、外租回厂后的设备必须严格检查和把关，新购进的要有出厂合格证及完整的技术资料，使用前制定安全操作规程，组织专业技术培训，向有关人员交底，并进行鉴定验收。

4）参加施工组织设计、施工方案的会审，提出涉及安全的具体意见，同时负责督促下级落实，保证实施。

5）对严重危及职工安全的机械设备，应会同技术部门提出技术改进措施，并付诸实施。

6）对特种作业人员定期培训、考核，制止无证上岗。

7）参加因工伤亡及重大未遂事故的调查，从事故设备方面，认真分析事故原因，提出处理意见，制定防范措施。

（5）劳动、劳务部门

1）对职工（含外包队工）进行定期的教育考核，将安全技术知识列为工人培训、考工、评级内容之一，对招收新工人（含外包队工）要组织入厂教育和资格审查，保证提供的人员具有一定的安全生产素质。

2）严格执行国家特种作业人员上岗位作业的有关规定，适时组织特种作业人员的培训工作，并向安全部门或主管领导通报情况。

3）认真落实国家和地方政府有关劳动保护的法规，严格执行有关人员的劳动保护待遇，并监督实施情况。

4）负责对劳动保护用品发放标准的执行情况进行监督检查，并根据上级有关规定，修改和制定劳保用品发放标准实施细则。

5）对违反劳动纪律，影响安全生产者应加强教育，经说服无效或屡教不改的应提出处理意见。

6）参加因工伤亡事故的调查，从用工方面分析事故原因，提出防范措施，并认真执行对事故责任者（工人）的处理决定，并将处理材料归档。

（6）材料采购部门

1）凡购置的各种机、电设备，脚手架，新型建筑装饰、防水等料具或直接用于安全防护的料具及设备，必须执行国家、市有关规定，必须有产品介绍或说明的资料，严格审查其产品合格证明材料，必要时做抽样试验，回收后必须检修。

2）采购的劳动保护用品，必须符合国家标准及相关规定，并向主管部门提供情况，接受对劳动保护用品的质量监督检查。

3）负责采购、保管、发放和回收劳动保护用品，并向本单位劳动部门提供使用情况。

4）做好材料堆放和物品储存，对物品运输应加强管理，保证安全。

5）对批准的安全设施所用的材料应纳入计划，及时供应。

6）对所属员工经常进行安全意识和纪律教育。

（7）财务部门

1）根据本企业实际情况及企业安全技术措施经费的需要，按计划及时提取安全技术措施经费、劳保保护经费、安全教育宣传费用及其他安全生产所需经费，保证专款专用。

2）按照国家对劳动保护用品的有关标准和规定，负责审查购置劳动保护用品的合法性，保证其符合标准。

3）协助安全主管部门办理安全奖、罚的手续。

（8）人事部门

1）根据国家有关安全生产的方针、政策及企业实际，配备具有一定文化程度、技术和实践经验的安全干部，保证安全干部的素质。

2）会同有关部门对施工、技术、管理人员进行遵章守纪教育。

3）按照国家规定，负责审查安全管理人员资格，有权向主管领导建议调整和补充安全监督管理人员。

4）参加因工伤亡事故的调查，认真执行对事故责任者的处理决定，并将处理材料归档。

（9）保卫消防部门

1）贯彻执行国家有关消防保卫的法规、规定，协助领导做好消防保卫工作。

2）制定年、季消防保卫工作计划和消防安全管理制度，并对执行情况进行监督检查，参加施工组织设计、方案的审批，提出具体建议并监督实施。

3）经常对职工进行消防安全教育，会同有关部门对特种作业人员进行消防安全考核。

4）组织消防安全检查，督促有关部门对火灾隐患进行解决。

5）负责调查火灾事故的原因，提出处理意见。

6）参加新建、改建、扩建工程项目的设计、审查和竣工验收。

7）负责施工现场的保卫。对新招收人员需进行暂住证等资格审查，并将情况及时通知安全管理部门。

8）对已发生的重大事故，会同有关部门组织抢救，查明性质；对性质不明的事故要参与调查；对破坏和破坏嫌疑事故负责追查处理。

（10）教育部门

1）组织与施工生产有关的学习班时，要安排安全生产教育课程。

2）将安全教育纳入职工培训教育计划，负责组织职工的安全技术培训和教育。

（11）行政卫生部门

1）配合有关部门，负责对职工进行体格普查，对特种作业人员要定期检查，提出处理意见。

2）监测有毒有害作业场所的尘毒浓度，做好职业病预防工作。

3）正确使用防暑降温费用，保证清凉饮料的供应及卫生。

4）负责本企业食堂（含现场临时食堂）的管理工作，搞好饮食卫生，预防疾病和食物中毒的发生。对冬季取暖火炉的安装、使用负责监督检查，防止煤气中毒。

5）经常对本部门人员开展安全教育，对机电设备和机具要指定专人负责并定期检查维修。

6）对施工现场大型生活设施的建、拆，要严格执行有关安全规定，不违章指挥、违章作业。

7）发生工伤事故要及时上报并积极组织抢救、治疗，并向事故调查组提供伤势情况，负责食物中毒事故的调查与处理，提出防范措施。

（12）基建部门

1）在组织本企业的新建、改建、扩建工程项目的设计、施工、验收时，必须贯彻执行国家和地方有关建筑施工的安全法规和规程。

2）自行组织施工的，施工前应按照施工程序编制安全技术措施，审查外包施工的承包单位资质等级必须符合施工的等级范围，提出施工安全要求，并督促检查落实。

（13）宣传部门

1）大力宣传党和国家的安全生产方针、政策、法令，教育职工树立安全第一的思想。

2）配合各种安全生产竞赛等活动，做好宣传鼓动工作。

3）及时总结报道安全生产的先进事迹和好人好事。

4. 总包与分包单位安全生产责任

（1）总包单位安全生产责任

在几个施工单位联合施工实行总承包制度时，总包单位要统一领导和管理分包单位的安全生产，其责任有：

1）审查分包单位的安全生产保证体系与条件，对不具备安全生产条件的，不得发包工程。

2）对分包的工程，承包合同要明确安全责任。

3）对外包单位工人承担的工程要做好详细的安全交底，提出明确的安全要求，并认真监督检查。

4）对违反安全规定冒险蛮干的分包单位，要勒令停产。

5）凡总包单位产值中包括外包单位完成的产值的，总包单位要统计上报外包单位的伤亡事故，并按承包合同的规定，处理外包单位的伤亡事故。

（2）分包单位安全生产责任

1）分包单位行政领导对本单化的安全生产工作负责，认真履行承包合同规定的安全生产责任。

2）认真贯彻执行国家和当地政府有关安全生产的方针、政策、法规、规定。

3）服从总包单位关于安全生产的指挥，执行总包单位有关安全生产的规章制度。

4）及时向总包单位报告伤亡事故，并按承包合同的规定调查处理伤亡事故。

2.1.6　安全生产管理目标

1. 安全生产管理目标概述

通常，企业发展所设定的目标主要是两类目标，一类是企业发展、效益提高、市场占有、企业竞争力提升的目标；另一类就是安全生产目标，它包括安全目标方针、工伤事故的指标、尘毒、噪声等。可见，企业安全生产方面的目标是企业整个发展目标体系的重要组成部分，是企业发展的重要目标。

（1）安全生产目标是生产经营单位确定的。在一定时期内应该达到的安全生产总目标。安全生产目标通常以千人负伤率、万吨产品死亡率、尘毒作业点合格率、噪声作业点合格率及设备完好率等预期达到的目标值来表示。为了保证生产经营活动的正常进行，生产经营单位必须加强目标管理，制定自上而下的、切实可行的安全生产目标，形成以总目标为中心的全体人员参与的完整的安全生产目标体系。

（2）安全目标体系就是安全目标的网络化、细分化。安全目标展开要做到横向到边，纵向到底，纵横连锁形成网络。横向到边就是把生产经营单位的总目标分解到各个部门；纵向到底就是把单位的总目标由上而下一层一层分解，明确落实到人，体现"安全生产、人人有责"。把安全生产目标有效展开，是确保安全生产目标体系建立的重要环节。

（3）安全生产目标管理是指企业根据自己的整体目标，在分析外部环境和内部条件的基础上，确定安全生产所要达到的目标，并采取一系列措施去努力实现这些目标的活动过程。推行安全生产目标管理不仅能进一步深化企业安全生产责任制，强化安全生产管理，体现"安全生产人人有责"的原则，使安全生产工作实现全员管理，而且有利于提高企业广大职工的安全素质。

（4）安全生产目标管理的任务是制订奋斗目标，明确责任，落实措施，实行严格的考核与奖惩，以激励广大干部职工积极参与全面、全员、全过程的安全生产管理，主动按照安全生产的奋斗目标和安全生产责任制的要求，落实安全措施，消除人的不安全行为和物的不安全状态。

（5）企业和企业主管部门要制订安全生产目标管理计划，经主管领导审查同意，由主管部门与实行安全生产目标管理单位签订责任书，将安全生产管理目标纳入各单位的目标管理计划，主要领导人（企业法人代表）应对安全生产目标管理计划的制订与实施负总的责任。

（6）安全生产目标管理的特点是强调安全生产管理的结果，一切决策以实现目标为准绳，依据相互衔接、相互制约的目标体系有组织地开展全体员工都参加的安全生产管理活动，并随着企业生产经营活动而持久地进行下去，以此激发各级目标责任者为实现安全生产目标而自觉采取措施。

2. 安全生产目标管理的基本内容

安全生产目标管理的基本内容包括目标体系的确立，目标的实施及目标成果的检查与考核。具体包括以下几方面：

（1）确定切实可行的目标值。要在生产经营单位中实行安全生产目标管理，首先要将安全生产任务转化为目标，确定目标值。可采用科学的目标预测法，根据企业的需要和可能，采取系统分析的方法，确定合适的目标值，并研究为达到目标应采取的措施和手段。

建筑施工企业安全生产目标管理主要目标值有：

1）工伤事故的次数和伤亡程度指标。

2）安全投入指标。

3）日常安全管理的工作指标。

（2）制定实施办法。根据安全决策和目标的要求，制定实施办法，做到有具体的保证措施，包括组织技术措施，明确完成程序和时间、承担具体责任的负责人，并签订有关合同。措施应力求量化，以便于实施和考核。

（3）规定具体的考核标准和奖惩办法。企业要认真贯彻执行《安全生产目标管理考核标准》。考核标准不仅应规定目标值，而且要把目标值分解为若干个具体要求来加以考核。

（4）安全生产目标管理必须与安全生产责任制挂钩，层层分解，实行个人保班组，班组保工段，工段保车间，车间保全厂（公司），企业保主管部门。充分调动各级组织和全体职工的积极性，才能保证安全生产管理目标的实现。

（5）安全生产目标管理必须与企业生产经营、资产经营承包责任制挂钩，作为整个企业目标管理的一个重要组成部分，实行经营管理者任期目标责任制、租赁制和各种经营承包责任制的单位负责人，应把安全生产目标管理实现与他们的经济收入和荣誉挂起钩来，完成则增加奖励，未完成则依据具体情况给予处罚。

（6）企业及其主管部门对安全生产目标管理计划的执行情况要定期进行检查与考核。对于弄虚作假者，要严肃处理。

3. 安全生产目标的设定

安全生产目标的设定是安全生产目标管理的核心。设定的目标是否得当，关系着安全管理的成效，影响着职工参加管理的积极性。这是一个很重要的环节。

（1）安全生产目标设定的依据

1）国家的有关法律、法规、规范性文件、政策、法令等。

2）安全生产监督管理部门的要求。

3）上级管理部门的劳动保护工作方针、政策和要求。

4）行业及本企业的中长期劳动保护规划。

5）行业及本企业工伤事故和职业病统计资料与数据。

6）本企业的安全工作和施工现场劳动条件的现状与问题。

7）本企业的技术条件和经济条件。

（2）安全生产目标设定的原则

1）可行性原则。所谓可行，是指目标必须切合实际，要结合本企业的技术条件和经济条件，参照本企业历年来的安全生产统计资料，通过分析论证，确定经过努力可以达到的目标。但应注意，有些目标是法律或政府硬性规定，是必须达到的。

2）突出重点原则。安全目标计划应突出安全管理工作的重点，要分清主次，对次要目标及分项目标要少而精，以免影响对关键问题的控制。关键问题一般是发生频率高、后果严重的事故类型和职业病。

3）综合性原则。企业制定的安全生产目标，既要保证上级有关部门的安全控制指标的完成，也要兼顾企业各个管理环节、部门及每个员工的实际情况，并能为其所能接受和实现。

4）先进性原则。所谓先进，一是指要相对高于本企业前一阶段的指标；二是指标要尽可能高于国内同行业的平均水平。

5）可量化原则。目标要尽可能做到具体、量化。这既有利于检查、评比和控制，又有利于调动职工实现目标的积极性。对于有些难于量化的目标，也应尽量规定具体要求。

6）激励先进原则。在制定目标时，特别要注意激励先进人物，使之能突破所制定的目标，为下一年度制定新目标提供实践经验。

7）目标与措施的对应性。目标必须有措施作保证，目标与措施必须相对应，否则，就失去了安全目标管理的科学性。

（3）安全生产目标设定的内容和范围

1）伤亡事故控制目标：如企业千人重伤率、千人死亡率、伤害频率和火灾事故的控制指标等。

2）安全教育培训目标：如全员安全教育率、全员安全教育次数和教育时间、特种作业人员上岗持证率、特种作业人员教育复审率、厂长（经理）和安全管理人员上岗教育、新员工"三级"安全教育、班组长教育、变换工种教育和复岗教育等。

3）尘毒有害作业场所达标率目标：主要指作业场所的尘毒检测合格率等。

4）重大危险源和事故隐患监控管理目标：如对事故隐患整改的目标等。

5）安全检查的目标：如安全检查的次数、特种设备检查率等。

6）现代化的科学管理方法应用的目标：如安全检查表的运用范围、电化教育运用、事故树分析方法等。

7）安全标准化班组达标率目标：如班组安全制度化教育等。

（4）建筑施工企业施工项目常采用的安全生产管理目标

1）安全生产控制目标："六无"、"三消灭"。

① "六无"，即无施工人员伤亡，无重大工程结构事故、无重大机械设备事故、无重大火灾事故、无重大管线事故、无危爆物品爆炸事故。

② "三消灭"，即消火违章指挥、消灭违章操作、消灭"惯性事故"。

2）伤亡控制目标："一杜绝"、"二控制"。

① "一杜绝"，即杜绝重伤及死亡事故（包括自有职工和外协队伍）。

② "二控制"，即控制年负伤率、控制年安全事故率。

3）安全生产标准化管理达标目标。合格率：100％；优良率，如80％以上。

4）文明施工目标：

①"一创建"，即创建安全文明示范工地。

②文明施工检查合格率，如95％以上。

5）安全管理目标：持证上岗率100％；设备完好率，如90％以上；安全检查合格率，如80％以上。

2.1.7 安全生产管理原则

1."管生产必须管安全"的原则

（1）"管生产必须管安全"原则是指企业各级干部和广大职工在生产过程中必须坚持在抓生产的同时要抓安全。

（2）"管生产必须管安全"原则是我国企业必须坚持的基本原则。国家和企业的职责，就是要保护劳动者的安全与健康，保证国家财产和人民生命财产的安全，尽一切努力在生产和其他活动中避免一切可以避免的事故。其次，企业的最优化目标是高产、低耗、优质、安全。忽视安全，片面追求产量、产值，是无法达到最优化目标的。伤亡事故的发生，不仅会给企业，还可能给环境、社会，乃至在国际上造成恶劣影响，造成无法弥补的损失。

（3）"管生产必须管安全"原则体现了安全和生产的统一，生产和安全是一个有机的整体，两者不能分割，更不应对立起来，应将安全寓于生产之中，生产组织者在生产技术实施过程中，应当承担安全生产的责任，要把"管生产必须管安全"原则落实到每个职工的岗位责任制中去。从组织上、制度上固定下来，以保证这一原则的实施。

2.坚持"五同时"原则

"五同时"，是指企业的生产组织及领导者在计划、布置、检查、总结、评价生产经营的时候，应同时计划、布置、检查、总结、评价安全工作。要求企业把安全工作落实到每一个生产组织管理环节中去，促使企业在生产工作中把对生产的管理与对安全的管理较好地统一起来，并坚持"管生产必须管安全"的原则。使得企业在管理生产的同时必须认真贯彻执行我国的安全生产方针及法律法规，建立健全企业的各种安全生产规章制度，包括安全生产责任制，安全生产管理的有关规定，安全卫生技术规范、标准、技术措施，各工种安全操作规程等，并根据企业自身特点和工作需要设置安全管理专门机构，配备专职人员。

3.坚持"三同时"原则

"三同时"，是指凡是我国境内新建、改建、扩建的基本建设项目（工程）、技术改造项目（工程）和引进的建设项目，其劳动安全卫生设施必须符合国家规定的标准，必须与主体工程同时设计、同时施工、同时投入生产和使用。以确保项目投产后符合国家规定的劳动安全卫生标准，保障劳动者在生产过程中的安全与健康。

4.坚持"三个同步"原则

"三个同步"，是指安全生产与经济建设、企业深化改革、技术改造同步策划、同步发展、同步实施的原则。"三个同步"要求把安全生产内容融化在生产经营活动的各个方面中，以保证安全与生产的一体化，克服安全与生产"两张皮"的弊病。

5. 坚持"四不放过"原则

"四不放过",是指在调查处理工伤事故时,必须坚持事故原因分析不清不放过,事故责任者和群众没有受到教育不放过,事故隐患不整改不放过,事故的责任者没有受到处理不放过的原则。

"四不放过"原则的第一层含义是要求在调查处理工伤事故时,首先要把事故原因分析清楚,找出导致事故发生的真正原因,不能敷衍了事,不能在尚未找到事故主要原因时就轻易下结论,也不能把次要原因当成真正原因,未找到真正原因决不轻易放过,直至找到事故发生的真正原因,搞清楚各因素的因果关系才算达到事故分析的目的。

"四不放过"原则的第二层含义是要求在调查处理工伤事故时,不能认为原因分析清楚了,有关责任人员也处理了就算完成任务了,还必须使事故责任者和企业员工了解事故发生的原因及所造成的危害,并深刻认识到搞好安全生产的重要性,使大家从事故中吸取教训,在今后工作中更加重视安全工作。

"四不放过"原则的第三层含义是要求在对工伤事故进行调查处理时,必须针对事故发生的原因,提出防止相同或类似事故重复发生的切实可行的预防措施,并督促事故发生单位付诸实施,只有这样,才算达到了事故调查和处理的最终目的。

6. 坚持"五定"原则

对查出的安全隐患要做到"五定",即定整改责任人、定整改措施、定整改完成时间、定整改完成人、定整改验收人。

7. 坚持"六个坚持"

(1) 坚持管生产同时管安全

安全寓于生产之中,并对生产发挥促进与保证作用,因此,安全与生产虽有时会出现矛盾,但从安全、生产管理的目标,表现出高度的一致和安全的统一。

安全管理是生产管理的重要组成部分,安全与生产在实施过程中,两者存在着密切的联系,存在着进行共同管理的基础。

国务院在《关于加强企业生产中安全工作的几项规定》中明确指出:"各级领导人员在管理生产的同时,必须负责管理安全工作。""企业中各有关专职机构,都应该在各自业务范围内,对实现安全生产的要求负责。"

管生产同时管安全,不仅是对各级领导人员明确安全管理责任,同时,也向一切与生产有关的机构、人员,明确了业务范围内的安全管理责任。由此可见,一切与生产有关的机构、人员,都必须参与安全管理,并在管理中承担责任。认为安全管理只是安全部门的事,是一种片面的、错误的认识。

各级人员安全生产责任制度的建立,管理责任的落实,体现了管生产同时管安全的原则。

(2) 坚持目标管理

安全管理的内容是对生产中的人、物、环境因素状态的管理,有效地控制人的不安全行为和物的不安全状态,消除或避免事故,达到保护劳动者的安全与健康的目标。

没有明确目标的安全管理是一种盲目行为,盲目的安全管理,充其量只能算作花架子,往往劳民伤财,危险因素依然存在。在一定意义上,盲目的安全管理,只能纵容威胁人的安全与健康的状态,向更为严重的方向发展或转化。

（3）坚持预防为主

安全生产的方针是"安全第一、预防为主"。

"安全第一"是从保护生产力的角度和高度，表明在生产范围内，安全与生产的关系，肯定安全在生产活动中的位置和重要性。进行安全管理不是处理事故，而是在生产经营活动中，针对生产的特点，对生产要素采取管理措施，有效地控制不安全因素的发生与扩大，把可能发生的事故，消灭在萌芽状态，以保证生产经营活动中，人的安全与健康。

"预防为主"，首先要端正对生产中不安全因素的认识，端正消除不安全因素的态度，选准消除不安全因素的时机。在安排与布置生产经营任务的时候，针对施工生产中可能出现的危险因素，采取措施予以消除是最佳选择。在生产活动过程中，经常检查，及时发现不安全因素，采取措施，明确责任。尽快地、坚决地予以消除，是安全管理应有的鲜明态度。

（4）坚持"四全"动态管理

安全管理不是少数人和安全机构的事，而是一切与生产有关的机构、人员共同的事，缺乏全员的参与，安全管理不会有生气、不会出现好的管理效果。当然，这并非否定安全管理第一责任人和安全监督机构的作用。安全管理机构和第一责任人在安全管理中的作用固然重要，但全员参与安全管理也十分重要。

安全管理涉及生产经营活动的方方面面，涉及从开工到竣工交付使用的全部生产过程，涉及全部的生产时间，涉及一切变化着的生产因素。因此，生产经营活动中必须坚持全员、全过程、全方位、全天候的动态安全管理。

只抓住一时一事、一点一滴、简单草率、一阵风式的安全管理，是走过场、形式主义，不是我们提倡的安全管理作风。

（5）坚持过程控制

通过识别和控制特殊关键过程，预防和消除事故，防止或消除事故伤害，保护劳动者的安全与健康。在安全管理的主要内容中，虽然都是为了达到安全管理的目标，但是对生产因素状态的控制，与安全管理目标关系更直接，显得更为突出，因此，对生产中人的不安全行为和物的不安全状态的控制，必须看作是动态的安全管理的重点。事故发生往往由人的不安全行为运动轨迹与物的不安全状态运动轨迹的交叉所造成，从事故发生的原因看，也说明了对生产因素状态的控制，应该作为安全管理重点，而不能把约束当做安全管理的重点，是因为约束缺乏带有强制性的手段。

（6）坚持持续改进

安全管理是在变化着的生产经营活动中的管理，是一种动态管理。其管理就意味着是不断改进发展的、不断变化的，以适应变化的生产活动，消除新的危险因素。然而更为需要的是不间断地摸索新的规律，总结管理、控制的办法与经验，指导新的变化后的管理，从而使安全管理不断的上升到新的高度。

2.1.8 安全生产管理要点

1. 基本要求

（1）取得安全行政主管部门颁布的《安全生产许可证》后，方可施工。

（2）总包单位及分包单位都应持有《施工企业安全资格审查认可证》，方可组织施工。

（3）必须建立健全安全管理保障制度。

（4）各类人员必须具备相应的安全生产资格方可上岗。

（5）所有施工人员必须经过三级安全教育。

（6）特殊工种作业人员，必须持有《特种作业操作证》。

（7）对查出的事故隐患要做到"定整改责任人、定整改措施、定整改完成时间、定整改完成人、定整改验收人"。

（8）必须把好安全生产措施关、交底关、教育关、防护关、检查关和改进关。

（9）必须建立安全生产值班制度，必须有领导带班。

2. 安全管理网络

（1）施工现场安全防护管理网络，如图 2-2 所示。

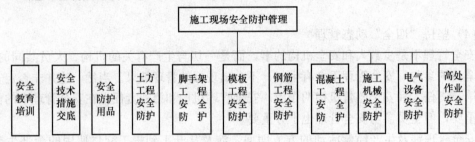

图 2-2　施工现场安全防护管理网络

（2）施工现场临时用电安全管理网络，如图 2-3 所示。

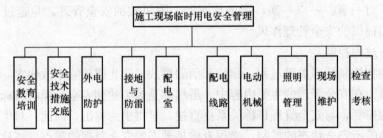

图 2-3　施工现场临时用电安全管理网络

（3）施工现场机械安全管理网络，如图 2-4 所示。

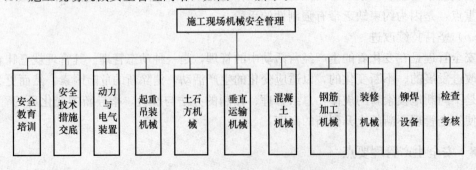

图 2-4　施工现场机械安全管理网络

（4）施工现场消防保卫管理网络，如图 2-5 所示。

（5）施工现场管理网络，如图 2-6 所示。

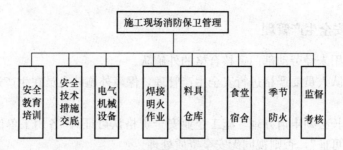

图 2-5　施工现场消防保卫管理网络

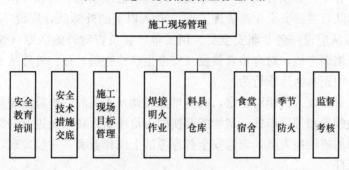

图 2-6　施工现场管理网络

3. 各施工阶段安全生产管理要点

（1）基础施工阶段

1）挖土机械作业安全。

2）边坡防护安全。

3）降水设备与临时用电安全。

4）防水施工时的防火、防毒。

5）人工挖、扩孔桩安全。

（2）结构施工阶段

1）临时用电安全。

2）内外架及洞口防护。

3）作业面交叉施工及临边防护。

4）大模板和现场堆料防倒塌。

5）机械设备的使用安全。

（3）装修阶段

1）室内多工种、多工序的立体交叉防护。

2）外墙面装饰防坠落。

3）防水和油漆的防火、防毒。

4）临电、照明及电动工具的使用安全。

（4）季节性施工

1）雨季防触电、防雷击、防尘、防沉陷坍塌、防大风、临时用电安全。

2）高温季节防中暑、中毒、防疲劳作业。

3）冬期施工防冻、防滑、防火、防煤气中毒、防大风雪、大雾、用电安全。

2.1.9 外施队安全生产管理

（1）不得使用未经劳动部门审核合格的外施队。

（2）对外施队人员要严格进行安全生产管理，保障外施队人员在生产过程中的安全和健康。

（3）外施队长必须申请办理《施工企业安全资格认可证》。各用工单位应监督、协助外施队办理"认可证"，否则视同无安全资质处理。

（4）依照"管生产必须管安全"的原则，外施队必须明确一名领导作为本队安全生产负责人，主管本队日常的安全生产管理工作。50人以下的外施队，应设一名兼职安全员，50人以上的外施队应设一名专职安全员。用工单位要负责对外施队专（兼）职安全员进行安全生产业务培训考核，对合格者签发《安全生产检查员》证。外施队专（兼）职安全员应持证上岗，纠正本队违章行为。

（5）外施队要保证人员相对稳定，确需增加或调换人员时，外施队领导必须事先提出计划，报请有关领导和部门审核。增加或调换的人员按新入场人员进行三级安全教育。凡未经同意擅自增加或调换人员，未经安全教育考试上岗作业者，一经发现，追究有关部门和外施队领导责任。

（6）外施队领导必须对本队人员进行经常性的安全生产和法制教育，必须服从用工单位各级安全管理人员的监督指导。用工单位各级安全管理人员有权按照规章制度，对违章冒险作业人员进行经济处罚，停工整顿，直到建议清退出场。用工单位应认真研究安全管理人员的建议，对决定清退出场的外施队，用工单位必须及时上报集团总公司安全施工管理处和劳动力调剂服务中心，劳务部门当年不得再与该队签订用工协议，也不得转移到其他单位，若发现因外施队严重违章应清退出场而未清退或转移到集团其他单位的，则追究有关人员责任。

（7）外施队自身必须加强安全生产教育，提高技术素质和安全生产的自我保护意识，认真执行班前安全讲话制度，建立每周一次安全生产活动日制度。讲评一周安全生产情况，学习有关安全生产规章制度，研究解决存在安全隐患，表彰好人好事，批评违章行为，组织观看安全生产录像等，并做好活动记录。

（8）外施队领导和专（兼）职安全员必须每日上班前对本队的作业环境，设施设备的安全状态进行认真的检查，对检查发现的隐患，应本着凡是自己能解决的，不推给上级领导，立即解决的原则。凡是检查发现的重大隐患，必须立即报告项目经理部的安全管理员。

（9）外施队领导和专（兼）职安全员应在本队人员作业过程中巡视检查，随时纠正违章行为，解决作业中人为形成的隐患。下班前对作业中使用的设施设备进行检查，确认机电拉闸断电，用火熄灭，活完料净场地清，确定无误后，方准离开现场。

（10）凡违反有关规定，使用未办理《施工企业安全资格认可证》、未经注册登记、无用工手续的外施队或对外施队没有进行三级安全教育，安全部门有权对用工单位和直接责任者进行经济处罚。造成严重后果，触犯刑法的，提交司法部门处理。

2.2　安全技术管理

安全技术是指为控制或消除生产过程中的危险因素，防止发生各种伤害，以及火灾、爆炸等事故，并为职工提供安全、良好的劳动条件而研究与应用的技术。简而言之，安全技术就是劳动安全方面所采取的各种技术措施的总称。

2.2.1　基础概念

1. 安全技术

安全技术的基本任务为：

（1）分析生产过程中引起伤亡事故的原因，采取各种技术措施，消除隐患，预防事故发生。

（2）掌握与积累各种资料，以便作为制定有关安全法令、规程、标准及企业的安全技术操作规程、各项安全制度的依据。

（3）编写安全生产宣传教育材料。

（4）研究、制定、分析伤亡事故的办法。

2. 安全技术措施

安全技术措施是指为改善劳动条件、防止工伤事故和职业病的危害，从技术上采取的措施，是"预防为主"工作的具体体现。各种安全技术措施，都是根据变危险作业为安全作业、变笨重劳动为轻便劳动、变手工操作为机械操作的原则，通过改进安全设备、作业环境或操作方法，达到安全生产的目的。

在工程项目施工中，针对工程的特点、施工现场环境、施工方法、劳动组织、作业方法、使用的机械、动力设备、变配电设施、架设工具以及各项安全防护设施等制定的确保安全施工的预防措施，称为施工安全技术措施。施工安全技术措施包括安全防护设施和安全预防设施，是施工组织设计的重要组成部分。它是具体安排和指导项目工程安全施工的安全管理与技术文件之一。

3. 安全技术措施计划

在社会主义建设中，有计划地改善劳动条件，搞好安全生产，是我们党和国家的一贯政策。企业必须安排适当的资金，用于改善安全设施，更新安全技术装备以及其他安全生产投入，以保证企业达到法律、法规、标准规定的安全生产条件，并对由于安全生产所必需的资金投入不足导致的后果承担责任。为了保证安全资金的有效投入，企业应编制安全技术措施计划。

所谓安全技术措施计划（即劳动保护措施计划），是指企业为了保护职工在生产过程中的安全和健康，根据需要制定的本年度或一定时期在安全技术工作上的规划。是企业综合计划即生产、经营、财务计划的组成部分，也是企业安全工作的重要内容。

2.2.2　安全技术管理的基本要求

（1）所有建筑工程的施工组织设计（施工方案），都必须有安全技术措施；爆破、吊装、水下、深坑、支模、拆除等大型特殊工程，都要编制单项安全技术方案，否则不得开工。安全技术措施要有针对性，要根据工程特点、施工方法、劳动组织和作业环境等情况提出，防止一般化。

（2）施工现场道路、上下水及采暖管道、电气线路、材料堆放、临时和附属设施等的平面布置，都要符合安全、卫生、防水要求，并要加强管理，做到安全生产和文明生产。

（3）各种机电设备的安全装置和起重设备的限位装置，都要齐全有效，没有的不能使用。要建立定期维修保养制度，检修机械设备要同时检修防护装置。

（4）脚手架、井字架（龙门架）和安全网，搭设完必须经工长验收合格，方能使用。使用期间要指定专人维护保养，发现有变形、倾斜、摇晃等情况，要及时加固。

（5）施工现场坑、井、沟和各种孔洞，易燃易爆场所，变压器周围，都要指定专人设置围栏或盖板和安全标志，夜间要设红灯示警。各种防护设施、警告标志，未经施工负责人批准，不得移动和拆除。

（6）实行逐级安全技术交底制度。开工前，技术负责人要将工程概况、施工方法、安全技术措施等情况向全体职工进行详细交底，两个以上施工队或工种配合施工时，施工队长、工长要按工程进度定期或不定期地向有关班组长进行交叉作业的安全交底。班组每天对工人进行施工要求、作业环境的安全交底。

（7）混凝土搅拌站、木工车间、沥青加工点及喷漆作业场所等，都要采取措施，限期使尘毒浓度达到国家标准。

（8）采用各种安全技术和工业卫生的革新和科研成果，都要经过试验、鉴定和制定相应安全技术措施，才能使用。

（9）加强季节性劳动保护工作。夏季要防暑降温；冬季要防寒防冻，防止煤气中毒；雨季和台风到来之前，应对临时设施和电气设备进行检修，沿河流域的工地要做好防洪抢险准备；雨雪过后要采取防滑措施。

（10）施工现场和木工加工厂（车间）和贮存易燃易爆器材的仓库，要建立防火管理制度，备足防火设施和灭火器材，要经常检查，保持良好。

（11）凡新建、改建和扩建的工厂和车间，都应采用有利于劳动者的安全和健康的先进工艺和技术。劳动安全卫生设施与主体工程同时设计、同时施工、同时投产。

2.2.3　安全技术措施

1. 施工安全技术措施范围和依据

《建筑法》第三十八条规定，建筑施工企业在编制施工组织设计时，应当根据建筑工程的特点制定相应的安全技术措施。根据不同工程的结构特点，提出有针对性的具体安全技术措施，不仅可以指导施工，而且也是进行安全技术交底、安全检查和验收的有效可靠依据，同样也是职工生命的根本保证。为此，安全技术措施在安全施工中占有相当重要的位置。

安全技术措施范围，包括改善劳动条件（指影响人身安全和健康及设备安全的），预防各种伤亡事故，以及机械设备使用中的安全、预防职业病和职业中毒、确保行车安全等各项措施。

编制安全技术措施计划应以"安全第一，预防为主、综合治理"的安全生产方针为指导思想，以《安全生产法》等法律法规、国家或行业标准为依据。

项目部在编制施工组织设计和安全技术措施计划时，应根据国家公布的劳动保护立法和各项安全技术标准为依据，根据公司年度施工生产的任务，该工程施工的特点，确定安全技术措施项目，制定相应的安全技术措施，针对安全生产检查中发现的隐患、未能及时解决的问题以及对新工艺、新技术、新设备等所应采取的措施，做到不断改善劳动条件，防止工伤事故的发生。对专业性较强的工程项目应当编制专项安全施工组织设计，并采取安全技术措施。

项目部应当在施工现场采取维护安全、防范危险、预防火灾等措施，有条件的，应当对施工现场实行封闭管理。

施工现场对毗邻的建筑物、构筑物和特殊作业环境可能造成损害的，建筑施工企业应当采取安全防护措施。

2. 施工安全技术措施编制的要求

编制安全技术措施绝不是只摘录几条标准、规范，而是必须根据工程施工的特点，充分考虑各种危险因素，遵照有关规程规定，结合以往的施工经验与教训，按照以下要求编制。

（1）要在工程开工前编制，并经过审批。

（2）施工安全技术措施的编制要有超前性。施工安全技术措施在项目开工前必须编制好，在工程图纸会审时，就要开始考虑到施工安全问题。因为开工前经过编审后正式下达施工单位指导施工的安全技术措施，对于该工程各种安全设施的落实就有较充分的准备时间。设计和施工发生变更时，安全技术措施必须及时变更或相应补充完善。

（3）施工安全技术措施的编制要有针对性。施工安全技术措施是针对每项工程特点而制定的，编制安全技术措施的技术人员必须掌握工程概况、施工方法、施工环境条件等资料，并熟悉安全法规、标准等才能编写出有针对性的安全技术措施。编制时应主要考虑以下几个方面：

1）针对不同工程的特点可能造成的施工危害，从技术上采取措施，消除危险，保证施工安全。

2）针对不同的施工方法制定相应的安全技术措施。井巷作业、水下作业、立体交叉作业、滑模、网架整体提升吊装，大模板施工等，可能给施工带来不安全因素，从技术上采取措施，保证安全施工。

3）针对不同分部分项工程的施工工艺可能给施工带来的不安全因素，从技术上采取措施保证其安全实施。如土方工程、地基与基础工程、脚手架工程、支模、拆模等都必须编制单项工程的安全技术措施。

4）针对使用的各种机械设备、变配电设施给施工人员可能带来的危险因素，从安全保险装置等方面采取的技术措施。

5）针对施工中有毒、有害、易燃、易爆等作业可能给施工人员造成的危害，从技术上采取措施，防止伤害事故。

6）针对施工现场及周围环境，可能给施工人员及周围居民带来危害，以及材料、设备运输带来的困难和不安全因素，制定相应的安全技术措施予以保护。

7）针对季节性施工的特点，制定相应的安全技术措施。夏季要制定防暑降温措施；雨期施工要制定防触电、防雷、防坍塌措施；冬期施工要制定防风、防火、防滑、防煤气中毒、防亚硝酸钠中毒措施。

（4）施工安全技术措施的编制必须可靠。安全技术措施均应贯彻于每个施工工序之中，力求细致全面，具体可靠。

如施工平面布置不当，临时工程多次迁移，建筑材料多次转运，不仅影响施工进度，造成很大浪费，有的还留下安全隐患。

再如，易爆易燃物资临时仓库及明火作业区、工地宿舍、厨房等定位及间距不当，可能酿成事故。

只有把多种因素和各种不利条件，考虑周全，有对策措施，才能真正做到预防事故。

但是，全面具体不等于罗列一般通常的操作工艺、施工方法以及日常安全工作制度、安全纪律等。这些制度性规定，安全技术措施中不需再作抄录，但必须严格执行。

（5）编制施工安全技术的措施要有可操作性。对大中型项目工程，结构复杂的重点工程除必须在施工组织总体设计中编制施工安全技术措施外，还应编制单位工程或分部分项工程安全技术措施，详细制定出有关安全方面的防护要求和措施，并易于操作、实现，确保单位工程或分部分项工程的安全施工。

（6）编制施工组织设计或施工方案时，如果使用新技术、新工艺、新设备、新材料，必须研究应用相应的安全技术措施。

（7）安全技术措施中必须有施工总平面图，在图中必须对危险的油库、易燃材料库、变电设备以及材料、构件的堆放位置、塔式起重机、井字架或龙门架、搅拌台的位置等按照施工需要和安全规程的要求明确定位，并提出具体要求。

（8）特殊和危险性大的工程，施工前必须编制单独的安全技术措施方案。

（9）施工作业中因任务变更或原安全技术措施不当，对继续施工有影响的，应重新进行安全技术措施交底或补充编制安全技术措施，经批准后向施工人员交底方可继续施工。

3. 施工安全技术措施编制的主要内容

工程大致分为两类：结构共性较多的称为一般工程；结构比较复杂、技术含量高的称为特殊工程。

由于施工条件、环境等不同，同类结构工程既有共性，也有不同之处。不同之处在共性措施中就无法解决。

因此应根据工程施工特点不同危险因素，按照有关规程的规定，结合以往的施工经验与教训，编制安全技术措施。

安全技术措施包括安全防护设施和安全预防设施，主要有17方面的内容，如防火、防毒、防爆、防洪、防尘、防雷击、防触电、防坍塌、防物体打击、防机械伤害、防起重设备滑落，防高空坠落、防交通事故、防寒、防暑、防疫、防环境污染等方面措施。

（1）一般工程安全技术措施

1）根据基坑、基槽、地下室等开挖深度、土质类别，选择开挖方法，确定边坡的坡度或采取何种基坑支护方式，以防塌方。

2）脚手架选型及设计搭设方案和安全防护措施。

3）高处作业的上下安全通道。

4）安全网（平网、立网）的架设要求，范围（保护区域）、架设层次、段落。

5）对施工电梯、龙门架（井架）等垂直运输设备，搭设位置要求，稳定性、安全装置等的要求，防倾覆、防漏电措施。

6）施工洞口的防护方法和主体交叉施工作业区的隔离措施。

7）场内运输道路及人行通道的布置。

8）编制临时用电的施工组织设计和绘制临时用电图纸。在建工程（包括脚手架具）的外侧边缘与外电架空线路的间距达到最小安全距离采取的防护措施。

9）防火、防毒、防爆、防雷等安全措施。

10）在建工程与周围人行通道及民房的防护隔离设置。

（2）特殊工程施工安全技术措施

对于结构复杂，危险性大的特殊工程，应编制单项的安全技术措施。

如爆破、大型吊装、沉箱、沉井、烟囱、水塔、特殊架设作业，高层脚手架、井架和拆除工程必须编制单项的安全技术措施。并注明设计依据，做到有计算、有详图、有文字说明。

（3）季节性施工安全措施

季节性施工安全措施，就是考虑不同季节的气候，对施工生产带来的不安全因素，可能造成的各种突发性事故，从防护上、技术上、管理上采取的措施。

一般建筑工程中在施工组织设计或施工方案的安全技术措施中，编制季节性施工安全措施。危险性大、高温期长的建筑工程，应单独编制季节性的施工安全措施。季节性主要指夏季、雨季和冬季。

各季节性施工安全的主要内容是：

1）夏季气候炎热，高温时间持续较长，主要是做好防暑降温工作。

2）雨季进行作业，主要应做好防触电、防雷、防塌方、防洪和防台风的工作。

3）冬季进行作业，主要应做好防风、防火、防冻、防滑、防煤气中毒、防亚硝酸钠中毒的工作。

4. 施工安全技术措施的实施要求

经批准的安全技术措施必须认真贯彻执行。遇到因条件变化或考虑不周需变更安全技术措施内容时，应经原编制、审批人员办理变更手续，否则不能擅自变更。

（1）工程开工前，应将工程概况、施工方法和安全技术措施，向参加施工的工地负责人、工长、班组长进行安全技术措施交底。

每个分项工程开工前，应重复进行分项工程的安全技术交底工作。使执行者了解其要求，为落实安全技术措施打下基础，安全交底应有书面材料，双方签字并保存记录。

（2）安全技术措施中的各种安全设施的实施应列入施工任务计划单，责任落实到班组或个人，并实行验收制度。

（3）加强安全技术措施实施情况的检查，技术负责人、安全技术人员应经常深入工地检查安全技术措施的实施情况，及时纠正违反安全技术措施的行为，各级安全管理部门应以施工安全技术措施为依据，以安全法规和各项安全规章制度为准则，经常性地对工地实施情况进行检查，并监督各项安全措施的落实。

（4）对安全技术措施的执行情况，除认真监督检查外，还应建立起与经济挂钩的奖罚制度。

2.2.4　安全技术交底

1. 安全技术交底的目的

为确保实现安全生产管理目标、指标，规范安全技术交底工作，确保安全技术措施在工程施工过程中得到落实，按不同层次、不同要求和不同方式进行，使所有参与施工的人员了解工程概况、施工计划，掌握所从事工作的内容、操作方法、技术要求和安全措施等，确保安全生产，避免发生生产安全事故。

2. 安全技术交底依据

（1）施工图纸、施工图说明文件，包括有关设计人员对涉及施工安全的重点部位和环节方面的注明、对防范生产安全事故提出的指导意见，以及采用新结构、新材料、新工艺和特殊结构时设计人员提出的保障施工作业人员安全和预防生产安全事故的措施建议。

（2）施工组织设计、安全技术措施和专项安全施工方案。

（3）相关工种的安全技术操作规程。

（4）《建筑施工安全检查标准》（JGJ 59—2011）、《建筑施工扣件式钢管脚手架安全技术规范》（JGJ 130—2011）、《施工现场临时用电安全技术规范》（JGJ 46—2005）、《建筑施工高处作业安全技术规范》（JGJ 80—1991）等国家、行业的标准、规范。

（5）地方法规及其他相关资料。

（6）建设单位或监理单位提出的特殊要求。

3. 安全技术交底职责分工

（1）工程项目开工前，由施工组织设计编制人、审批人向参加施工的施工管理人员（包括分包单位现场负责人、安全管理员）、班组长进行施工组织设计及安全技术措施交底。

（2）分部分项工程施工前、专项安全施工方案实施前，由方案编制人会同施工员将安全技术措施、施工方法、施工工艺、施工中可能出现的危险因素、安全施工注意事项等向参加施工的全体管理人员（包括分包单位现场负责人、安全管理员）、作业人员进行交底。

（3）每道施工工序开始作业前，项目部生产副经理（或施工员）向班组及班组全体作业人员进行安全技术交底。

（4）新进场的工人参加施工作业前，由项目部安全员及项目部分项管理人员进行工种交底。

（5）每天上班作业前，班组长负责对本班组全体作业人员进行班前安全交底。

4. 安全技术措施交底的基本要求

（1）工程项目安全技术交底必须实行三级交底制度。由项目经理部技术负责人向施工员、安全员进行交底；施工员向施工班组长进行交底；施工班组长向作业人员交底，分别逐级进行。

工程实行总、分包的，由总包单位项目技术负责人向分包单位现场技术负责人，分包单位现场技术负责人向施工班组长，施工班组长向作业人员分别逐级进行交底。

（2）安全技术交底应具体、明确，针对性强。交底的内容必须针对分部分项工程施工时给作业人员带来的潜在危险因素和存在的问题而编写。

（3）安全技术交底应优先采用新的安全技术措施。

（4）工程开工前，应将工程概况、施工方法、安全技术措施等情况，向工地负责人、工长进行详细交底。必要时直至向参加施工的全体员工进行交底。

（5）两个以上施工队或工种配合施工时，应按工程进度定期或不定期地向有关施工单位和班组进行交叉作业的安全书面交底。

（6）工长安排班组长工作前，必须进行书面的安全技术交底，班组长要每天对作业人员进行施工要求、作业环境等书面安全交底。

（7）交底应采用口头详细说明（必要时应作图示详细解释）和书面交底确认相结合的形式。各级书面安全技术交底应有交底时间、内容及交底人和接受交底人的签字，并保存交底记录。交底书要按单位工程归总放在一起，以备查验。

（8）交底应涉及与安全技术措施相关的所有员工（包括外来务工人员），对危险岗位应书面告知作业人员岗位的操作规程和违章操作的危害。

（9）安全技术交底时应有对针对危险部位的安全警示标志的悬挂、拆除提出具体要求，包括施工现场入口处、洞、坑、沟、升降口、危险性气、液体及夜间警示牌、灯。

（10）高空及沟槽作业应对具体的技术细节及日常稳定状态的巡视、观察、支护的拆除等提出要求。

（11）涉及特殊持证作业及女工作业的情况时，技术交底内容还应充分参考相关法律、法规的内容进行。

（12）出现下列情况时，项目经理、项目总工程师或安全员应及时对班组进行安全技术交底。

1）因故改变安全操作规程。

2）实施重大和季节性安全技术措施。

3）推广使用新技术、新工艺、新材料、新设备。

4）发生因工伤亡事故、机械损坏事故及重大未遂事故。

5）出现其他不安全因素、安全生产环境发生较大变化。

5. 安全技术交底的内容

（1）工程项目、分部分项工程、工序的概况、施工方法、施工工艺、施工流程等常规内容。

（2）工程项目、分部分项工程、工序的特点和危险点。

（3）作业条件、作业环境、天气状况和可能遇到的不安全因素。

（4）劳动纪律。

（5）针对危险点采取的具体防范措施。

（6）施工机械、机具、工具的正确使用方法。

（7）个人劳动防护用品的正确使用方法。

（8）作业中应注意的安全事项。

（9）作业人员应遵守的安全操作规程和规范。

（10）作业人员发现事故隐患应采取的措施和发生事故后的紧急避险方法和应急措施。

（11）其他需要说明的事项。

6. 安全技术交底主要项目

（1）主要作业安全技术交底确定安全技术交底项目时，应结合作业现场的实际情况确定危险部位和人群，组织翔实的技术交底。一般情况下，除了施工工种安全技术交底以外，交底的项目还包括：

1) 2m 以上的高空作业。

2) 基坑支护与降水作业。

3) 土石方开挖作业。

4) 模板、脚手架作业。

5) 机电设备作业。

6) 季节性施工作业。

7) 洞口及临边作业。

8) 顶管及地下连续墙作业。

9) 沉井及挖孔、钻孔作业。

10) 起重作业。

11) 大型或特种构件运输。

12) 动力机械操作作业。

13) 施工临时用电。

14) 深基坑、地下暗挖施工等。

（2）作业现场还应对如下情况进行安全技术交底：

1) 易燃、易爆物品及危险化学品的使用与贮存。

2) 使用新技术、新工艺、新设备、新技术的工程作业。

3) 建设单位或结合专项活动提出的作业活动。

4) 其他需要进行安全技术交底的作业活动。

7. 安全技术交底的监督检查

（1）公司的相关职能部门在进行安全检查时，同时检查项目经理部的安全技术交底工作。

（2）项目部技术负责人、安全员负责监督检查生产副经理、施工员、班组长的安全技术交底工作。应对每项工程技术交底情况及时进行监督。

8. 安全技术交底记录

项目部安全员须参加并监督除班组安全交底以外的所有类型安全技术交底，并负责收集、保存交底记录；交底双方应履行签字手续，各保留一套交底文件，书面交底记录应在技术、施工、安全三方备案。

2.2.5 总包对分包的进场安全总交底

为了贯彻"安全第一、预防为主、综合治理"的方针，保护国家、企业的财产免遭损失，保障职工的生命安全和身体健康，保障施工生产的顺利进行，各施工单位必须认真执行以下要求：

（1）贯彻执行国家、行业的安全生产、劳动保护和消防工作的各类法规、条例、规定，遵守企业的各项安全生产制度、规定及要求。

（2）分包单位要服从总包单位的安全生产管理。分包单位的负责人必须对本单位职工进行安全生产教育，以增强法制观念和提高职工的安全意识及自我保护能力，自觉遵守安全生产六大纪律和安全生产制度。

(3) 分包单位应认真贯彻执行工地的分部分项、分工种及施工安全技术交底要求。分包单位的负责人必须检查具体施工人员落实情况，并进行经常性的督促、指导，确保施工安全。

(4) 分包单位的负责人应对所属施工及生活区域的施工安全、文明施工等各方面工作全面负责。分包单位负责人离开现场，应指定专人负责，办理书面委托管理手续。分包单位负责人和被委托负责管理的人员，应经常检查督促本单位职工自觉做好各方面工作。

(5) 分包单位应按规定，认真开展班组安全活动。施工单位负责人应定期参加工地、班组的安全活动，以及安全、防火、生活卫生等检查，并做好检查活动的有关记录。

(6) 分包单位在施工期间必须接受总包方的检查、督促和指导。同时总包方应协助各施工单位搞好安全生产、防火管理。对于查出的隐患及问题，各施工单位必须限期整改。

(7) 分包单位对各自所处的施工区域、作业环境、安全防护设施、操作设施设备、工具用具等必须认真检查，发现问题和隐患，立即停止施工，落实整改。如本单位无能力落实整改的，应及时向总包汇报，由总包协调落实有关人员进行整改，分包单位确认安全后，方可施工。

(8) 由总包提供的机械设备、脚手架等设施，在搭设、安装完毕交付使用前，总包须会同有关分包单位共同按规定验收，并做好移交使用的书面手续，严禁在未经验收或验收不合格的情况下投入使用。

(9) 分包单位与总包单位如需相互借用或租赁各种设备以及工具的，应由双方有关人员办理借用或租赁手续，制定有关安全使用及管理制度。借出单位应保证借出的设备和工具完好并符合要求，借入单位必须进行检查，并做好书面移交记录。

(10) 分包单位对于施工现场的脚手架、设施、设备的各种安全防护设施、保险装置、安全标志和警告牌等不得擅自拆除、变动，如确需拆除变动的，必须经总包施工负责人和安全管理人员的同意，并采取必要、可靠的安全措施后方能拆除。

(11) 特种作业及中、小型机械的操作人员，必须按规定经有关部门培训、考核合格后，持有效证件上岗作业。起重吊装人员必须遵守"十不吊"规定，严禁违章、无证操作，严禁不懂电气、机械设备的人员擅自操作使用电气、机械设备。

(12) 各施工单位必须严格执行防火防爆制度，易燃易爆场所严禁吸烟及动用明火，消防器材不准挪作他用。电焊、气割作业应按规定办理动火审批手续，严格遵守"十不烧"规定，严禁使用电炉。冬期施工如必须采用明火加热的防冻措施时，应取得总包防火主管人员同意，落实防火、防中毒措施，并指派专人值班看护。

(13) 分包单位需用总包提供的电气设备时，在使用前应先进行检测，如不符合安全使用规定的，应及时向总包提出，总包应积极落实整改，整改合格后方准使用，严禁擅自乱拖乱拉私接电气线路及电气设备。

(14) 在施工过程中，分包单位应注意地下管线及高、低压架空线和通信设施、设备的保护。总包应将地下管线及障碍物情况向分包单位详细交底，分包单位应贯彻交底要求，如遇有问题或情况不明时要采取停止施工的保护措施，并及时向总包汇报。

(15) 贯彻"谁施工谁负责安全、防火"的原则。分包单位在施工期间发生各类事故，应及时组织抢救伤员，保护现场，并立即向总包方和自己的上级单位和有关部门报告。

（16）按工程特点进行针对性交底。

2.2.6 安全技术措施计划

1. 安全技术措施计划的作用

安全技术措施计划是企业计划的重要组成部分，是有计划地改善劳动条件的重要手段，也是做好劳动保护工作、防止工伤事故和职业病的重要措施。它是项目施工保障安全的指令性文件，具有安全法规的作用，必须认真编制和执行。安全技术措施计划的核心是安全技术措施。

编制安全技术措施计划，对于保证安全生产、提高劳动生产率、加速国民经济的发展都是非常必要的。通过编制和实施安全技术措施计划，可以把改善劳动条件工作纳入国家和企业的生产建设计划中，有计划有步骤地解决企业中一些重大安全技术问题，使企业劳动条件的改善逐步走向计划化和制度化。同时也可以更合理使用资金，使国家在改善劳动条件方面的投资发挥最大的作用。安全技术措施所需要的经费、设备器材以及设计、施工力量等纳入了计划，就可以统筹安排、合理使用。制订和实施安全技术措施计划是一项领导与群众相结合的工作。一方面企业各级领导对编制与执行措施计划要负起总的责任；另一方面，又要充分发动群众，依靠群众，群策群力，才能使改善劳动条件的计划很好实现。这样，在计划执行过程中，既可鼓舞职工群众的劳动热情，也更好地吸引职工群众参加安全管理，发挥职工群众的监督作用。

2. 编制安全技术措施计划的依据

编制安全技术措施计划应以"安全第一、预防为主、综合治理"的安全生产方针为指导思想，以《安全生产法》等法律法规、国家或行业标准为依据，同时考虑本单位的实际情况。

归纳起来，编制安全技术措施计划的依据有以下5点：

（1）党中央、国务院、各部委与地方政府发布的有关安全生产的方针政策、法律法规、标准规范、规章制度、政策、指示等。

（2）在安全生产检查中发现而尚未解决的问题。

（3）针对不安全因素易造成伤亡事故或职业病的主要原因应采取的措施。

（4）针对新技术、新工艺、新设备等应采取的安全技术措施。

（5）安全技术革新项目和职工提出的合理化建议等。

3. 安全技术措施计划的项目范围

（1）安全技术措施计划的应列项目

安全技术措施计划项目范围包括以改善企业劳动条件、防止伤亡事故、预防职业病、提高职工安全素质为目的的一切技术措施。大致可分为：

1）安全技术措施。包括以防止伤亡事故为目的的一切措施。如各种设备、设施以及安全防护装置、保险装置、信号装置和安全防爆设施等。

2）工业卫生技术措施。它是指以对职工身体健康有害的作业环境和劳动条件与防止职业中毒和职业病为目的的一切措施。如防尘、防毒、防射线、防噪声与振动、通风、降温、防寒等装置或设施。

3）辅助房屋及设施。它指确保生产过程中职工安全卫生方面所必需的房屋及一切设施。如为职工设置的淋浴、盥洗设施，消毒设备，更衣室、休息室、取暖室、妇女卫生室等。但集体福利设施（如公共食堂、浴室、托儿所、疗养所）不在其内。

4）安全宣传教育设施。它是指提高作业人员安全素质的有关宣传教育所需的设施、教材、仪器和场所等，以及举办安全技术培训班、展览会，设立教育室等。如安全卫生教材、挂图、宣传画、书刊、录像、电影、培训室、劳动保护教育室、安全卫生展览等。

5）安全科学研究与试验设备仪器。

6）减轻劳动强度等其他技术措施。

安全技术措施计划的项目应按《安全技术措施计划项目总名称表》执行，以保证安全技术措施费用的合理使用。

（2）严格区别易被误列为安全技术措施计划的项目

在安全技术措施计划编制过程中，会涉及某些项目既与改善作业环境、保证劳动者安全健康有关，也与生产经营、消防或福利设施相关，对此必须进行区分，避免将所有这些项目都列入安全技术措施计划内。区分时应注意以下几点：

1）安全技术措施与改进生产措施，应根据措施的主要目的和效果加以区分。有些措施项目虽与安全有关，但从改进生产的观点看，又是直接需要的措施，不应列入安全技术措施计划。而应列入生产经营计划中。

2）企业在新建、扩建、改建、技术改造时，应将所需的安全技术措施列入工程项目内，不得列为安全技术措施项目。安全技术问题得到解决才能投入使用。

3）制造新机器设备时，应包括该机器设备所需的安全防护装置，由制造单位负责，不得列为安全技术措施项目。

4）企业使用新机器、新设备。采用新技术所需的安全技术措施是该项设备或技术所必需的，不得列为安全技术措施项目。

5）机器设备检修与保证工人安全相关，但其主要目的在于保证机器设备正常运转、延长机器寿命，不应列为安全技术措施项目。

6）厂房的坚固与否与工人安全紧密相关，但厂房修理不应列为安全技术措施项目。如果厂房有倒塌危险时，安技人员可以建议修理，其费用由一般修理费开支。

7）辅助房屋及设施与集体福利设施要严格区分。如公共食堂、公共浴室、托儿所、疗养所等，这些福利设施对于保护工人在生产中的安全和健康，并没有直接关系，不应列为安全技术措施项目。

8）个人防护用品及专用肥皂、药品、饮料等属于劳动保护日常开支，不列为安全技术措施项目。

9）纯属消防行政的措施，不应列为安全技术措施项目。但在生产过程中所采取的一些防火防爆措施，特别是在化工生产中与安全技术密切相关的措施，可根据具体情况处理。

4. 编制安全技术措施计划的原则

（1）必要性和可行性原则。在编制计划时，一方面要考虑安全生产的需要，另一方面还要考虑技术可行性与经济承受能力。

（2）自力更生与勤俭节约的原则。编制计划时要注意充分利用现有的设备和设施，挖掘潜力，讲求实效。

（3）轻重缓急与统筹安排的原则。对影响最大、危险性最大的项目应预先考虑，逐步有计划解决。

（4）领导和群众相结合的原则。加强领导、依靠群众，使得计划切实可行，以便顺利实施。

5. 安全技术措施计划的编制内容

编制措施计划一般包括以下几方面的内容：

（1）措施应用的单位和工作场所。

（2）措施名称。

（3）措施内容与目的。

（4）经费预算及来源。

（5）负责设计、施工单位及负责人。

（6）措施使用方法及预期效果。

（7）措施预期效果及检查方法。

6. 安全技术措施计划的编制方法

（1）确定措施计划编制时间。年度安全技术措施计划应与同年度的生产、技术、财务、供销等计划同时编制。

（2）布置措施计划编制工作。企业领导应根据本单位具体情况向下属单位或职能部门提出编制措施计划具体要求，并就有关工作进行布置。

（3）确定措施计划项目和内容。下属单位确定本单位的安全技术措施计划项目，并编制具体的计划和方案，经群众讨论后，报上级安全部门。安全部门联合技术、计划部门对上报的措施计划进行审查、平衡、汇总后，确定措施计划项目，并报有关领导审批。

（4）编制措施计划。安全技术措施计划项目经审批后，由安全管理部门和下属单位组各相关人员，编制具体的措施计划和方案，经群众讨论后，送上级安全管理部门和有关部门审查。

（5）审批措施计划。安全部门对上报计划进行审查、平衡、汇总后，再由安全、技术、计划部门联合会审，并确定计划项目、明确设计施工部门、负责人、完成期限，成文后报有关领导审批。安全措施计划一般由总工程师审批。

（6）下达措施计划。单位主要负责人根据总工程师的意见，召集有关部门和下属单位负责人审查、核定计划。根据审查、核定结果，与生产计划同时下达到有关部门贯彻执行。

7. 安全技术措施计划的实施验收

编制好的安全技术措施项目计划要组织实施，项目计划落实到有关部门和下属单位后，计划部门应定期检查。企业领导在检查生产计划的同时，应检查安全技术措施计划的完成情况。安全管理与安全技术部门应经常了解安全技术措施计划项目的实施情况，协助解决实施中的问题，及时汇报并督促有关单位按期完成。

已完成的计划项目要按规定组织竣工验收。交工验收一般应注意：

（1）所有材料、成品等必须经检验部门检验。

（2）外购设备必须有质量证明书。

（3）安全技术措施计划项目完成后，负责单位应向安全技术部门填报交工验收单，由安全技术部门组织有关单位验收；验收合格后，由负责单位持交工验收单向计划部门报完工，并办理财务结算手续。

（4）使用单位应建立台账，按《劳动保护设施管理制度》进行维护管理。

2.3 安全教育与培训

2.3.1 安全教育的意义

安全是生产赖以正常进行的前提，安全教育又是安全控制工作的重要环节，安全教育的目的，是提高全员安全素质、安全管理水平和防止事故发生，从而实现安全生产。

建筑施工具有流动性大，劳动强度大，露天作业多，高空作业多，施工生产受环境及气候的影响大等特点，施工过程中的不安全因素很多，安全管理与安全技术的发展却滞后于建筑规模的迅速扩大和施工工艺的快速发展，同时，由于部分作业人员缺乏基本的安全生产知识，自我保护意识差，导致了建筑施工行业伤亡事故多发的趋势。

党和政府始终非常重视建筑行业的安全生产和劳动保护，以及对职工的安全生产教育工作，国家及地方的各级人大、政府等先后制定颁发了一系列安全生产、劳动保护的方针、政策、法律、法规和规章。《中华人民共和国劳动法》、《中华人民共和国建筑法》、《中华人民共和国安全生产法》等都对安全生产、安全教育做出明确规定，说明国家对安全生产，工作的重视。这些重要的文件是我们开展安全生产、劳动保护工作的法律依据和行动准则，也是对广大职工进行安全生产教育培训的主要内容。

改革开放以来，随着社会主义市场经济的逐步建立，建设规模的逐渐扩大，建筑队伍也急剧膨胀，来自农村和边远地区的大量农民工，被补充到建筑队伍中来，目前农民工占建筑施工从业人员的比例已达到80%。这虽然给蓬勃发展的建筑市场提供了可观的人力资源，弥补了劳动力不足的问题，但是由于他们中的绝大多数人文化素质较低，加之原先所从事的工作是农业生产，他们的安全意识、安全知识及自我保护能力均难以满足现代建筑业安全生产的要求。对新的工作及工作环境所潜在的事故隐患、职业危害的认识及预防能力，都要比城市工人差，这就使他们往往会成为伤亡事故和职业危害的主要受害者。同时，一些企业和个人为片面追求经济效益，见利忘义，在新工人进入施工现场上岗前，没有对他们进行必要的安全生产和安全技能的培训教育；在工人转岗时，也没有按规定进行针对新岗位的安全教育。同时，农民工对施工管理人员的违章指挥和冒险作业命令有的不知道拒绝，有的不敢拒绝，在施工现场，他们常常不能正确辨识危险或发现不了隐患，对事故隐患、险兆报告意识较差，致使他们成了建设工程施工事故主要被伤害的群体。这些因素是近年来建筑行业伤亡事故多发的重要原因，特别是新上岗的工人发生的伤亡事故比例相当高。伤亡事故给个人、家庭、企业和国家都带来了无法弥补的损失，还给社会的安定带来了不利的影响。

因此，当前亟须对建筑施工的全体从业人员，尤其是新职工，进行普遍地、深入地、全面地安全生产和劳动保护方面的教育。目前，企业生产设施、设备落后，职工文化素质较差，用工形式多样，新职工较多，安全工作难度较大。不进行广泛深入的安全教育，就不能达到安全生产的目的。

通过安全教育，使他们了解我国安全生产和劳动保护的方针、政策、法规、规范，掌握安全生产知识和技能，提高职工安全觉悟和安全技术素质，增加企业领导和广大职工搞好安全工作的责任感和自觉性，树立起群防群治的安全生产新观念，真正从思想上认识安全生产的重要性，在工作中提高遵章守纪的自觉性，实践中体验劳动保护的必要性。因此，大力加强安全宣传教育培训工作，显得尤为重要。

2.3.2 安全教育的特点

安全教育既是施工企业安全管理工作的重要组成部分，也是施工现场安全生产的一个重要方面工作，安全教育具有以下几个特点。

1. 安全教育的全员性

安全教育的对象是企业所有从事生产活动的人员。因此，从企业经理、项目经理，到一般管理人员及普通工人，都必须接受安全教育。安全教育是企业所有人员上岗前的先决条件，任何人不得例外。

2. 安全教育的长期性

安全教育是一项长期性的工作，主要体现在以下三个方面。

（1）安全教育贯穿于每个职工工作的全过程

从新工人进入企业开始，就必须接受安全教育，这种教育尽管存在着形式、内容、要求、时间等的不同，但是，对个人来讲，在其一生的工作经历中，都在不断地、反复地接受着各种类型的安全教育，这种全过程的安全教育是确保职工安全生产的基本前提条件。因此，安全教育必须贯穿于职工工作的全过程。

（2）安全教育贯穿于每个工程施工的全过程

从施工队伍进入现场开始，就必须对职工进行入场安全教育，使每个职工了解并掌握本工程施工的安全生产特点；在工程的每个重要节点，也要对职工进行施工转折时期的安全教育；在节假日前后，要对职工进行安全思想教育，稳定情绪；在突击加班赶进度或工程临近收尾时，更要针对麻痹大意思想，进行有针对性的教育等。因此，安全教育应贯穿于整个工程施工的全过程。

（3）安全教育贯穿于施工企业生产的全过程

有生产就有安全问题，安全与生产是不可分割的统一体。哪里有生产，哪里就要讲安全；哪里有生产，哪里就要进行安全教育。企业的生存靠生产，没有生产就没有发展，就无法生存；而没有安全，生产也无法长久进行。因此，只有把安全教育贯穿于企业生产的全过程，把安全教育看成是关系到企业生存、发展的大事，安全工作才能做得扎扎实实，才能保障生产安全，才能促进企业的发展。

安全教育的长期性所体现的这三种全过程告诫我们，安全教育的任务"任重而道远"，不应该也不可能会是一劳永逸的，这就需要经常地、反复地、不断地进行安全教育，才能减少并避免事故的发生。

3. 安全教育的专业性

施工现场生产所涉及的范围广、内容多。安全生产既有管理性要求，也有技术性知识，安全生产的管理性与技术性结合，使得安全教育具有专业性要求。教育者既要有充实的理论知识，也要有丰富的实践经验，这样才能使安全教育做到深入浅出、通俗易懂，并且收到良好的效果。

安全教育的目的是，通过对企业各级领导、管理人员及工人的安全培训教育，使他们学习并了解安全生产和劳动保护的法律、法规、标准，掌握安全知识与技能，运用先进的、科学的方法，避免并制止生产中的不安全行为，消除一切不安全因素，防止事故发生，实现安全生产。

2.3.3 教育对象的培训时间要求

原建设部建教〔1997〕83号《关于印发〈建筑业企业职工安全培训教育暂行规定〉的通知》中要求建筑业企业职工每年必须接受一次专门的安全生产培训。

（1）企业法定代表人、项目经理每年接受安全生产培训的时间，不得少于30学时。

（2）企业专职安全生产管理人员除按照建教〔1991〕522号文《建设企事业单位关键岗位持证上岗管理规定》的要求，取得岗位合格证书并持证上岗外，每年还必须接受安全专业技术培训，时间不得少于40学时。

（3）企业其他管理人员和技术人员每年接受安全生产培训的时间，不得少于20学时。

（4）企业特殊工种（包括电工、焊工、架子工、司炉工、爆破工、机械操作工、起重工、塔吊司机及指挥人员、人货两用电梯司机等）在通过专业技术培训并取得岗位操作证后，每年仍须接受有针对性的安全生产培训，时间不得少于20学时。

（5）企业其他职工每年接受安全生产培训的时间，不得少于15学时。

（6）企业待岗、转岗、换岗的职工，在重新上岗前，必须接受一次安全生产培训，时间不得少于20学时。

（7）建筑业企业新进场的工人，必须接受公司、项目部（或工程处、工区、施工队）、班组的三级安全生产培训教育，经考核合格后，方能上岗。

2.3.4 安全教育的类别

1. 按教育的内容分类

安全教育按教育的内容分类，主要包括：安全思想教育、安全法制教育、安全知识教育和安全技能教育。

（1）安全生产思想教育

1）首先提高企业各级领导和全体员工对安全生产重要意义的认识，从思想上认识搞好安全生产的重要意义，以增强关心人、保护人的责任感，树立牢固的群众观念，使其在日常工作中坚定地树立"安全第一"的思想，正确处理好安全与生产的关系，确保企业安全生产。其次是通过安全生产方针、政策教育，提高各级领导和全体员工的政策水平，使他们正确全面地理解国家的安全生产方针政策，严肃认真地执行安全生产法律法规和规章制度。

2）劳动纪律的教育。使全体员工懂得严格执行劳动纪律对实现安全生产的重要性，劳动纪律是劳动者进行共同劳动时必须遵守的规则和秩序。反对违章指挥，反对违章作业，严格执行安全操作规程，遵守劳动纪律是贯彻"安全第一，预防为主"的方针，减少伤亡事故，实现安全生产的重要保证。

（2）安全法制教育

安全法制教育就是采取各种有效形式，通过对职工进行安全生产、劳动保护方面的法律、法规的宣传教育，从而提高全体员工学法、知法、懂法、守法的自觉性，以达到安全生产的目的。促使每个职工从法制的角度去认识搞好安全生产的重要性，明确遵章守法、遵章守纪是每个职工应尽职责。而违章违规的本质也是一种违法行为，轻则会受到批评教育；造成严重后果的，还将受到法律的制裁。

安全法制教育就是要使每个劳动者懂得遵章守法的道理。作为劳动者，既有劳动的权利，也有遵守劳动安全法规的责任。要通过学法、知法来守法，守法的前提首先是"从我做起"，自己不违章违纪；其次是要同一切违章违纪和违法的不安全行为作斗争，以制止并预防各类事故的发生，实现安全生产的目的。

（3）安全知识教育

安全知识教育是一种最基本、最普通和经常性的安全教育活动，企业所有员工都应具备安全基本知识。因此。全体员工必须接受安全知识教育和每年按规定学时进行安全培训。

安全知识教育就是要让职工了解施工生产中的安全注意事项、劳动保护要求，掌握一般安全基础知识。从内容看，安全知识是生产知识的一个重要组成部分，所以，在进行安全知识教育时，也往往是结合生产知识交叉进行教育的。

安全知识教育要求做到因人施教、浅显易懂，不搞"填鸭式"的硬性教育，因为教育对象大多数是文化程度不高的操作工人，特别要注意教育的方式、方法，注重教育的实际效果。例如，对新工人进行安全知识教育，往往由于他们没有对施工现场有一个感性认识，因此，需要在工作一个阶段后，有了对现场的感性认识以后，再重复进行安全教育，使其认识达到从感性到理性，再从理性到感性的再认识过程，从而加深对安全知识教育的理解能力。

安全基本知识教育的主要内容有：本企业的生产经营概况，施工生产流程，主要施工方法，施工生产危险区域及其安全防护的基本常识和注意事项，施工设施、设备、机械的有关安全常识，电气设备安全常识，车辆运输安全常识，高处作业安全知识，施工过程中有毒有害物质的辨别及防护知识，防火安全的一般要求及常用消防器材的使用方法，特殊类专业（如桥梁、隧道、深基础、异形建筑等）施工的安全防护知识，工伤事故的简易施救方法和报告程序及保护事故现场等规定，个人劳动防护用品的正确穿戴、使用常识等。

（4）安全技能教育

安全技能教育，就是结合本工种专业特点，实现安全操作、安全防护所必须具备的基本技能知识要求。每个员工都要熟悉本工种、本岗位专业安全技能知识。安全技能知识是比较专门、细致和深入的知识，它包括安全技术、劳动卫生和安全操作规程。国家规定建筑登高架设、起重、焊接、电气、爆破、压力容器、锅炉等特种作业人员必须进行专门的安全技能培训，经考试合格，持证上岗。

2. 按教育的对象分类

安全教育按教育的对象分类，可分为领导干部的安全培训教育、一般管理人员的安全教育、新员工的三级安全教育、变换工种的安全教育等。企业应根据不同的教育对象，侧重于不同的教育内容，提出不同的教育要求。

（1）领导干部的安全培训教育

　　加强对企业领导干部的安全培训教育，是社会主义市场经济条件下，安全生产工作的一项重要举措。1993 年国务院印发了《关于加强安全生产工作的通知》（国发［1993］50号），指出"在发展社会主义市场经济过程中，各有关部门和单位要强化搞好安全生产的职责，实行企业负责、行业管理、国家监察和群众监督的安全生产管理体制"。并且强调"企业法定代表人是安全生产的第一责任者，要对本企业的安全生产全面负责"。这个通知是在我国实行市场经济条件下，对安全生产管理体制作了重大调整，即增加并把"企业负责"作为第一项规定，从而改变了 1985 年确定的"国家监察、行政管理、群众监督"管理体制，使企业在走向市场的同时，也真正实行对自己负责的客观要求。

　　为加强对企业负责人的安全培训教育，原劳动部于 1990 年 10 月 5 日印发了《厂长、经理职业安全卫生管理资格认证规定》（劳安字［1990］25 号），明确规定企业厂长、经理必须经过职业安全卫生管理资格认证，做到持证上岗。从而使企业领导干部的安全培训教育，进入规范化管理的行列。

　　原建设部为了督促施工企业落实主要领导的安全生产责任制，根据国务院文件精神，明确提出了"施工企业法定代表人是企业安全生产的第一责任人，项目经理是施工项目安全生产的第一责任人"。明确了企业与项目的两个安全生产第一责任人，使安全生产责任制得到了具体落实。

　　总之，要通过对企业领导干部的安全培训教育，全面提高他们的安全管理水平，使他们真正从思想上树立起安全生产意识，增强安全生产责任心，摆正安全与生产、安全与进度、安全与效益的关系，为进一步实现安全生产和文明施工打下基础。

　　（2）新员工的三级安全教育

　　"三级教育"是企业应坚持的安全生产基本教育制度。1963 年国务院明确规定必须对新工人进行三级安全教育，此后，建设部又多次对三级安全教育提出了具体要求，特别是原建设部《关于印发〈建筑业企业职工安全培训教育暂行规定〉的通知》，除对安全培训教育主要内容作了要求外，还对时间作了规定，为安全教育工作的培训质量提供了法制保障。

　　三级安全教育是每个刚进企业的新员工（包括新招收的合同工、临时工、学徒工、农民工、大中专毕业实习生和代培人员）必须接受的首次安全生产方面的基本教育。三级一般是指公司（即企业）、项目（或工程处、施工队、工区）、班组这三级。由于企业的所有制性质、内部组织结构的不同。三级安全教育的名称可以不同，但必须要确保这三个层次安全教育工作得到位。因为这三个层次的安全教育内容，体现了企业安全教育有分工、抓重点的特点。三级安全教育是为了使新工人能尽快了解安全生产的方针、政策、法律、规章，逐步适应施工现场安全生产的基本要求。

　　三级安全教育一般是由企业的安全、教育、劳动、技术等部门配合组织进行的。受教育者必须经过教育、考试，合格后才准许进入生产岗位；考试不合格者不得上岗工作，必须重新补课并进行补考，合格后方可工作。

　　对新员工的三级安全教育情况，要建立档案。为加深对三级安全教育的感性认识和理性认识，新员工工作一个阶段后（一般规定在新员工上岗工作六个月后），还要进行安全继续教育。培训内容可以从原先的三级安全教育的内容中有重点地选择，并进行考核。不合格者不得上岗工作。

　　施工企业必须给每一名职工建立职工安全教育卡。教育卡应记录包括三级安全教育、转场及变换工种安全教育等的教育及考核情况，并由教育者与受教育者双方签字后入册，作为企业及施工现场安全管理资料备查。

　　1）公司安全教育。按原建设部《建筑业企业职工安全培训教育暂行规定》（建教[1997]83号）的规定（下同），公司级的安全培训教育时间不得少于15学时。主要内容有：

　　①国家和地方有关安全生产、劳动保护的方针、政策、法律、法规、标准、规范、规程。如《宪法》、《刑法》、《建筑法》、《消防法》等法律有关章节条款；国务院《关于加强安全生产工作的通知》；国务院发布的《建筑安装工程安全技术规程》有关内容等。

　　②企业及其上级部门（主管局、集团、总公司、办事处等）印发的安全管理规章制度。

　　③安全生产与劳动保护工作的目的、意义等。

　　④事故发生的一般规律及典型事故案例。

　　⑤预防事故的基本知识，急救措施。

　　2）项目（施工现场）安全教育。按规定，项目应就工地安全制度、施工现场环境、工程施工特点及可能存在的不安全因素等对新员工进行安全培训教育，时间不得少于15学时。主要内容有：

　　①各级管理部门有关安全生产的标准。

　　②建设工程施工生产的特点，施工现场的一般安全管理规定、要求。

　　③施工现场主要事故类别，常见多发性事故的特点、规律及预防措施，事故教训等。

　　④本单位安全生产制度、规定及安全注意事项。

　　⑤本工程项目施工的基本情况（工程类型、施工阶段、作业特点等），施工中应当注意的安全事项。

　　⑥机械设备、电气安全及高处作业等安全基本知识。

　　⑦防火、防毒、防尘、防塌方、防煤气中毒、防爆知识及紧急情况下安全处置和安全疏散知识。

　　⑧防护用品发放标准及防护用具使用的基本知识。

　　3）班组教育。按规定，班组安全培训教育时间不得少于20学时。班组教育又叫做岗位教育，由班组长主持。主要内容有：

　　①本工种的安全操作规程。

　　②班组安全活动制度及纪律。

　　③本班组施工生产工作概况，包括工作性质、作业环境、职责、范围等。

　　④本岗位易发生事故的不安全因素及其防范对策。

　　⑤本人及本班组在施工过程中，所使用、所遇到的各种机具设备及其安全防护设施的性能、作用、操作要求和安全防护要求。

　　⑥个人使用和保管的各类劳动防护用品的正确穿戴、使用方法及劳防用品的基本原理与主要功能。

　　⑦发生伤亡事故或其他事故，如火灾、爆炸、设备及管理事故等，应采取的措施（救助抢险、保护现场、报告事故等）要求。

⑧工程项目中工人的安全生产责任制。

⑨本工种的典型事故案例剖析。

（3）转场及变换工种安全教育

施工现场变化大，动态管理要求高，随着工程进度的发展，部分工人（如专业分包工人）会从一个施工项目到另一个施工项目进行工作或者在同一个施工项目中，工作岗位也可能会发生变化，转场、转岗现象非常普遍。这种现场的流动、工种之间的互相转换，往往是施工生产的需要。但是，如果安全管理工作没有跟上，安全教育不到位，就可能给转场和转岗工人带来伤害事故。因此，必须对他们进行转场和转岗安全教育，教育考核合格后方准上岗。

1）转场教育。施工人员转入另一个工程项目时必须进行转场安全教育。转场教育内容有：

①本工程项目安全生产状况及施工条件。

②施工现场中危险部位的防护措施及典型事故案例。

③本工程项目的安全管理体系、规定及制度。

2）变换工种的安全教育。对待岗、转岗、换岗职工的安全教育主要内容是：

①新工作岗位或生产班组安全生产概况、工作性质和职责。

②新工作岗位必要的安全知识，各种机具设备及安全防护设施的性能、作用和安全防护要求等。

③新工作岗位、新工种的安全技术操作规程。

④新工作岗位容易发生事故及有毒有害的地方。

⑤新工作岗位个人防护用品的使用和保管。

总之，要确保每一个变换工种的职工，在重新上岗工作前，熟悉并掌握将要工作岗位的安全技能要求。

（4）特种作业人员的培训

1986年3月1日起实施的《特种作业人员安全技术考核管理规则》（GB 5306—1985）是我国第一个特种作业人员安全管理方面的国家标准。对特种作业的定义、范围、人员条件和培训、考核、管理都做了明确的规定。

1）特种作业的定义：对操作者本人，尤其对他人和周围设施的安全有重大危害因素的作业，称为特种作业。直接从事特种作业者，称为特种作业人员。

2）特种作业范围：电工作业、锅炉司炉、压力容器操作、起重机械操作、爆破作业、金属焊接、井下瓦斯检验、机动车辆驾驶、轮机操作、机动船舶驾驶、建筑登高架设作业，以及符合特种作业基本定义的其他作业。

从事特种作业的人员，必须经国家规定的有关部门进行安全教育和安全技术培训，并经考核合格取得操作证者，方准独立作业。除机动车辆驾驶和机动船舶驾驶、轮机操作人员按国家有关规定执行外，其他特种作业人员上岗资格每两年进行一次复审。

电工、焊工、架工、司炉工、爆破工、机操工及起重工、打桩机和各种机动车辆司机等特殊工种工人，除进行一般安全教育外，还要经过本工种的安全技术教育，经考试合格发证后，方准独立操作，每年还要进行一次复审；对从事有尘毒危害作业的工作，要进行尘毒危害和防治知识教育。

(5) 外施队伍安全生产教育内容

当前，建设行业的一大特点就是大部分建筑业企业已经没有自己的操作工人队伍，80％的建设工程施工作业都由进城的农民工来承担。每年农民工死亡人数，占事故死亡总人数的90％以上。因此，可以这样讲，建筑业的安全教育的重心、重点就是对外施队伍的安全生产教育。

1) 各用工单位使用的外施队伍，必须接受三级安全教育，经考试合格后方可上岗作业，未经安全教育或考试不合格者，严禁上岗作业。

2) 外施队伍上岗作业前的三级安全教育，分别由用工单位（公司、厂或分公司），项目经理部（现场）、班组（外施队伍）负责组织实施，总学时不得少于24学时。

3) 外施队伍上岗前须由用工单位劳务部门负责将外施队伍人员名单提供给安全部门，由用工单位（公司、厂或分公司）安全部门负责组织安全生产教育，授课时间不得少于8学时，具体内容是：

①安全生产的方针、政策和法规制度。

②安全生产的重要意义和必要性。

③建筑安装工程施工中安全生产的特点。

④建筑施工中因工伤亡事故的典型案例和控制事故发生的措施。

4) 项目经理部（现场）必须在外施队伍进场后，由负责劳务的人员组织并及时将注册名单提交给现场安全管理人员，由安全管理人员负责对外施队伍进行安全生产教育，时间不得小于8学时，具体内容是：

①介绍项目工程施工现场的概况。

②讲解项目工程施工现场安全生产和文明施工的制度、规定。

③讲解建筑施工中高处坠落、触电、物体打击、机械（起重）伤害、坍塌五大伤害事故的控制预防措施。

④讲解建筑施工中常用的有毒有害化学材料的用途和预防中毒的知识。

5) 外施队伍上岗作业前，必须由外施队长（或班组长）负责组织学习本工种的安全操作规程和一般安全生产知识。

6) 对外施队伍进行三级安全教育时，必须分级进行考试。经考试不合格者，允许补考一次，仍不合格行，必须清退，严禁使用。

7) 外施队伍中的特种作业人员，如电工、起重工（塔式起重机、外用电梯、龙门吊、桥吊、履带吊、汽车吊、卷扬机司机和信号指挥）、锅炉压力容器工、电焊工、气焊工、场内机动车司机、架子工等，必须持有原所在地地（市）级以上劳动保护监察机关核发的特种作业证（有的地方上会要求换领当地临时特种作业操作证），方准从事特种作业。

8) 换岗作业必须进行安全生产教育，凡采用新技术、新工艺、新材料和从事非本工种的操作岗位作业前，必须认真进行面对面的、详细的新岗位安全技术教育。

9) 在向外施队伍（班组）下达生产任务的时候，必须向全体作业人员进行详细的书面安全技术交底并讲解，凡没有安全技术交底或未向全体作业人员进行讲解的，外施队伍（班组）有权拒绝接受任务。

10) 每日上班前，外施队伍（班组）负责人，必须召集所辖全体人员，针对当天任务，结合安全技术交底内容和作业环境、设施、设备状况及本队人员技术素质、安全意识、自我保护意识以及思想状态，有针对性地进行班前安全活动，提出具体注意事项，跟踪落实，并做好活动纪录。

3. 按教育的时间分类

安全教育按教育的时间分类，可以分为经常性的安全教育、季节性施工的安全教育、节假日加班的安全教育等。

（1）经常性的安全教育

经常性的安全教育是施工现场开展安全教育的主要形式，可以起到提醒、告诫职工遵章守纪，加强责任心，消除麻痹思想。

经常性安全教育的形式多样，可以利用班前会进行教育，也可以采取大小会议进行教育，还可以用其他形式，如安全知识竞赛、演讲、展览、黑板报、广播、播放录像等进行。总之，要做到因地制宜，因材施教，不搞形式主义，注重实效，才能使教育切实收到效果。

经常性教育的主要内容有：

1）安全生产法规、规范、标准、规定。

2）企业及上级部门的安全管理新规定。

3）各级安全生产责任制及管理制度。

4）安全生产先进经验介绍，最近的典型事故教训。

5）施工新技术、新工艺、新设备、新材料的使用及有关安全技术方面的要求。

6）最近安全生产方面的动态情况，如新的法律、法规、标准、规章的出台，安全生产通报、批示等。

7）本单位近期安全工作回顾、讲评等。

总之，经常性的安全教育必须做到经常化（规定一定的期限）、制度化（作为企业、项目安全管理的一项重要制度）。教育的内容：要突出一个"新"字，即要结合当前工作的最新要求进行教育；要做到一个"实"字，即要使教育不流于形式，注重实际效果；要体现一个"活"字，即要把安全教育搞成活泼多样、内容丰富的一种安全活动。这样，才能使安全教育深入人心，才能为广大员工所接受，才能收到促进安全生产的效果。

（2）季节性施工的安全教育

季节性施工主要是指夏季与冬期施工。季节变化后，施工环境不同，人对自然、环境的适应能力变得迟缓、不灵敏，易发生安全事故，因此，必须对安全管理工作进行重新调整和组合。季节性施工的安全教育，就是要对员工进行有针对性的安全教育，使之适合自然环境的变化，以确保安全生产。

1）夏季施工安全教育。夏季高温、炎热、多雷雨，是触电、雷击、坍塌等事故的高发期。闷热的气候容易造成中暑，高温使得职工夜间休息不好，往往容易使人乏力、走神、瞌睡，较易引起伤害事故。南方沿海地区在夏季还经常受到台风暴雨和大潮汛的影响，也容易发生大型施工机械、设施、设备基础及施工区域（特别是基坑）等的坍塌。多雨潮湿的环境，人的衣着单薄、身体裸露部位多，使人的电阻值减小，导电电流增加，容易引发触电事故。因此，夏季施工安全教育的重点是：

①加强用电安全教育。讲解常见触电事故发生的原理，预防触电事故发生的措施，触电事故的一般解救方法，以加强员工的自我保护意识。

②讲解雷击事故发生的原因，避雷装置的避雷原理，预防雷击的方法。

③大型施工机械、设施常见事故案例，预防事故的措施。

④基础施工阶段的安全防护常识。基坑开挖的安全，支护安全。

⑤劳动保护工作的宣传教育。合理安排好作息时间，注意劳逸结合，白天上班避开中午高温时间，"做两头、歇中间"，保证工人有充沛的精力。

2）冬期施工安全教育。冬季气候干燥、寒冷且常常伴有大风，受北方寒流影响，施工区域出现了霜冻，造成作业面及道路结冰打滑，既影响了生产的正常进行，又给安全带来隐患。同时，为了施工需要和取暖，使用明火、接触易燃易爆物品的机会增多，又容易发生火灾、爆炸和中毒事故。寒冷使人们衣着笨重，反应迟钝，动作不灵敏，也容易发生事故。因此，冬期施工安全教育应从以下几方面进行：

①针对冬期施工特点，避免冰雪结冻引发的事故。如施工作业面应采取必要的防雨雪结冰及防滑措施，个人要提高自身的安全防范意识，及时消除不安全因素。

②加强防火安全宣传。分析施工现场常见火灾事故发生的原因，讲解预防火灾事故的措施，扑救火灾的办法，必要时可采取现场演示，如消防灭火演习等来教育员工正确使用消防器材。

③安全用电教育。冬季用电与夏季用电的安全教育要求的侧重点不同，夏季着重于防触电事故，冬季则着重于防电气火灾。因此，应教育工人懂得施工中电气火灾发生的原因，做到不擅自私拉乱接电线及用电设备，不超负荷使用电气设备，免得引起电气线路发热燃烧，不使用大功率的灯具，如碘钨灯之类照射易燃、易爆及可燃物品或取暖，生活区域也要注意用电安全。

④冬季气候寒冷，人们习惯于关闭门窗，而施工作业点也一样，在深基坑、地下管道、沉井、涵洞及地下室内作业时，应加强对作业人员的自我保护意识教育。既要预防在这种环境中，进行有毒有害物质（固体、液态及挥发性强的气体）作业，对人造成的伤害，也要防止施工作业点原先就存在的各种危险因素，如泄漏跑冒并积聚的有毒气体，易燃、易爆气体，有害的其他物质等。要教会工人识别一般中毒症状，学会解救中毒人员的安全基本常识。

（3）节假日加班的安全教育

节假日期间，大部分单位及员工已经放假休息，因此也往往影响到加班员工的思想和工作情绪，造成思想不集中，注意力分散，这给安全生产带来不利因素。加强对这部分员工的安全教育，是非常必要的。教育的内容是：

1）重点做好安全思想教育，稳定职工工作情绪，使他们集中精力，轻装上阵。鼓励表扬员工节假日坚守工作岗位的优良作风，全力以赴做好本职工作。

2）班组长要做好上岗前的安全教育，可以结合安全交底内容进行，工作过程中要互相督促，互相提醒，共同注意安全。

3）重点做好当天作业将遇到的各类设施、设备、危险作业点的安全防护工作，对较易发生事故的薄弱环节，应进行专门的安全教育。

2.3.5　安全教育的形式

开展安全教育应当结合建筑施工生产特点，采取多种形式，有针对性地进行，还要考虑到安全教育的对象大部分是文化水平不高的工人，需要采用比较浅显、通俗、易懂、易记、印象深、趣味性强的教材及形式。目前安全教育的形式主要有：

（1）广告宣传式。包括安全广告、安全宣传横幅、标语、宣传画、标志、展览、黑板报等形式。

（2）演讲式。包括教学、讲座、讲演、经验介绍、现身说法、演讲比赛等形式。

（3）会议（讨论）式。包括安全知识讲座、座谈会、报告会、先进经验交流会、事故现场分析会、班前班后会、专题座谈会等。

（4）报刊式。包括订阅安全生产方面的书报杂志，企业自编自印的安全刊物及安全宣传小册子等。

（5）竞赛式。包括口头、笔头知识竞赛，安全、消防技能竞赛，其他各种安全教育活动评比等。

（6）声像式。用电影、录像等现代手段，使安全教育寓教于乐。主要有安全方面的广播、电影、电视、录像、影碟片、录音磁带等。

（7）现场观摩演示形式。如安全操作方法、消防演习、触电急救方法演示等。

（8）固定场所展示形式。如劳动保护教育室、安全生产展览室等。

（9）文艺演出式。以安全为题材编写和演出的相声、小品、话剧等文艺演出的教育形式。

2.3.6 安全教育计划

企业必须制订符合安全培训指导思想的培训计划。安全培训的指导思想，是企业开展安全培训的总的指导理念，也是主动开展企业职业健康安全教育的关键，只有确定了具体的指导思想才能有规划的开展安全教育的各项工作。企业的安全培训指导思想必须与企业职业健康安全方针一致。

企业必须结合本企业实际情况，编制企业年度安全教育计划，每个季度应有教育重点，每月要有教育内容。培训实施过程中，要有相对稳定的教育培训大纲、培训教材和培训师资，确保教育时间和质量。严格按制度进行教育对象的登记、培训、考核、发证、资料存档等工作。考试不合格者、不准上岗工作。

1. 培训内容

（1）通用安全知识培训

1）法律法规的培训。

2）安全基础知识培训。

3）建筑施工主要安全法律、法规、规章和标准及企业安全生产规章制度和操作规程培训，同行业或本企业历史事故案例分析。

（2）专项安全知识培训

1）岗位安全培训。

2）分阶段的危险源专项培训。

2. 培训的对象和时间

（1）培训对象。主要分为管理人员、特殊工种人员、一般性操作工人。

（2）培训时间。可分为定期（如管理人员和特殊工种人员的年度培训）和不定期培训

（如一般性操作工人的安全基础知识培训、企业安全生产规章制度和操作规程培训、分阶段的危险源专项培训等）。

3. 经费测算

培训的内容、对象和时间确定后，安全教育和培训计划还应对培训的经费做出概算，这也是确保安全教育和培训计划实施的物质保障。

4. 培训师资

根据拟定的培训内容，充分利用各种信息手段，了解有关教师的自然条件、专业专长、授课特点、培训效果，甄选培训教师。建议对聘请的教师建立师资档案，便于日后建立长期稳定的合作关系。

5. 培训形式

根据不同培训对象和培训内容，选择适当的培训形式。

6. 培训考核方式

考核是评价培训效果的重要环节，依据考核结果，可以评定员工接受培训认知的程度和采用的教育与培训方式的适宜程度，也是改进安全培训效果的重要输入信息。

考核的形式一般有以下几种：

（1）书面形式开卷。适宜普及性培训的考核，如针对一般性操作工人的安全教育培训。

（2）书面形式闭卷。适宜专业性较强的培训，如管理人员和特殊工种人员的年度考核。

（3）计算机联考。将试卷用计算机程序编制好，并放在企业局域网上，公司管理人员或特殊工种人员可以通过在本地网或通过远程登录的方式在计算机上答题，这种模式一般适用于公司管理人员和特殊工种人员。

（4）现场操作。适宜专业性较强的工种现场技能考核，然后参照相关标准对操作的结果进行考核。

7. 培训效果的评估方式

培训效果的评估是目前多数培训单位开展培训工作的薄弱环节。不重视培训效果的评估，使培训工作的开展"原地踏步"，停滞不前，管理水平与培训经验得不到真正意义上的提高。

开展安全培训效果的评估的目的在于为改进安全教育与培训的诸多环节提供依据，评估的内容和要从间接培训效果、直接培训效果和现场培训效果三个方面来进行。

（1）间接培训效果。主要是在培训完后通过问卷的方式对培训采取的方式、培训的内容、培训的技巧方面进行评价。

（2）直接培训效果。评价依据主要为考核结果，以参加培训的人员的考核分数来确定安全教育与培训的效果。

（3）现场培训效果。主要是在生产过程中出现的违章情况和发生的安全事故的频数来确定。

2.3.7 安全教育档案管理

培训档案的管理是安全教育与培训的重要环节，通过建立培训档案，在整体上对培训的人员的安全素质作必要的跟踪和综合评估。培训档案可以使用计算机程序进行管理，并通过该程序完成以下功能：个人培训档案录入、个人培训档案查询、个人安全素质评价、企业安全教育与培训综合评价。经常监督检查，认真查处未经培训就上岗操作和特种作业人员无证操作的责任单位和责任人员。

1. 建立《职工安全教育卡》

职工的安全教育档案管理应由企业安全管理部门统一规范，为每位在职员工建立《职工安全教育卡》。

2. 教育卡的管理

（1）分级管理。《职工安全教育卡》由职工所属的安全管理部门负责保存和管理。班组人员的《职工安全教育卡》由所属项目负责保存和管理；企业总部（公司）人员的《职工安全教育卡》由企业安全管理部门负责保存和管理。

（2）跟踪管理。《职工安全教育卡》实行跟踪管理，职工调动单位或变换工种时，交由职工本人带到新单位，由新单位的安全管理人员保存和管理。

（3）职工日常安全教育。职工的日常安全教育由公司安全管理部门负责组织实施，日常安全教育结束后，安全管理部门负责在职工的《职工安全教育卡》中做出相应的记录。

3. 新入厂职工安全教育规定

新入厂职工必须按规定经公司、项目部、班组三级安全教育，分别由公司安全部门、项目部安全部门、班组安全员在《职工安全教育卡》中做出相应的记录，并签名。

4. 考核规定

（1）公司安全管理部门每月对《职工安全教育卡》抽查一次。

（2）对丢失《职工安全教育卡》的部门进行相应考核。

（3）对未按规定对本部门职工进行安全教育的进行相应考核。

（4）对未按规定对本部门职工的安全教育情况进行登记的部门进行相应考核。

要经常监督检查，认真查处未经培训就上岗操作和特种作业人员无证操作的责任单位和责任人员。

2.4 安全色标

安全色标是特定的表达安全信息含义的颜色和标志。它以形象而醒目的信息语言向人们提供表达禁止、警告、指令、提示等安全信息。

我国在 1982 年颁布了国家标准《安全色》（GB 2893）和《安全标志》（GB 2894），而后又陆续颁布了国家标准《安全色卡》（GB 6527.1—1986）、《安全色使用导则》（GB 6527.2—1986）以及《安全标志使用导则》（GB 16179—1996）。中国规定的安全色的颜色及其含义与国际标准草案中所规定的基本一致，安全标志的图形种类及其含义与国际标准草案中所规定的也基本一致。现行的国家标准《安全色》（GB 2893—2008）合并了《安全色使用导则》，《安全标志及其使用导则》（GB 2894—2008）合并了《激光安全标志》。现把安全色与安全标志分述如下。

2.4.1 安全色

各种颜色具有各自的特性，它给人们的视觉和心理以刺激，从而给人们以不同的感受，如冷暖、进退、轻重、宁静与刺激、活泼与忧郁等各种心理效应。

安全色就是根据颜色给予人们不同的感受而确定的。由于安全色是表达"禁止"、"警告"、"指令"和"提示"等安全信息含义的颜色，所以要求容易辨认和引人注目。

1. 含义及用途

国家标准《安全色》（GB 2893—2008）中规定了安全色是传递安全信息含义的颜色，包括红、蓝、黄、绿四种颜色。其含义和用途见表 2-1。

安全色的含义及用途   表 2-1

颜色	含　义	用　途　举　例
红色	禁止、停止 危险、消防	禁止标志：交通禁令标志；消防设备标志；危险信号旗 停止信号：机器、车辆上的紧急停止手柄或按钮，以及禁止人们触动的部位
蓝色	指令 必须遵守的规定	指令标志：如必须佩带个人防护用具，道路指引车辆和行人行走方向的指令
黄色	警告 注意	警告标志：警告信号旗；道路交通标志和标线 警戒标志：如厂内危险机器和坑池边周围的警戒线 机械上齿轮箱的内部 安全帽
绿色	提示安全	提示标志 车间内的安全通道 行人和车辆通行标志 消防设备和其他安全防护装置的位置

注：1. 蓝色只有与几何图形同时使用时，才表示指令。

　　2. 为了不与道路两旁绿色行道树相混淆，道路上的提示标志用蓝色。

这四种颜色有如下的特性：

（1）红色：红色很醒目，使人们在心理上会产生兴奋感和刺激性。红色光波较长，不易被尘雾所散射。在较远的地方也容易辨认，即红色的注目性非常高，视认性也很好，所以用其表示危险、禁止和紧急停止的信号。

（2）蓝色：蓝色的注目性和视认性虽然都不太好，但与白色相配合使用效果不错，特别是在太阳光直射的情况下较明显，因而被选用为指令标志的颜色。

（3）黄色：黄色对人眼能产生比红色更高的明度，黄色与黑色组成的条纹是视认性最高的色彩，特别能引起人们的注意，所以被选用为警告色。

（4）绿色：绿色的视认性和注目性虽然都不高，但绿色是新鲜、年轻、青春的象征，具有和平、久远、生长、安全等心理效应，所以用绿色提示安全信息。

2. 对比色规定

为使安全色更加醒目，使用对比色为其反衬色。对比色为黑白两种颜色。对于安全色来说，什么颜色的对比色用白色，什么颜色的对比色用黑色，决定于该色的明度。两色明度差别越大越好。所以黑白互为对比色；红、蓝、绿色的对比色定为白色；黄色的对比色定为黑色。

在运用对比色时，黑色用于安全标志的文字、图形符号和警告标志的几何边框。白色既可以用于红、蓝、绿的背景色，也可以用作安全标志的文字和图形符号。

3. 间隔条纹标志

用安全色和其对比色制成的间隔条纹标志，能显得更加清晰醒目。间隔的条纹标志有红色与白色相间隔的，黄色与黑色相间隔的，以及蓝色与白色相间隔的条纹。安全色与对比色相间的条纹宽度应相等，即各占50%。这些间隔条纹标志的含义和用途见表2-2。

间隔条纹标志的含义与用途   表2-2

间隔条纹	含 义	用途举例
红、白色相间	表示禁止或提示消防设备、设施位置的安全标记	道路上用的防护栏杆和隔离墩
黄、黑色相间	表示危险位置的安全标记	轮胎式起重机的外伸腿 吊车吊钩的滑轮架 铁路和道路交叉口上的防护栏杆
蓝、白色相间	表示指令的安全标记，传递必须遵守规定的信息	交通指示性导向标志
绿、白色相间	表示安全环境的安全标记	固定提示标志杆上的色带

4. 使用范围

安全色的使用范围和作用，按照《安全色》（GB 2893—2008）的规定，适用于公共场所、生产经营单位和交通运输、建筑、仓储等行业以及消防等领域所使用的信号和标志的表面色。

5. 注意事项

为了使人们对周围存在的不安全因素环境、设备引起注意，需要涂以醒目的安全色，以提高人们对不安全因素的警惕是十分必要的。另外，统一使用安全色，能使人们在紧急情况下，借助于所熟悉的安全色含义，尽快识别危险部位，及时采取措施，提高自控能力，有助于防止事故的发生。但必须注意，安全色本身与安全标志一样，不能消除任何危险，也不能代替防范事故的其他措施。

（1）安全色和对比色的颜色范围。在使用安全色时，一定要严格执行《安全色》（GB 2893—2008）中规定的安全色和对比色的颜色范围和亮度因数。因为只有合乎要求，才便于人们准确而迅速的辨认。在使用安全色的场所，照明光源应接近于天然昼光，其照度应不低于《建筑照明设计标准》（GB 50034—2013）的规定。

（2）安全色涂料。必须符合规定的颜色。安全色卡具有最佳的颜色辨认率，即使在傍晚或普通的人造光源下也比较容易识别，所以能更好地提高人们对不安全因素的警惕。

（3）凡涂有安全色的部位，每半年应检查一次，应经常保持整洁、明亮，如有变色、褪色等不符合安全色范围，逆反射系数低于70%或安全色的使用环境改变时，应及时重涂或更换，以保证安全色正确、醒目，达到安全警示的目的。

2.4.2 安全标志

安全标志是用以表达特定安全信息的标志，由图形符号、安全色、几何形状（边框）或文字构成。

制定安全标志的目的是引起人们对不安全因素的注意，预防事故的发生。因此要求安全标志含义简明，清晰易辨，引人注目。安全标志应尽量避免过多的文字说明，甚至不用文字说明，也能使人们一看就知道它所表达的信息含义。安全标志不能代替安全操作规程和保护措施。

根据国家有关标准，安全标志应由安全色、几何图形和图形符号构成。必要时，还需要补充一些文字说明与安全标志一起使用。

国家标准《安全标志及其使用导则》（GB 2894—2008）对安全标志的尺寸、衬底色、制作、设置位置、检查、维修以及各类安全标志的几何图形、标志数目、图形颜色及其辅助标志等都做了具体规定。安全标志的文字说明必须与安全标志同时使用。辅助标志应位于安全标志几何图形的下方，文字有横写、竖写两种形式。

1. 标志类型

（1）安全标志根据其使用目的的不同，可以分为以下 9 种：

1）防火标志（有发生火灾危险的场所，有易燃易爆危险的物质及位置，防火、灭火设备位置）。

2）禁止标志（所禁止的危险行动）。

3）危险标志（有直接危险性的物体和场所并对危险状态作警告）。

4）注意标志（由于不安全行为或不注意就有危险的场所）。

5）救护标志。

6）小心标志。

7）放射性标志。

8）方向标志。

9）指示标志。

（2）安全标志按其用途可分为禁止标志、警告标志、指令标志和提示标志四大类型。这四类标志用四个不同的几何图形来表示。

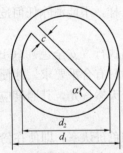

图 2-7　禁止标志的基本形式

1）禁止标志：禁止标志的含义是禁止人们不安全行为的图形标志。

禁止标志的基本形式是带斜杠的圆边框，如图 2-7 所示，外径 $d_1=0.025L$，内径 $d_2=0.800d_1$，斜杠宽 $c=0.080d_1$，斜杠与水平线的夹角 $\alpha=45°$，L 为观察距离。带斜杠的圆环的几何图形，图形背景为白色，圆环和斜杠为红色，图形符号为黑色。

人们习惯用符号"×"表示禁止或不允许。但是，如果在圆环内画上"×"会使图像不清晰，影响视认效果。因此改用"＼"即"×"的一半来表示"禁止"。这样做也与国际标准化组织的规定是一致的。

禁止标志有禁止吸烟、禁止烟火、禁止带火种、禁止用水灭火、禁止放置易燃物、禁止堆放、禁止启动、禁止合闸、禁止转动、禁止叉车和厂内机动车辆通过、禁止乘人、禁止靠近、禁止入内、禁止推动、禁止停留、禁止通行、禁止跨越、禁止攀登、禁止跳下、禁止伸出窗外、禁止依靠、禁止坐卧、禁止蹬踏、禁止触摸、禁止伸入、禁止饮用、禁止抛物、禁止戴手套、禁止穿化纤服装、禁止穿带钉鞋、禁止开启无线移动通信设备、禁止携带金属物或手表、禁止佩戴心脏起搏器者靠近、禁止植入金属材料者靠近、禁止游泳、禁止滑冰、禁止携带武器及仿真武器、禁止携带托运易燃及易爆物品、禁止携带托运有毒物品和有害液体、禁止携带托运放射性及磁性物品共40个。

2）警告标志：警告标志的含义是提醒人们对周围环境引起注意，以避免可能发生危险的图形标志。

警告标志的基本形式是正三角形边框，如图2-8所示，外边$a_1=0.034L$，内边$a_2=0.700a_1$，边框外角圆弧半径$r=0.080a_2$，L为观察距离。三角形几何图形，图形背景是黄色，三角形边框及图形符号均为黑色。

三角形引人注目，即使光线不佳时也比圆形清楚。国际标准草案3864.3文件中也把三角形作为"警告标志"的几何图形。

警告标志有：注意安全、当心火灾、当心爆炸、当心腐蚀、当心中毒、当心感染、当心触电、当心电缆、当心自动启动、当心机械伤人、当心塌方、当心冒顶、当心坑洞、当心落物、当心吊物、当心碰头、当心挤压、当心烫伤、当心伤手、当心夹手、当心扎脚、当心有犬、当心弧光、当心高温表面、当心低温、当心磁场、当心电离辐射、当心裂变物质、当心激光、当心微波、当心叉车、当心车辆、当心火车、当心坠落、当心障碍物、当心跌落、当心滑倒、当心落水、当心缝隙共39个。

3）指令标志：指令标志的含义是强制人们必须做出某种动作或采用防范措施的图形标志。

指令标志是提醒人们必须要遵守某项规定的一种标志。基本形式是圆形边框，如图2-9所示，直径$d=0.025L$，L为观察距离。圆形几何图形，背景为蓝色，图形符号为白色。

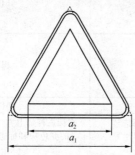

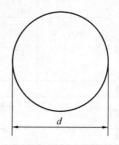

图2-8　警告标志的基本形式　　　　图2-9　指令标志的基本形式

标有"指令标志"的地方，就是要求人们到达这个地方，必须遵守"指令标志"的规定。例如进入施工工地，工地附近有"必须戴安全帽"的指令标志，则必须将安全帽戴上，否则就是违反了施工工地的安全规定。

指令标志有：必须戴防护眼镜、必须戴遮光护目镜、必须戴防尘口罩、必须戴防毒面具、必须戴护耳器、必须戴安全帽、必须戴防护帽、必须系安全带、必须穿救生衣、必须穿防护服、必须戴防护手套、必须穿防护鞋、必须洗手、必须加锁、必须接地、必须拔出插头共16个。

4）提示标志：提示标志的含义是向人们提供某种信息（如标明安全设施或场所等）的图形标志。

提示标志是指示目标方向的安全标志。基本形式是正方形边框，如图2-10所示，边长$a=0.025L$，L为观察距离。长方形几何图形，图形背景为绿色，图形符号及文字为白色。

图2-10　提示标志的基本形式

长方形给人以安定感，另外提示标志也需要有足够的地方书写文字和画出箭头，以提示必要的信息，所以用长方形是适宜的。

提示标志有紧急出口、避险处、应急避难场所、可动火区、击碎板面、急救点、应急电话和紧急医疗站共 8 个。

提示标志提示目标的位置时要加方向辅助标志。按实际需要指示左向或下向时，辅助标志应放在图形标志的左方，如指示右向时，则应放在图形标志的右方。

2. 辅助标志

有时候，为了对某一种标志加以强调而增设辅助标志。提示标志的辅助标志为方向辅助标志，其余三种采用文字辅助标志。

文字辅助标志就是在安全标志的下方标有文字补充说明安全标志的含义。基本形式是矩形边框，辅助标志的文字可以横写，也可以竖写。文字字体均为黑体字。一般来说，挂牌的辅助标志用横写，用杆竖立在特定地方的辅助标志，文字竖写在标志的立杆上。

各种辅助标志的背景颜色、文字颜色、字体，辅助标志放置的部位、形状与尺寸的规定见表 2-3。

辅助标志的有关规定　　　　　　　　　　　　　　　　　　表 2-3

辅助标志写法	横　写	竖　写
背景颜色	禁止标志—红色 警告标志—白色 指令标志—蓝色 提示标志—绿色	白色
文字颜色	禁止标志—白色 警告标志—黑色 指令标志—白色 提示标志—白色	黑色
字体	黑体字	黑体字
放置部位	在标志的下方，可以和标志连在一起，也可以分开	在标志杆的上方（标志杆下部色带的颜色应和标志的颜色相一致）
形状	矩形	矩形
尺寸	长 500mm	

文字辅助标志横写和竖写的示例如图 2-11 和图 2-12 所示。

安全标志在使用场所和视距上必须保证人们可以清楚地识别。为此，安全标志应当设置在它所指示的目标物附近，使人们一眼就能识别出它所提供的信息是属于哪一种象物。另外，安全标志应有充分的照明，为了保证能在黑暗地点或电源切断时也能看清标志，有些标志应带有应急照明电池或荧光。

安全标志所用的颜色应符合《安全色》（GB 2893—2008）规定的颜色。

图 2-11　横写的文字辅助标志

3. 激光辐射窗口标志和说明标志

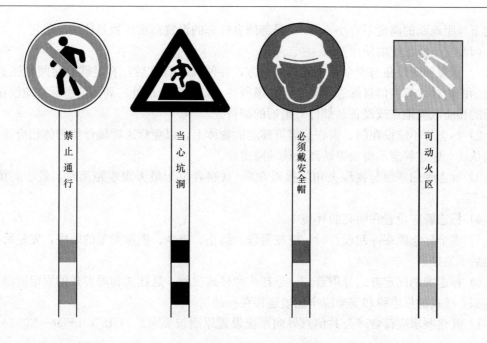

图 2-12　竖写在标志杆上部的文字辅助标志

激光辐射窗口标志和说明标志应配合"当心激光"警告标志使用，说明标志包括激光产品辐射分类说明标志和激光辐射场所安全说明标志，激光辐射窗口标志和说明标志的图形、尺寸和使用方法符合规范规定。

4. 安全标志使用范围

安全标志的使用范围，按照《安全标志及其使用导则》（GB 2894—2008）规定，适用于公共场所、工业企业、建筑工地和其他有必要提醒人们注意安全的场所。

5. 安全标志牌

（1）安全标志牌的要求

安全标志牌要有衬边。除警告标志边框用黄色勾边外，其余全部用白色将边框勾一窄边，即为安全标志的衬边，衬边宽度为标志边长或直径的 0.025 倍。

安全标志牌应采用坚固耐用的材料制作，一般不宜使用遇水变形、变质或易燃的材料。有触电危险的作业场所应使用绝缘材料。标志牌应图形清楚，无毛刺、孔洞和影响使用的任何疵病。

（2）标志牌的型号选用

1）工地、工厂等的入口处设 6 型或 7 型。

2）车间入口处、厂区内和工地内设 5 型或 6 型。

3）车间内设 4 型或 5 型。

4）局部信息标志牌设 1 型、2 型或 3 型。

无论厂区或车间内，所设标志牌其观察距离不能覆盖全厂或全车间面积时，应多设几个标志牌。

（3）标志牌的设置高度

标志牌设置的高度，应尽量与人眼的视线高度相一致。悬挂式和柱式的环境信息标志牌的下缘距地面的高度不宜小于 2m；局部信息标志的设置高度应视具体情况确定。

（4）安全标志牌的使用要求

1）标志牌应设在与安全有关的醒目地方，并使大家看见后，有足够的时间来注意它所表示的内容。环境信息标志宜设在有关场所的入口处和醒目处；局部信息标志应设在所涉及的相应危险地点或设备（部件）附近的醒目处。

2）标志牌不应设在门、窗、架等可移动的物体上，以免标志牌随母体物体相应移动，影响认读。标志牌前不得放置妨碍认读的障碍物。

3）标志牌的平面与视线夹角应接近 90°，观察者位于最大观察距离时，最小夹角不低于 75°。

4）标志牌应设置在明亮的环境中。

5）多个标志牌在一起设置时，应按警告、禁止、指令、提示类型的顺序，先左后右、先上后下地排列。

6）标志牌的固定方式分附着式、悬挂式和柱式三种。悬挂式和附着式的固定应稳固，不倾斜，柱式的标志牌和支架应牢固地连接在一起。

7）其他要求应符合《公共信息导向系统设置原则与要求》（GB/T 15566—2007）的规定。

（5）检查与维修

1）安全标志牌至少每半年检查一次，如发现有破损、变形、褪色等不符合要求时应及时修整或更换。

2）在修整或更换激光安全标志时应有临时的标志替换，以避免发生意外的伤害。

2.5 劳动防护用品

劳动防护用品又称为个人防护用品、劳动保护用品，是指由生产经营单位为从业人员配备的，使其在生产过程中免遭或者减轻事故伤害和职业危害的个人防护装备。国际上称为 PPE（Personal Protective Equipment），即个人防护器具。劳动防护用品分为一般劳动防护用品和特种劳动防护用品。特种劳动防护用品，必须取得特种劳动防护用品安全标志。

使用劳动保护用品，通过采取阻隔、封闭、吸收、分散、悬浮等措施，能起到保护机体的局部或全部免受外来侵害的作用，在一定条件下，使用个人防护用品是主要的防护措施。

防护用品应严格保证质量，安全可靠，而且穿戴要舒适方便，经济耐用。

2.5.1 劳动防护用品的配备、使用与管理规定

1. 劳动防护用品分类

（1）按照防护用途分类

1）以防止伤亡事故为目的的安全防护用品。主要包括：

①防坠落用品，如安全带、安全网等。

②防冲击用品，如安全帽、防冲击护目镜等。

③触电用品，如绝缘服、绝缘鞋、等电位工作服等。

④机械外伤用品，如防刺、割、绞碾、磨损用的防护服、鞋、手套等。

⑤酸碱用品，如耐酸碱手套、防护服和靴等。

⑥油用品，如耐油防护服、鞋和靴等。

⑦水用品，如胶制工作服、雨衣、雨鞋和雨靴、防水保险手套等。

⑧防寒用品，如防寒服、鞋、帽、手套等。

2）以预防职业病为目的的劳动卫生护品。主要包括：

①防尘用品，如防尘口罩、防尘服等。

②防毒用品，如防毒面具、防毒服等。

③防放射性用品，如防放射性服、铅玻璃眼镜等。

④防热辐射用品，如隔热防火服、防辐射隔热面罩、电焊手套、有机防护眼镜等。

⑤防噪声用品，如耳塞、耳罩、耳帽等。

（2）按照防护部位分类

1）头部防护类：包括各种材料制作的安全帽、工作帽、防寒帽等。

2）眼、面部防护类：包括电焊面罩，各种防冲击型、防腐蚀型、防辐射型、防强光型护目镜和防护面罩。

3）听觉器官防护类：包括各种材料制作的防噪声护具，主要有耳塞、耳罩和防噪声帽等。

4）呼吸器官防护类：包括过滤式防毒面具、各种防尘口罩（不包括纱布口罩）、过滤式防微粒口罩、长管面具、氧（空）气呼吸器等。

5）手部防护类：绝缘、耐油、耐酸碱手套，防寒、防振、防静电、防昆虫、防放射、防微生物、防化学品手套，搬运手套、焊接手套等。

6）足部防护类：包括矿工靴、防水胶靴，绝缘、耐油、耐酸酸鞋，防寒、防振、防滑、防砸、防刺穿、防静电、防化学品鞋，隔热阻燃鞋和焊接防护鞋。

7）躯体防护类：包括棉布工作服、一般防护服、水上作业服、救生衣、潜水服、带电作业屏蔽服，隔热、绝缘、防寒、防水、防尘、防油、防酸碱、防静电、防电弧、防放射性服，化学品、阻燃、焊接等防护服。

8）防坠落类：包括安全带（含速差式自控器与缓冲器），安全网，安全绳。

9）皮肤防护：各种劳动防护专用护肤用品。

2. 建筑施工企业劳动防护用品的配备、使用与管理基本要求

（1）劳动防护用品的配备，应该按照"谁用工、谁负责"的原则，由使用劳动防护用品的单位（以下简称"使用单位"）按照《个体防护装备选用规范》（GB/T 11651—2008）和《建筑施工作业劳动防护用品配备及使用标准》（GBJ 184—2009）以及有关规定，为作业人员按作业工种免费配备劳动防护用品。使用单位应当安排用于配备劳动防护用品的专项经费。

使用单位不得以货币或其他物品替代应当按规定配备的劳动防护用品。

（2）使用单位应建立健全劳动防护用品的购买、验收、保管、发放、使用、更换、报废等管理制度，并应按照劳动防护用品的使用要求，在使用前对其防护功能进行必要的检查。

（3）使用单位应选定劳动防护用品的合格供货方，为作业人员定配备的劳动防护用品必须符合国家标准或者行业标准，应具备生产许可证、产品合格证等相关资料。经本单位安全生产管理部门审查合格后方可使用。

国家对特种劳动防护用品实施安全生产许可证制度。使用单位采购、配备和使用的特种劳动防护用品必须具有安全生产许可证、产品合格证和安全鉴定证。

使用单位不得采购和使用无厂家名称、无产品合格证、无安全标志的劳动防护用品。

（4）劳动防护用品的使用年限应按《个体防护装备选用规范》（GB/T 11651—2008）执行。劳动防护用品达到使用年限或报废标准的应由企业统一回收报废。劳动防护用品有定期检测要求的应按照其产品的检测周期进行检测。

（5）使用单位应督促、教育本单位劳动者按照安全生产规章制度和劳动防护用品使用规则及防护要求，正确佩戴和使用劳动防护用品。未按规定佩戴和使用劳动防护用品的，不得上岗作业。

（6）建筑施工企业应对危险性较大的施工作业场所及具有尘毒危害的作业环境设置安全警示标识及安全防护服务器标识牌。

（7）使用单位没有按国家规定为劳动者提供必要的劳动防护用品的，按劳动部《违反〈中华人民共和国劳动法〉行政处罚办法》（劳部发［1994］532号）有关条款处罚；构成犯罪的，由司法部门依法追究有关人员的刑事责任。

3. 劳动防护用品选用规定

劳动防护用品的选用见表2-4。

劳动防护用品选用一览表　　　　　　　　　　　　　　　　　　　表2-4

作业类别		可以使用的防护用品	建议使用的防护用品
编号	类别名称		
A01	存在物体坠落、撞击的作业	B02 安全帽　　B39 防砸鞋（靴） B41 防刺穿鞋　　B68 安全网	B40 防滑鞋
A02	有碎屑飞溅的作业	B02 安全帽　　B10 防冲击护目镜 B46 一般防护服	B30 防机械伤害手套
A03	操作转动机械作业	B01 工作帽　　B10 防冲击护目镜 B71 其他零星防护用品	
A04	接触锋利器具作业	B30 防机械伤害手套 B46 一般防护服	B02 安全帽　　B39 防砸鞋（靴） B41 防刺穿鞋
A05	地面存在尖利器物的作业	B41 防刺穿鞋	B02 安全帽
A06	手持振动机械作业	B18 耳塞　B19 耳罩　B29 防振手套	B38 防振鞋
A07	人承受全身振动的作业	B38 防振鞋	
A08	铲、装、吊、推机械操作作业	B02 安全帽 B46 一般防护服	B05 防尘口罩（防颗粒物呼吸器） B10 防冲击护目镜

作业类别		可以使用的防护用品	建议使用的防护用品
编号	类别名称		
A09	低压带电作业（1kV以下）	B31 绝缘手套　　B42 绝缘鞋 B64 绝缘服	B02 安全帽（带电绝缘性能） B10 防冲击护目镜
A10 高压带电作业	在 1kV～10kV 带电设备上进行作业时	B02 安全帽（带电绝缘性能） B31 绝缘手套　　B42 绝缘鞋 B64 绝缘服	B10 防冲击护目镜 B63 带电作业屏蔽服 B65 防电弧服
	在 10kV～500kV 带电设备上进行作业时	B63 带电作业屏蔽服	B13 防强光、紫外线、红外线护目镜或面罩
A11	高温作业	B02 安全帽　　B56 白帆布类隔热服 B13 防强光、紫外线、红外线护目镜或面罩 B34 隔热阻燃鞋　　B58 热防护服	B57 镀反射膜类隔热服 B71 其他零星防护用品
A12	易燃易爆场所作业	B23 防静电手套　　B35 防静电鞋 B52 化学品防护服　　B53 阻燃防护服 B54 防静电服　　B66 棉布工作服	B05 防尘口罩（防颗粒物呼吸器） B06 防毒面具 B47 防尘服
A13	可燃性粉尘场所作业	B05 防尘口罩（防颗粒物呼吸器） B23 防静电手套　　B35 防静电鞋 B54 防静电服　　B66 棉布工作服	B47 防尘服 B53 阻燃防护服
A14	高处作业	B02 安全帽　B67 安全带　B68 安全网	B40 防滑鞋
A15	井下作业	B02 安全帽	
A16	地下作业	B05 防尘口罩（防颗粒物呼吸器） B06 防毒面具　　B08 自救器 B18 耳塞　　B23 防静电手套 B29 防振手套　　B32 防水胶靴 B39 防砸鞋（靴）　　B40 防滑鞋 B44 矿工靴　　B48 防水服 B53 阻燃防护服	B19 耳罩 B41 防刺穿鞋
A17	水上作业	B32 防水胶靴　　B49 水上作业服 B62 救生衣（圈）	B48 防水服
A18	潜水作业	B50 潜水服	
A19	吸入性气相毒物作业	B06 防毒面具　　B21 防化学品手套 B52 化学品防护服	B69 劳动护肤剂
A20	密闭场所作业	B06 防毒面具（供气或携气） B21 防化学品手套　B52 化学品防护服	B07 空气呼吸器 B69 劳动护肤剂
A21	吸入性气溶胶毒物作业	B01 工作帽　　B06 防毒面具 B21 防化学品手套　B52 化学品防护服	B05 防尘口罩（防颗粒物呼吸器） B69 劳动护肤剂

作业类别		可以使用的防护用品	建议使用的防护用品
编号	类别名称		
A22	沾染性毒物作业	B01 工作帽　　　B06 防毒面具 B16 防腐蚀液护目镜 B21 防化学品手套　B52 化学品防护服	B05 防尘口罩（防颗粒物呼吸器） B69 劳动护肤剂
A23	生物性毒物作业	B01 工作帽 B05 防尘口罩（防颗粒物呼吸器） B16 防腐蚀液护目镜 B22 防微生物手套　B52 化学品防护服	B69 劳动护肤剂
A24	噪声作业	B18 耳塞	B19 耳罩
A25	强光作业	B13 防强光、紫外线、红外线护目镜或面罩 B15 焊接面罩　　　B24 焊接手套 B45 焊接防护鞋　　B55 焊接防护服 B56 白帆布类隔热服	
A26	激光作业	B14 防激光护目镜	B59 防放射性服
A27	荧光屏作业	B11 防微波护目镜	B59 防放射性服
A28	微波作业	B11 防微波护目镜　B59 防放射性服	
A29	射线作业	B12 防放射性护目镜 B25 防放射性手套　B59 防放射性服	
A30	腐蚀性作业	B01 工作帽 B16 防腐蚀液护目镜　B26 耐酸碱手套 B43 耐酸碱鞋　　　　B60 防酸（碱）服	B36 防化学品鞋（靴）
A31	易污作业	B01 工作帽　　　B06 防毒面具 B05 防尘口罩（防颗粒物呼吸器） B26 耐酸碱手套　B35 防静电鞋 B46 一般防护服　B52 化学品防护服	B27 耐油手套　B37 耐油鞋 B61 防油服　　　B69 劳动护肤剂 B71 其他零星防护用品如披肩帽、鞋罩、围裙、套袖等
A32	恶味作业	B01 工作帽　　　B06 防毒面具 B46 一般防护服	B07 空气呼吸器 B71 其他零星防护用品
A33	低温作业	B03 防寒帽　　　B20 防寒手套 B33 防寒鞋　　　B51 防寒服	B19 耳罩 B69 劳动护肤剂
A34	人工搬运作业	B02 安全帽　　　B68 安全网 B30 防机械伤害手套	B40 防滑鞋
A35	野外作业	B03 防寒帽　　　B17 太阳镜 B28 防昆虫手套　B32 防水胶靴 B33 防寒鞋　B48 防水服　B51 防寒服	B10 防冲击护目镜 B40 防滑鞋 B69 劳动护肤剂
A36	涉水作业	B09 防水护目镜　B32 防水胶靴 B48 防水服	

作业类别		可以使用的防护用品	建议使用的防护用品
编号	类别名称		
A37	车辆驾驶作业	B04 防冲击安全头盔 B46 一般防护服	B10 防冲击护目镜　B17 太阳镜 B13 防强光、紫外线、红外线护目镜或面罩 B30 防机械伤害手套
A38	一般性作业		B46 一般防护服 B70 普通防护装备
A39	其他作业		

2.5.2 "三宝"的安全使用要求

1. 安全帽安全使用要求

（1）安全帽的防护原理

对人体头部受坠落物及其他特定因素引起的伤害起防护作用的帽子称为安全帽。安全帽由帽壳、帽衬、下颌带和附件组成。帽壳呈半球形，坚固、光滑并有一定弹性，打击物的冲击和穿刺动能主要由帽壳承受。帽壳和帽衬之间留有一定空间，可缓冲、分散瞬时冲击力，从而避免或减轻对头部的直接伤害。

当作业人员头部受到坠落物的冲击时，利用安全帽帽壳、帽衬在瞬间先将冲击力分解到头盖骨的整个面积上，然后利用安全帽帽壳、帽衬的结构材料和所设置的缓冲结构（插口、拴绳、缝线、缓冲垫等）的弹性变形、塑性变形和允许的结构破坏将大部分冲击力吸收，使最后作用到人员头部的冲击力降低到 4900N 以下，从而起到保护作业人员的头部不受到伤害或降低伤害的作用。

安全帽的帽壳材料对安全帽整体抗击性能起重要的作用。应根据不同结构形式的帽壳选择合适的材料。我国安全帽按材质可分为：塑料安全帽、合成树脂（如玻璃钢）安全帽、胶质安全帽、竹编安全帽、铝合金安全帽等。

（2）安全帽的技术性能要求

国标《安全帽》（GB 2811—2007）中对安全帽的各项性能指标均有明确技术要求。主要有：

1）质量要求：普通安全帽不超过 430g，防寒安全帽不超过 600g。

2）尺寸要求：安全帽的尺寸要求主要为帽壳内部尺寸、帽舌、帽檐、垂直间距、水平间距、佩戴高度、凸出物和透气孔。

其中垂直间距和佩戴高度是安全帽的两个重要尺寸要求。

垂直间距是指安全帽在佩戴时，头顶最高点与帽壳内表面之间的轴向距离（不包括顶筋的空间）。国标要求是≤50mm。佩戴高度是指安全帽在佩戴时，帽箍底部至头顶最高点的轴向距离。国标要求是 80mm～90mm。垂直间距太小，直接影响安全帽的冲击吸收性能；佩戴高度太大，直接影响安全帽佩戴的稳定性。这两项要求任何一项不合格都会直接影响到安全帽的整体安全性。

3）安全性能要求：安全性能指的是安全帽防护性能，是判定安全帽产品合格与否的重要指标，包括基本技术性能要求（冲击吸收性能、耐穿刺性能和下颌带强度）和特殊技术性能要求（抗静电性能、电绝缘性能、侧向刚性、阻燃性能和耐低温性能）。《安全帽》(GB 2811—2007) 中明确规定了安全帽产品应达到的要求。

4）合格标志：国家对安全帽实行了生产许可证管理和安全标志管理。每顶安全帽的标志由永久标志和产品说明组成。永久标志应采用刻印、缝制、铆固标牌、模压或注塑在帽壳上。永久性标志包括：现行安全帽标准编号、制造厂名、生产日期（年、月）、产品名称、产品特殊技术性能（如果有）。产品说明包括必要的几条说明，适用和不适用场所，适用头围的大小，安全帽的报废判别条件和保持期限共 12 项，选购时，应注意检查。目前，产品说明以耐磨不干胶的形式贴在安全帽内壁的居多，便于检查和使用。

（3）安全帽的选择

使用者在选择安全帽时，应注意选择符合国家相关管理规定、标志齐全、经检验合格的安全帽，并应检查其近期检验报告。并且要根据不同的防护目的选择不同的品种，如，带电作业场所的使用人员，应选择具有电绝缘性能并检查合格的安全帽。通常应注意以下几点：

1）检查"三证"，即生产许可证、产品合格证、安全鉴定证。凡是在我国国内生产销售的个人防护器具，按规定应具备以上证书。

2）检查标志，检查永久性标志和产品说明是否齐全、准确，以及"安全防护"的盾牌标志。

3）检查产品做工，合格的产品做工较细，不会有毛边，质地均匀。

4）目测佩戴高度、垂直距离、水平距离等指标，用手感觉一下重量。

（4）使用与保管注意事项

安全帽的佩戴要符合标准，使用要符合规定。如果佩戴和使用不正确，就起不到充分的防护作用。一般应注意下列事项：

1）凡进入施工现场的所有人员，都必须佩戴安全帽。作业中不得将安全帽脱下，搁置一旁，或当坐垫使用。

2）佩戴安全帽前，应检查安全帽各配件有无损坏，装配是否牢固，外观是否完好，帽衬调节部分是否卡紧，绳带是否系紧等，确信各部件齐全完好后方可使用。

3）按自己头围调整安全帽后箍，调整带到适合的位置，将帽内弹性带系牢。缓冲衬垫的松紧由带子调节，垂直间距一般在 25mm～50mm，至少不要小于 32mm 为好。这样才能保证当遭受到冲击时，帽体有足够的空间可供缓冲，平时也有利于头和帽体间的通风。

4）佩戴时一定要将安全帽戴正、戴牢，不能晃动，下颌带必须扣在颌下，并系牢，松紧要适度。调节好后箍，以防安全帽脱落。

5）使用者不能随意调节帽衬的尺寸，不能随意在安全帽上拆卸或添加附件，不能私自在安全帽上打孔，不要随意碰撞安全帽，不要将安全帽当板凳坐，以免影响其原有的防护性能。

6）经受过一次冲击或做过试验的安全帽应作废，不能再次使用。

7）安全帽不能在有酸、碱或化学试剂污染的环境中存放，不能放置在高温、日晒或潮湿的场所中，以免其老化变质。

8）要定期检查安全帽，检查有没有龟裂、下凹、裂痕和磨损等情况，如存在影响其性能的明显缺陷就及时报废。

9）严格执行有关安全帽使用期限的规定，不得使用报废的安全帽。植物枝条编织的安全帽有效期为2年，塑料安全帽的有效期限为2年半，玻璃钢（包括维纶钢）和胶质安全帽的有效期限为3年半，超过有效期的安全帽应报废。

2. 安全带安全使用要求

（1）安全带的分类与标记

安全带是防止高处作业人员发生坠落或发生坠落后将作业人员安全悬挂的个体防护装备。由带子、绳子和各种零部件组成。安全带按作业类别分为围杆作业安全带、区域限制安全带和坠落悬挂安全带三类。

安全带的标记由作业类别、产品性能两部分组成。

1）作业类别：以字母W代表围杆作业安全带，以字母Q代表区域限制安全带，以字母Z代表坠落悬挂安全带；

2）产品性能：以字母Y代表一般性能，以字母J代表抗静电性能，以字母R代表抗阻燃性能，以字母F代表抗腐蚀性能，以字母T代表适合特殊环境（各性能可组合）。

示例：围杆作业、一般安全带表示为"W－Y"；区域限制、抗静电、抗腐蚀安全带表示为"Q－JF"。

（2）安全带的一般技术要求

安全带不应使用回收料或再生料，使用皮革不应有接缝。安全带与身体接触的一面不应有凸出物，结构应平滑。腋下、大腿内侧不应有绳、带以外的物品，不应有任何部件压迫喉部、外生殖器。坠落悬挂安全带的安全绳同主带的连接点应固定于佩戴者的后背、后腰或胸前，不应位于腋下、腰侧或腹部，并应带有一个足以装下连接器及安全绳的口袋。

主带应是整根，不能有接头。宽度不应小于40mm。辅带宽度不应小于20mm。主带扎紧扣应可靠，不能意外开启。

腰带应和护腰带同时使用。护腰带整体硬挺度不应小于腰带的硬挺度，宽度不应小于80mm，长度不应小于600mm，接触腰的一面应有柔软、吸汗、透气的材料。

安全绳（包括未展开的缓冲器）有效长度不应大于2m，有两根安全绳（包括未展开的缓冲器）的安全带，其单根有效长度不应大于1.2m。禁止将安全绳用作悬吊绳。悬吊绳与安全绳禁止共用连接器。

用于焊接、炉前、高粉尘浓度、强烈摩擦、割伤危害、静电危害、化学品伤害等场所的安全绳应加相应护套。使用的材料不应同绳的材料产生化学反应，应尽可能透明。

织带折头连接应使用线缝，不应使用铆钉、胶粘、热合等工艺。缝纫线应采用与织带无化学反应的材料，颜色与织带应有区别。织带折头缝纫前及绳头编花前应经燎烫处理，不应留有散丝。不得之后燎烫。

绳、织带和钢丝绳形成的环眼内应有塑料或金属支架。钢丝绳的端头在形成环眼前应使用铜焊或加金属帽（套）将散头收拢。

所有绳在构造上和使用过程中不应打结。每个可拍（飘）动的带头应有相应的带箍。

所有零部件应顺滑，无材料或制造缺陷，无尖角或锋利边缘。"8"字环、"品"字环不应有尖角、倒角，几何面之间应采用 R4 以上圆角过渡。调节扣不应划伤带子，可以使用滚花的零部件。

金属零件应浸塑或电镀以防锈蚀。金属环类零件不应使用焊接件，不应留有开口。在爆炸危险场所使用的安全带，应对其金属件进行防爆处理。

连接器的活门应有保险功能，应在两个明确的动作下才能打开。

旧产品应按《安全带测试方法》（GB/T 6096—2009）第 4.2 条规定的方法进行静态负荷测试，当主带或安全绳的破坏负荷低于 15kN 时，该批安全带应报废或更换相应部件。

（3）安全带的标记

安全带的标记由永久标记和产品说明组成。永久性标志应缝制在主带上，内容包括：产品名称、执行标准号、产品类别、制造厂名、生产日期（年、月）、伸展长度、产品的特殊技术性能（如果有）、可更换的零部件标识应符合相应标准的规定。

可以更换的系带应有下列永久标记：产品名称及型号、相应标准号、产品类别、制造厂名、生产日期（年、月）。

每条安全带应配有一份产品说明书，随安全带到达佩戴者手中。内容包括：安全带的适用和不适用对象，整体报废或更换零部件的条件或要求，清洁、维护、储存的方法，穿戴方法，日常检查的方法和部位，首次破坏负荷测试时间及以后的检查频次、安全带同挂点装置的连接方法等 13 项。

（4）安全带的选择

选购安全带时，应注意选择符合国家相关管理规定、标志齐全、经检验合格的产品。

1）根据使用场所条件确定型号。

2）检查"三证"，即生产许可证、产品合格证、安全鉴定证。凡是在我国国内生产销售的 PPE，按规定应具备以上证书。

3）检查特种劳动防护用品标志、标识，检查安全标志证书和安全标志标识。

4）检查产品的外观、做工，合格的产品做工较细，带子和绳子不应留有散丝。

5）细节检查，检查金属配件上是否有制造厂的代号，安全带的带体上是否有永久件标识，合格证和检验证明，产品说明是否齐全、准确。合格证是否注明产品名称，生产年月，拉力试验，冲击试验，制造厂名，检验员姓名等情况。

（5）安全带的使用和维护

安全带的使用和维护有以下几点要求：

1）为了防止作业者在某个高度和位置上可能出现的坠落，作业者在登高和高处作业时，必须按规定要求佩戴安全带。

2）在使用安全带前，应检查安全带的部件是否完整，有无损伤，绳带有无变质，卡环是否有裂纹，卡簧弹跳性是否良好。金属配件的各种环不得是焊接件，边缘光滑，产品上应有"安鉴证"。

3）使用时要高挂低用。要拴挂在牢固的构件或物体上，防止摆动或碰撞，绳子不能打结，钩子要挂在连接环上。当发现有异常时要立即更换，换新绳时要加绳套。

4）高处作业如安全带无固定挂处，应采用适当强度的钢丝绳或采取其他方法。禁止把安全带挂在移动或带尖锐棱角或不牢固的物件上。

5）安全带、绳保护套要保持完好，不允许在地面上随意拖着绳走，以免损伤绳套，影响主绳。若发现保护套损坏或脱落。必须加上新套后再使用。

6）安全带严禁擅自接长使用。使用 3m 及以上的长绳必须要加缓冲器，各部件不得任意拆除。

7）安全带在使用后，要注意维护和保管。要经常检查安全带缝制部分和挂钩部分，必须详细检查捻线是否发生裂断和残损等。

8）安全带不使用时要妥善保管，不可接触高温、明火、强酸、强碱或尖锐物体，不要存放在潮湿的仓库中保管。

9）安全带在使用两年后应抽验一次，使用频繁的绳要经常进行外观检查，发现异常必须立即更换。定期或抽样试验用过的安全带，不准再继续使用。

3. 安全网安全使用要求

劳动防护用品除个人随身穿用的防护性用品外，还有少数公用性的防护性用品，如安全网、护罩、警告信号等属于半固定或半随动的防护用具。用来防止人、物坠落，或用来避免、减轻坠落及物击伤害的网具，称为安全网。

安全网按功能分为安全平网、安全立网及密目式安全立网。现行的《安全网》（GB 5725—2009）将原《密目式安全立网》与《安全网》合二为一。

（1）安全网的分类标记

1）平（立）网的分类标记由产品材料、产品分类及产品规格尺寸三部分组成。产品分类以字母 P 代表平网、字母 L 代表立网；产品规格尺寸以宽度×长度表示，单位为米；阻燃型网应在分类标记后加注"阻燃"字样。例如，宽度为 3m，长度为 6m，材料为锦纶的平网表示为：锦纶 P—3×6；宽度为 1.5m，长度为 6m，材料为维纶的阻燃型立网表示为：维纶 L—1.5×6 阻燃。

2）密目网的分类标记由产品分类、产品规格尺寸和产品级别三部分组成。产品分类以字母 ML 代表密目网；产品规格尺寸以宽度×长度表示，单位为米；产品级别分为 A 级和 B 级。例如，宽度为 1.8m，长度为 10m 的 A 级密目网表示为"ML—1.8×10A 级"。

（2）安全网的技术要求

1）平网宽度不应小于 3m，立网宽（高）度不应小于 1.2m。平（立）网的规格尺寸与其标称规格尺寸的允许偏差为±4%。平（立）网的网目形状应为菱形或方形，边长不应大于 8cm。

2）单张平（立）网质量不宜超过 15kg。

3）平（立）网可采用锦纶、维纶、涤纶或其他材料制成，所有节点应固定。其物理性能、耐候性应符合《安全网》（GB 5725—2009）的相关规定。

4）平（立）网上所用的网绳、边绳、系绳、筋绳均应由不小于 3 股单绳制成。绳头部分应经过编花、燎烫等处理，不应散开。

5）平（立）网的系绳与网体应牢固连接，各系绳沿网边均匀分布，相邻两系绳间距不应大于 75cm，系绳长度不小于 80cm。平（立）网如有筋绳，则筋绳分布应合理，两根相邻筋绳的距离不应小于 30cm。当筋绳加长用作系绳时，其系绳部分必须加长，且与边绳系紧后，再折回边绳系紧，至少形成双根。

6）平（立）网的绳断裂强力应符合《安全网》（GB 5725—2009）的规定。

7）密目网的宽度应介于 1.2m～2m。长度由合同双方协议条款指定，但最低不应小于 2m。网眼孔径不应大于 12mm。网目、网宽度的允许偏差为 ±5％。

8）密目网各边缘部位的开眼环扣应牢固可靠。开眼环扣孔径不应小于 8mm。

9）网体上不应有断纱、破洞、变形及有碍使用的编织缺陷。缝线不应有跳针、漏缝、缝边应均匀。

10）每张密目网允许有一个接缝，接缝部位应端正牢固。

（3）安全网的标志

安全网的标志由永久标志和产品说明书组成。

1）安全网的永久标识包括：执行标准号、产品合格证、产品名称及分类标记、制造商名称、地址、生产日期、其他国家有关法律法规所规定必须具备的标记或标志。

2）制造商应在产品的最小包装内提供产品说明书，应包括但不限于以下内容。

平（立）网的产品说明：平（立）网安装、使用及拆除的注意事项，储存、维护及检查，使用期限，在何种情况下应停止使用。

密目网的产品说明：密目网的适用和不适用场所，使用期限，整体报废条件或要求，清洁、维护、储存的方法，拴挂方法，日常检查的方法和部位，使用注意事项，警示"不得作为平网使用"，警示"B级产品必须配合立网或护栏使用才能起到坠落防护作用"以及本品为合格品的声明。

（4）安全网的使用和维护

安全网的使用和维护有以下几点要求：

1）安全网的检查内容，包括网内不得存留建筑垃圾，网下不能堆积物品，网身不能出现严重变形和磨损，以及是否会受化学品与酸、碱烟雾的污染及电焊火花的烧灼等。

2）支撑架不得出现严重变形和磨损。其连接部位不得有松脱现象。网与网之间及网与支撑架之间的连接点亦不允许出现松脱。所有绑拉的绳都不能使其受严重的磨损或有变形。

3）网内的坠落物要经常清理，保持网体洁净。还要避免大量焊接或其他火星落入网内，并避免高温或蒸汽环境。当网体受到化学品的污染或网绳嵌入粗砂粒或其他可能引起磨损的异物时，应须进行清洗，洗后使其自然干燥。

4）安全网在搬运中不可使用铁钩或带尖刺的工具，以防损伤网绳。

5）安全网应由专人保管发放。如暂不使用，应存放在通风、避光、隔热、防潮、无化学品污染的仓库或专用场所，并将其分类、分批存放在架子上，不允许随意乱堆。在存放过程中，亦要求对网体作定期检验，发现问题，立即处理，以确保安全。

6）如安全网的储存期超过两年，应按 0.2％抽样，不足 1000 张时抽样两张进行耐冲击性能测试，测试合格后方可销售使用。

2.5.3 其他劳动防护用品的使用注意事项

1. 防护眼镜和面罩

物质的颗粒碎屑、火花热流、耀眼的光线和烟雾都会对眼睛造成伤害，所以应根据对象不同选择和使用防护眼镜。

（1）防护眼镜和面罩的作用

1）防止异物进入眼睛。

2）防止化学性物品的伤害。

3）防止强光、紫外线和红外线的伤害。

4）防止微波、激光和电离辐射的伤害。

（2）防护眼镜和面罩使用注意事项

1）要选用经产品检验机构检验合格的产品。

2）护目镜的宽窄和大小要适合使用者的脸型。

3）镜片磨损粗糙、镜架损坏，会影响操作人员的视力，应及时调换。

4）护目镜要专人使用，防止传染眼病。

5）焊接护目镜的滤光片要按规定作业需要选用和更换。

6）防止重摔重压，防止坚硬的物体摩擦镜片和面罩。

2. 防护手套

对手的安全防护主要靠手套。使用防护手套时，必须对工件、设备及作业情况分析之后，选择适当材料制作的，操作方便的手套，方能起到保护作用。

（1）防护手套的作用

1）防止火与高温、低温的伤害。

2）防止电磁与电离辐射的伤害。

3）防止电、化学物质的伤害。

4）防止撞击、切割、擦伤、微生物侵害以及感染。

（2）防护手套使用注意事项

1）绝缘手套应定期检验电绝缘性能，不符合规定的不能使用。

2）橡胶、塑料等类防护手套用后应冲洗干净、晾干，保存时避免高温，并在制品上撒上滑石粉以防粘连。

3）操作旋转机床禁止戴手套作业。

3. 防护鞋

防护鞋的功能主要针对工作环境和条件而设定，一般都具有防滑、防刺穿、防挤压的功能，另外就是具有特定功能，比如防导电、防腐蚀等。

（1）防护鞋的作用

1）防止物体砸伤或刺割伤害。如高处坠落物品及铁钉、锐利的物品散落在地面，这样就可能引起砸伤或刺伤。

2）防止高低温伤害。冬季在室外施工作业，可能发生冻伤。

3）防止滑倒。在摩擦力不大，有油的地板可能会滑倒。

4）防止酸碱性化学品伤害。在作业过程中接触到酸碱性化学品，可能发生足部被酸碱灼伤的事故。

5）防止触电伤害。在作业过程中接触到带电体造成触电伤害。

6）防止静电伤害。静电对人体的伤害主要是引起心理障碍，产生恐惧心理，引起从高处坠落等二次事故。

（2）绝缘鞋（靴）的使用及注意事项

1）必须在规定的电压范围内使用。

2）绝缘鞋（靴）胶料部分无破损，且每半年作一次预防性试验。

3）在浸水、油、酸、碱等条件下不得作为辅助安全用具使用。

4）穿用绝缘靴时，应将裤管套入靴筒内。穿用绝缘鞋时，裤管不宜长及鞋底外沿条高度，更不能长及地面，保持布帮干燥。

2.6 文明施工

2.6.1 文明施工概述

1. 文明施工的重要意义

改革开放以来，随着城市建设规模空前大发展，建筑业的管理水平也得到很大提高。文明施工在 20 世纪 80 年代中期抓施工现场安全标准化管理的基础上，得到了循序渐进，逐步深化的长足发展，重点体现了"以人为本"的思想。施工现场的文明施工是以安全生产为突破口，以质量为基础、以科技进步为重点，狠抓"窗口"达标，突破了传统的管理模式，注入新的内容，使施工现场纳入现代企业制度的管理。

文明施工主要是指工程建设实施过程中，保持施工现场良好的作业环境、卫生环境和工作秩序，规范、标准、整洁、有序、科学的建设施工生产活动。文明施工主要包括以下几个方面的工作：规范施工现场的场容，保持作业环境的整洁卫生；科学组织施工，使生产有序进行；减少施工对周围居民和环境的影响；保证职工的安全和身体健康。其重要意义在于：

（1）它是改善人的劳动条件，适应新的环境，提高施工效益，消除施工给城市环境带来的污染，提高人的文明程度和自身素质，确保安全生产、工程质量的有效途径。

（2）它是施工企业落实社会主义精神、物质两个文明建设的最佳结合点，是广大建设者几十年心血的结晶。

（3）它是文明城市建设的一个必不可少的重要组成部分，文明城市的大环境客观上要求建筑工地必须成为现代化城市的新景观。

（4）文明施工对施工现场贯彻"安全第一、预防为主"的指导方针，坚持"管生产必须管安全"的原则起到保证作用。

（5）文明施工以各项工作标准规范施工现场行为，是建筑业施工方式的重大转变。文明施工以文明工地建设为切入点，通过管理出效益，改变了建筑业过去靠延长劳动时间增加效益的做法，是经济增长方式的一个重大转变。

（6）文明施工是企业无形资产原始积累的需要，是在市场经济条件下企业参与市场竞争的需要。创建文明工地投入了必要的人力物力，这种投入不是浪费，而是为了确保在施工过程中的安全与卫生所采取的必要措施。这种投入与产出是成正比的，是为了在产出的过程中体现出企业的信誉、质量、进度，其本身就能带来直接的经济效益，提高了建筑业在社会上的知名度，为促进生产发展，增强市场竞争能力起到积极的推动作用。文明施工已经成为企业的一个有效的无形资产，已被广大建设者认可，对建筑业的发展发挥了应有的作用。

（7）为了更好地同国际接轨，文明施工也参照国际劳工组织第 167 号《施工安全与卫生公约》，以保障劳动者的安全与健康为前提，文明施工创建了一个安全、有序的作业场所以及卫生、舒适的休息环境，从而带动了其他工作，是"以人为本"思想的具体体现。

2. 文明施工在建设工程施工中的重要地位

实践证明，文明施工在建设工程施工中的重要地位，得到了建设系统各级管理机关的充分肯定。《建筑施工安全检查标准》（JGJ 59—2011）中，对文明施工检查的标准、规范提出了基本要求，施工现场文明施工包括现场围挡、封闭管理、施工场地、材料管理、现场办公与住宿、现场防火、综合治理、公示标牌、生活设施、社区服务等十项内容，把文明施工作为考核安全目标的重要内容之一。《建筑施工安全检查标准》自 1999 年实施以来，对加强建筑施工企业安全生产工作、规范施工现场管理起到了积极作用。越来越多的施工现场不但做到安全生产不发生事故，同时还做到文明施工，整洁有序，把过去建筑施工以"脏、乱、差"为主要特征的工地，改变成为城市文明新的"窗口"。

针对建筑工地存在的管理问题，诸如工地围挡不规范，现场布局不执行总平面布置、垃圾混堆乱倒、污水横流、施工人员住宿在施工的建筑物内既混乱又不安全以及高层建筑施工中的消防问题等。文明施工检查评分表中将现场围挡、封闭管理、施工场地、材料管理、现场办公与住宿、现场防火列入保证项目作为检查重点。同时对必要的生活卫生设施如食堂、厕所、饮水、保健急救和施工现场标牌、治安综合治理、社区服务等项也列为文明施工的重要工作，作为检查表的一般项目。说明国家对建设单位的文明施工非常重视，其在建设工程施工现场中占据重要的地位。

3. 文明施工对各单位的管理要求

建设工程文明施工实行建设单位监督检查下的总包单位负责制。总包单位贯彻文明施工规定的有关要求，定期组织对施工现场文明施工工作的检查，落实措施。

文明施工对建设单位的要求：在施工方案确定前，应会同设计、施工单位和市政、防汛、公用、房管、邮电、电力及其他有关部门，对可能造成周围建筑物、构筑物、防汛设施、地下管线损坏或堵塞的建设工程工地，进行现场检查，并制定相应的技术措施，在施工组织设计中必须要有文明施工的内容要求，以保证施工的安全进行。

文明施工对总包单位的要求：应该将文明施工、环境卫生和安全防护设施要求纳入施工组织设计中，制定工地环境卫生制度及文明施工制度，并由项目经理组织实施。

文明施工对施工单位的要求：施工单位要积极采取措施，降低施工中产生的噪声。要加强对建筑材料、土方、混凝土、石灰膏、砂浆等在生产和运输中造成扬尘、滴漏的管理。施工单位在对操作人员明确任务、抓施工进度、质量、安全生产的同时，必须向操作人员明确提出文明施工的要求，严禁野蛮施工。对施工区域或危险区域，施工单位必须设立醒目的警示标志并采取警戒措施；还要运用各种其他有效方式，减少施工对市容、绿化和周边环境的不良影响。

文明施工对施工作业人员要求：每道工序都应按文明施工规定进行作业，对施工中产生的泥浆和其他浑浊废弃物，未经沉淀不得排放；对施工中产生的各类垃圾应堆置在规定的地点，不得倒入河道和居民生活垃圾容器内；不得随意抛掷建筑材料、残土、废料和其他杂物。

文明施工对集团总公司一级的企业要求：负责督促、检查本单位所属施工企业在建项目的工地，贯彻执行文明施工的规定，做好文明施工的各项工作。各施工工地均应接受所在区、县建设主管部门对文明施工的监督检查。

4. 施工现场文明施工的总体要求

（1）一般规定

1）有整套的施工组织设计或施工方案。

2）有健全的施工指挥系统和岗位责任制度，工序衔接交叉合理，交接责任明确。

3）有严格的成品保护措施和制度，大小临时设施和各种材料、构件、半成品按平面布置堆放整齐。

4）施工场地平整，道路畅通，排水设施得当，水电线路整齐，机具设备状况良好，使用合理，施工作业符合消防和安全要求。

5）实现文明施工，不仅要抓好现场的场容管理工作，而且还要做好现场材料、机械、安全、技术、保卫、消防和生活卫生等各方面的工作。一个工地的文明施工水平是该工地乃至所在企业各项管理工作水平的综合体现。

（2）现场场容管理

1）工地主要入口要设置简朴规整的大门，门边设立明显的标牌，标明工程名称，施工单位和工程负责人姓名等内容。

2）建立文明施工责任制，划分区域，明确管理负责人，实行挂牌作业，做到现场清洁整齐。

3）施工现场场地平整，道路畅通，有排水措施，基础、地下管道施工完后要及时回填平整，清除积土。

4）现场施工临水、临电要有专人管理，不得有长流水、长明灯。

5）施工现场的临时设施，包括生产、办公、生活用房、仓库、料场、临时上下水管道以及照明、动力线路，要严格按施工组织设计确定的施工平面图布置、搭设或埋设整齐。

6）施工现场清洁整齐，做到活完料清，工完场地清，及时消除在楼梯、楼板上的砂浆、混凝土。

7）砂浆、混凝土在搅拌、运输、使用过程中，要做到不洒、不漏、不剩。盛放砂浆、混凝土应有容器或挈板。

8）要有严格的成品保护措施，严禁损坏污染成品，堵塞管道。高层建筑要设置临时便桶，严禁随地大小便。

9）建筑物内清除的垃圾渣土，要通过临时搭设的竖井或利用电梯等措施稳妥下卸，严禁从门窗口向外抛掷。

10）施工现场不准乱堆垃圾及余物。应在适当地点设置临时堆放点，并定期外运。清运渣土垃圾及流体物品，要采取遮盖防漏措施，运送途中不得遗撒。

11）根据工程性质和所住地区的不同情况，采取必要的围护和遮挡措施，保持外观整洁。

12）针对施工现场情况设置宣传标语和黑板报，并适时更换内容，切实起到表扬先进、促进后进的作用。

13）施工现场严禁居住家属，严禁居民、家属、小孩在施工现场穿行、玩耍。

（3）现场机械管理

1）现场使用的机械设备，要按平面布置规划固定点存放，遵守机械安全规程，经常保持机身及周围环境的清洁，机械的标识、编号明显，安全装置可靠。

2）清洗机械排出的污水要有排放措施，不得随地流淌。

3）在使用的搅拌机、砂浆机旁应设沉淀池，不得将浆水直接排入下水道及河流等处。

4）塔吊轨道基础按规定铺设整齐稳固，塔边要封闭，道砟不外溢，路基内外排水畅通。

5. 文明施工检查标准

建设工程工地施工过程中应按《建筑施工安全检查标准》（JGJ 59—2011）的具体规定做到下面的要求。

（1）现场围挡

1）建设工程工地四周应按规定设置连续、密闭的围挡。建造多层、高层建筑的，还应设置安全防护设施。在市区主要路段和市容景观道路及机场、码头、车站广场的工地设置的围挡，其高度不得低于 2.5m；一般路段的工地设置的围挡，其高度不得低于 1.8m。

2）围挡使用的材料应保证围挡稳固、整洁、美观。市政基础设施工程因特殊情况不能进行围挡的，应当设置安全警示标志，并在工程险要处采取隔离措施。施工单位不得在工地围栏外堆放建筑材料、垃圾和工程渣土。在经批准临时占用的区域，应严格按批准的占地范围和使用性质存放、堆卸建筑材料或机具设备，临时区域四周应设置高于 1m 的围栏。

在有条件的工地，四周围墙、宿舍外墙等地方，必须张挂、书写反映企业精神、时代风貌的醒目宣传标语。

（2）封闭管理

1）施工现场的进出口应设置大门，门头按规定设置企业标志，并应设置车辆冲洗设施（施工现场工地的门头、大门，各企业须统一标准。施工企业可根据各自的特色，标明集团、企业的规范简称）。工地内还须立旗杆，升挂集团、企业等旗帜。

2）门口应设置门卫值班室，制定门卫值守管理制度和岗位责任制，配备门卫职守人员，切实起到门卫作用。来访人员应进行登记；进出料要有收发手续。

3）进入施工现场的工作人员按规定整齐佩戴工作卡。

（3）施工场地

1）建筑工地的主要道路及材料加工区，地面应按规定用道砟或素混凝土等做硬化处理，道路应保持畅通。

2）施工场地应设置排水设施，排水须保持通畅无积水。

3）施工场地应有循环干道，且保持经常畅通，不堆放构件、材料，道路应平整坚实无积水。

4）施工现场应有防止扬尘措施。

5）制定防止泥浆、污水、废水污染环境的措施。工程施工的废水、泥浆应经流水槽或管道流到工地集水池统一沉淀处理，不得随意排放和污染施工区域以外的河道、路面。工程泥浆实行三级沉淀，二级排放。施工现场的管道不能有跑、冒、滴、漏或大面积积水现象。

6）施工现场应该禁止吸烟，防止发生危险，应该按照工程情况设置固定的吸烟室或吸烟处，要求有烟缸或水盆。吸烟室应远离危险区并设必要的灭火器材。禁止流动吸烟。

　　7）温暖季节要有绿化布置。

　　（4）材料管理

　　1）施工现场建筑材料、构配件、料具应按照总平面图规定的位置码放。

　　2）材料要码放整齐并按规定挂置标明名称、品种、规格、数量、进货日期等的标牌。

　　3）施工现场材料码放应采取防火、防锈蚀、防雨等措施。

　　4）建筑物内施工垃圾的清运，应采用器具或管道运输，严禁随意抛掷。

　　5）易燃易爆物品不能混放，应分类储藏在专用库房内，并应制定防火措施。

　　（5）现场办公与住宿

　　1）施工现场必须将施工作业区、材料存放区与办公、生活区严格分开不能混用，并应采取相应的隔离措施。

　　2）在建工程内，伙房、库房不得兼做宿舍。因为在施工区内住宿会带来各种危险，如落物伤人、触电或内洞口、临边防护不严而造成事故；两班作业时，施工噪声影响工人的休息。

　　3）宿舍、办公用房的防火等级应符合规范要求。

　　4）宿舍应设置可开启式窗户，床铺不得超过2层，通道宽度不应小于0.9m。

　　5）宿舍内住宿人员人均面积不应小于2.5m²，且不得超过16人。

　　6）冬季北方严寒地区的宿舍应有保暖和防止煤气中毒措施。炉火应统一设置，有专人管理并有岗位责任。

　　7）炎热季节宿舍应有防暑降温和防蚊虫叮咬措施，保证施工人员有充足睡眠。

　　8）宿舍内床铺及各种生活用品力求统一并放置整齐，环境卫生应良好。

　　（6）现场防火

　　1）施工现场应根据施工作业条件建立消防安全管理制度、制定消防措施，并记录落实效果。

　　2）施工现场临时用房和作业场所的防火设计应符合规范要求。

　　3）施工现场应设置消防通道、消防水源，并应符合规范要求。

　　4）按照不同作业条件，在不同场所合理配置种类合适的灭火器材并保证可靠有效。布局配置应符合规范要求。

　　5）明火作业应履行动火审批手续，配备动火监护人员。动火必须具有"二证一器一监护"，即焊工证、动火证、灭火器、监护人。作业后，必须确认无火源危险时方可离开。

　　（7）综合治理

　　1）施工现场应在生活区适当设置业余学习和娱乐场所、阅报栏黑板报等设施。

　　2）施工现场应建立健全治安保卫制度，进行责任分工并有专人负责进行检查落实情况。

　　3）落实治安防范措施，杜绝失窃偷盗、斗殴等违法乱纪事件。治安保卫工作不但是直接影响施工现场的安全与否的重要工作，同时也是社会安定所必需，应该措施得利，效果明显。

　　要加强治安综合治理，做到目标管理、制度落实、责任到人。施工现场治安防范措施有力、重点要害部位防范设施到位。与施工现场的外包队伍须签订治安综合治理协议书，加强法制教育。

（8）公示标牌

1）施工现场大门口处应设置公示标牌即"五牌一图"，主要内容应包括：工程概况牌、消防保卫牌、安全生产牌、文明施工牌、管理人员名单及监督电话牌、施工现场总平面图。

2）标牌应规范、整齐、统一。

3）施工现场应在明显处，有必要的安全生产、文明施工内容的宣传标语。

4）施工现场应该设置宣传栏、读报栏、黑板报等宣传园地。

（9）生活设施

1）应建立卫生责任制度并落实到人；

2）食堂与厕所、垃圾站、有毒有害场所等污染源的距离应符合规范要求；

3）食堂必须有卫生许可证，炊事人员必须持身体健康证上岗；

4）食堂使用的燃气罐应单独设置存放间，存放间应通风良好，并严禁存放其他物品；

5）食堂的卫生环境应良好，且应配备必要的排风、冷藏、消毒、防鼠、防蚊蝇等设施；

6）厕所内的设施数量和布局应符合规范要求；

7）厕所必须符合卫生要求；

8）必须保证现场人员卫生饮水；

9）应设置淋浴室，且能满足现场人员需求；

10）生活垃圾应装入密闭式容器内，并应及时清理。

（10）社区服务

1）夜间施工前，必须经批准后方可进行施工。

2）施工现场严禁焚烧各类废弃物，应该按照有关规定进行处理。

3）施工现场应制定防粉尘、防噪声、防光污染等措施。

4）切实落实各类施工不扰民措施，减少并消除噪声、粉尘等影响周边环境的因素。

2.6.2 施工现场环境保护

环境保护是按照法律法规、各级主管部门和企业的要求，保护和改善作业现场的环境，控制现场的各种粉尘、废水、废气、固体废弃物、噪声、振动等对环境的污染和危害。环境保护也是文明施工的重要内容之一。

1. 现场环境保护的意义

（1）保护和改善施工环境是保证人们身体健康和社会文明的需要。采取专项措施防止粉尘、噪声和水源污染，保护好作业现场及其周围的环境，是保证职工和相关人员身体健康、体现社会总体文明的一项利国利民的重要工作。

（2）保护和改善施工现场环境是消除对外部干扰保证施工顺利进行的需要。随着人们的法制观念和自我保护意识的增强，尤其在城市中，施工扰民问题反映突出，应及时采取防治措施，减少对环境的污染和对市民的干扰，也是施工生产顺利进行的基本条件。

（3）保护和改善施工环境是现代化大生产的客观要求。现代化施工广泛应用新设备、新技术、新的生产工艺，对环境质量要求很高，如果粉尘、振动超标就可能损坏设备、影响功能发挥，使设备难以发挥作用。

（4）节约能源、保护人类生存环境、保证社会和企业可持续发展的需要。人类社会即将面临环境污染和能源危机的挑战。为了保护子孙后代赖以生存的环境条件，每个公民和企业都有责任和义务来保护环境。良好的环境和生存条件，也是企业发展的基础和动力。

2. 基本规定

（1）工程的施工组织设计中应有防治扬尘、噪声、固体废物和废水等污染环境的有效措施，并在施工作业中认真组织实施。

（2）施工现场应建立环境保护管理体系，责任落实到人，并保证有效运行。

（3）对施工现场防治扬尘、噪声、水污染及环境保护管理工作进行检查。

（4）定期对职工进行环保法规知识培训考核。

3. 施工现场环境保护管理网络

施工现场环境保护管理网络组织如图 2-13 所示。

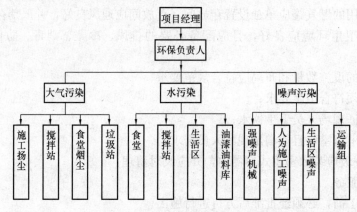

图 2-13　施工现场环境保护管理网络

4. 施工现场防控大气污染基本要求

（1）施工现场主要道路必须进行硬化处理。施工现场应采取覆盖、固化、绿化、洒水等有效措施，做到不泥泞、不扬尘。施工现场的材料存放区、大模板存放区等场地必须平整夯实。

（2）遇有四级风以上天气不得进行土方回填、转运以及其他可能产生扬尘污染的施工。

（3）施工现场应有专人负责环保工作，配备相应的洒水设备，及时洒水，减少扬尘污染。

（4）建筑物内的施工垃圾清运必须采用封闭式专用垃圾道或封闭式容器吊运，严禁凌空抛撒。施工现场应设密闭式垃圾站，施工垃圾、生活垃圾分类存放。施工垃圾清运时应提前适量洒水，并按规定及时清运消纳。

（5）水泥和其他易飞扬的细颗粒建筑材料应密闭存放，使用过程中应采取有效措施防止扬尘。施工现场土方应集中堆放，采取覆盖或固化等措施。

（6）从事土方、渣土和施工垃圾的运输，必须使用密闭式运输车辆。施工现场出入口处设置冲洗车辆的设施，出场时必须将车辆清理干净，不得将泥沙带出现场。

（7）市政道路施工铣刨作业时，应采用冲洗等措施，控制扬尘污染。

灰土和无机料拌合,应采用预拌进场,碾压过程中要洒水降尘。

(8) 规划市区内的施工现场,混凝土浇筑量超过 10m³ 以上的工程,应当使用预拌混凝土,施工现场设置搅拌机的机棚必须封闭,并配备有效的降尘防尘装置。

(9) 施工现场使用的热水锅炉、炊事炉灶及冬施取暖锅炉等必须使用清洁燃料。施工机械、车辆尾气排放应符合环保要求。

(10) 拆除旧有建筑时,应随时洒水,减少扬尘污染。渣土要在拆除施工完成之日起三日内清运完毕,并应遵守拆除工程的有关规定。

5. 施工现场防控水污染基本要求

水污染物主要来源于工业、农业和生活污染。包括各种工业废水向自然水体的排放,化肥、农药、食物废渣、食油、粪便、合成洗涤剂、杀虫剂、病原微生物等对水体的污染。

施工现场废水和固体废物随水流流入水体部分,包括泥浆、水泥、油漆、各种油类,混凝土外加剂、重金属、酸碱盐、非金属无机毒物等。施工过程防控水污染的措施有:

(1) 禁止将有毒有害废弃物作土方回填。

(2) 施工现场搅拌机前台、混凝土输送泵及运输车辆清洗处应当设置沉淀池,搅拌站废水,现制水磨石的污水,电石(碳化钙)的污水不得直接排入市政污水管网,必须经二次沉淀后合格后再排放,最好将沉淀水用于洒水降尘或采取措施回收循环使用。

(3) 现场存放油料,必须对库房进行防渗漏处理,如采用防渗混凝土地面、铺油毡等措施。储存和使用都要采取措施,防止油料泄跑、冒、滴、漏,污染土壤水体。

(4) 施工现场设置的临时食堂,用餐人数在 100 人以上的,污水排放时应设置简易有效的隔油池,加强管理,专人负责定期清理,防止污染。

(5) 工地临时厕所,化粪池应采取防渗漏措施。中心城市施工现场的临时厕所可采用水冲式厕所,并有防蝇、灭蛆措施,防止污染水体和环境。

(6) 化学用品,外加剂等要妥善保管,库内存放,防止污染环境。

6. 施工现场防控施工噪声污染

噪声是影响与危害非常广泛的环境污染问题。噪声环境可以干扰人的睡眠与工作、影响人的心理状态与情绪,造成人的听力损失,甚至引起许多疾病。此外噪声对人们的对话干扰也是相当大的。施工现场环境污染问题首推噪声污染。

(1) 施工现场应遵照《建筑施工场界环境噪声排放标准》(GB 12523—2011)制定降噪措施。在城市市区范围内,建筑施工过程中使用的设备,可能产生噪声污染的,施工单位应按有关规定向工程所在地的环保部门申报。

(2) 施工现场的电锯、电刨、搅拌机、固定式混凝土输送泵、大型空气压缩机等强噪声设备应搭设封闭式机棚,并尽可能设置在远离居民区的一侧,以减少噪声污染。

(3) 因生产工艺上要求必须连续作业或者特殊需要,确需在 20 时至次日 6 时期间进行施工的,建设单位和施工单位应当在施工前到工程所在地的区、县建设行政主管部门提出申请,经批准后方可进行夜间施工。

建设单位应当会同施工单位做好周边居民的安抚工作。并公布施工期限。

(4) 进行夜间施工作业的,应采取措施,最大限度减少施工噪声,可采用隔声布、低噪声振捣棒等方法。

（5）对人为的施工噪声应有管理制度和降噪措施，并进行严格控制。承担夜间材料运输的车辆，进入施工现场严禁鸣笛，装卸材料应做到轻拿轻放，最大限度地减少噪声扰民。

（6）施工现场应进行噪声值监测，监测方法执行《建筑施工场界环境噪声排放标准》（GB 12523—2011），噪声值不应超过国家或地方噪声排放标准。

（7）建筑施工过程中场界环境噪声不得超过表 2-5 中规定的排放限值。夜间噪声最大声级超过限制的幅度不得高于 15dB（A）。

建筑施工场界环境噪声排放限值 表 2-5

昼间/dB（A）	夜间/dB（A）
70	55

2.6.3 施工现场环境卫生

1. 施工区环境卫生管理

为创造舒适的工作环境，养成良好的文明施工作风，保证职工身体健康，明确划分施工区域和生活区域，将施工区和生活区分成若干片，分片包干，建立环境卫生管理责任区，从道路交通、消防器材、材料堆放到垃圾、厕所、厨房、宿舍、火炉、吸烟等都有专人负责，做到责任落实到人，使文明施工、环境卫生工作保持经常化、制度化。

（1）施工现场要勤打扫，保持整洁卫生，场地平整，各类物资码放整齐，道路畅通，无堆放物，无散落物，做到无积水、无黑臭、无垃圾，排水顺畅。生活垃圾与建筑垃圾分别定点堆放，严禁混放，并及时清运。

（2）施工现场严禁大小便，发现有随地大小便现象要对责任区负责人进行处罚。施工区、生活区有明确划分的标识牌，标牌上注明责任人姓名和管理范围。

（3）施工现场办公区、生活区卫生工作应由专人负责，明确责任。按比例绘制卫生区的平面图，并注明责任区编号和负责人姓名。

（4）施工现场零散材料和垃圾，要及时清理。垃圾应存放在密闭式容器中，定期灭蝇，及时清运。垃圾临时堆放不得超过一天。

（5）保持办公室整洁卫生，做到窗明地净，文具摆放整齐，达不到要求的，对当天卫生值班员进行处罚。

（6）冬季办公室和职工宿舍取暖炉，应有验收手续，合格后方可使用。

（7）楼内清理出的垃圾，要用容器或小推车，用塔吊或提升设备运下，严禁高空抛撒。

（8）施工现场的厕所，坚持天天打扫，每周撒白灰或打药一两次，消灭蝇蛆，便坑须加盖。

（9）施工现场应保证供应卫生饮水，有固定的盛水容器和有专人管理，并定期清洗消毒。

（10）施工现场应制定暑期防暑降温措施。夏季要确保施工现场的凉开水或清凉饮料供应，暑伏天可增加绿豆汤，防止中暑脱水现象发生。

（11）施工现场应制定卫生急救措施，配备保健药箱、一般常用药品及急救器材。为有毒有害作业人员配备有效的防护用品。

（12）施工现场发生法定传染病和食物中毒、急性职业中毒时立即向上级主管部门及有关部门报告，同时要积极配合卫生防疫部门进行调查处理。

（13）现场工人患有法定传染病或是病源携带者，应予以及时必要的隔离治疗，直至卫生防疫部门证明不具有传染性时方可恢复工作。

（14）对从事有毒有害作业人员应按照《职业病防治法》做职业健康检查。

施工现场的卫生要定期进行检查，发现问题，限期改正，并保存检查评分记录。

2. 生活区环境卫生管理

生活区内应设置醒目环境卫生宣传标牌和责任区包干图。按照卫生标准和环境卫生作业要求，生活"五有"设施，即食堂、宿舍（更衣室）、厕所、医务室（医药急救箱）、茶水供应点（茶水桶），冬季应注意防寒保暖，夏季应有防暑降温措施。生活"五有"设施须制定管理制度和责任制、落实责任人。

（1）宿舍卫生管理规定

1）宿舍要有卫生管理制度，规定一周内每天卫生值日名单并张贴上墙，做到天天有人打扫，保持室内窗明地净，通风良好。

2）宿舍内应有必要的生活设施及保证必要的生活空间，室内高度不得低于2.5m，通道的宽度不得小于1m，应有高于地面30cm的床铺，每人床铺占有面积不小于$2m^2$。

3）宿舍内床铺被褥干净整洁，各类物品应整齐划一，不到处乱放，做到整齐美观。

4）宿舍内保持清洁卫生，清扫出的垃圾倒在指定的垃圾站，并及时清理。

5）生活区场地应保持清洁无积水并有灭四害设施，控制四害滋生。自行落实除四害措施有困难的，可委托有关服务单位代为处理。

6）生活区内必须有盥洗设施和洗浴间。生活废水应有污水池，二楼以上也要有水源及水池，做到卫生区内无污水、无污物，废水不得乱倒乱流。

7）生活区宿舍内夏季应采取消暑和灭蚊蝇措施；冬季取暖炉的防煤气中毒设施齐全有效，建立验收合格证制度，经验收合格后，方可使用。

8）未经许可禁止使用电炉及其他用电加热器具。

9）应设阅览室、娱乐场所。

（2）办公室卫生管理规定

1）办公室卫生由办公室全体人员轮流值班负责打扫并排出值班表。做到窗明地净，无蝇、无鼠。

2）值班人员要做好来访记录。

3）冬季负责取暖炉的看火，落地炉灰及时清扫，炉灰按指定地点堆放，定期清理外运，防止发生火灾。

4）未经许可禁止使用电炉及其他电加热器具。

3. 食堂卫生管理

（1）食堂卫生管理规定

1）食品卫生采购运输

①采购外地食品应向供货单位索取县级以上食品卫生监督机构开具的检验合格证或检验单。必要时可请当地食品卫生监督机构进行复验。严禁购买无证、无照商贩食品。

②采购食品使用的车辆、容器要清洁卫生，做到生熟分开，防尘、防蝇、防雨、防晒。

③不得采购腐败变质、霉变、生虫、有异味或《食品卫生法》规定禁止生产经营的食品。

2）食品储存保管卫生

①根据《食品卫生法》的规定，食品不得接触有毒物、不洁物。

②储存食品要隔墙、离地，注意做到通风、防潮、防虫、防鼠。主副食品、原料、半成品、成品要分开存放。

③盛放酱油、盐等副食调料要做到容器物见本色，加盖存放，清洁卫生。

④禁止使用再生塑料或非食用塑料桶、盆及铝制桶、盆盛装熟菜。

3）制售过程的卫生

①制作食品的原料要新鲜卫生，做到不用、不卖腐败变质的食品，各种食品要烧熟煮透，以免发生食物中毒。

②制售过程及刀、墩、案板、盆、碗及其他盛器、筐、水池、抹布和冰箱等工具要严格做到生熟分开，售饭时要用工具销售直接入口食品。

③每年五月至十月底，中、晚两餐加工的食品都要留样，数量不少于50g/样，留样菜应保持24h并做好记录。

④非经过卫生监督管理部门批准，工地食堂禁止供应生吃凉拌菜，以防止肠道传染疾病。剩饭、菜要回锅彻底加热再食用。

⑤共用食具要洗净消毒，应有上下水洗手和餐具洗涤设备。

⑥使用的代价券必须每天消毒，防止交叉污染。

⑦盛放丢弃食物的泔水桶（缸）必须有盖，并及时清运。

4）个人卫生

①炊管人员操作时必须穿戴好洁净的工作服、发帽，做到"三白"（白衣、白帽、白口罩），并保持清洁整齐，做到文明操作，不赤背、不光脚，禁止随地吐痰。

②炊管人员应做好个人卫生，要坚持做到四勤（勤洗手（澡）、勤理发、勤换衣、勤剪指甲）。

（2）炊事人员健康管理规定

1）凡在岗位上的炊管人员，必须持有所在地区卫生防疫部门办理的健康证和岗位培训合格证，并且每年进行一次体检，凡体检不合格者不得上岗作业。

2）凡患有痢疾、肝炎、伤寒、活动性肺结核、渗出性皮肤病以及其他有碍食品卫生的疾病，不得参加接触直接入口食品的制售及食品洗涤工作。

3）民工炊管人员无健康证的不准上岗，否则予以经济处罚，责令关闭食堂，并追究有关领导的责任。

（3）施工现场集体食堂管理规定

1）施工现场设置的临时食堂必须具备食堂卫生许可证、炊事人员身体健康证、卫生知识培训证。落实卫生责任制以及各项卫生管理制度，严格执行食品卫生法和有关管理规定。

2）施工现场设置的临时食堂在选址和设计时应符合卫生要求，远离有毒有害场所，

30m 内不得有污水沟、露天坑式厕所、暴露垃圾堆（站）和粪堆、畜圈等污染源距垃圾箱应大于 15m。

3）施工现场的食堂和操作间相对固定、封闭，并且具备清洗消毒的条件和杜绝传染疾病的措施。

4）食堂和操作间内墙应抹灰，屋顶不得吸附灰尘，应有水泥抹面锅台、地面，必须设排风设施。

操作间必须有生熟分开的刀、盆、案板等炊具及存放柜橱。

库房内应有存放各种佐料和副食的密闭器皿，有距墙、距地面大于 20cm 的粮食存放台。

不得使用石棉制品的建筑材料装修食堂。

5）餐具严格执行消毒制度，定时定期进行消毒，预防食物中毒和传染疾病。

6）食堂应有棚，应有更衣、消毒、盥洗、采光、照明、通风和防蝇、防尘设备，以及通畅的上下水管道。

7）食堂内外整洁卫生，炊具干净，无腐烂变质食品，生熟食品分开加工保管，食品有遮盖。

8）设置灭四害设施，投放灭鼠药饵要有记录并有防止人员误食措施。

9）食堂操作间和仓库不得兼作宿舍使用。

10）食堂炊管人员（包括合同工、临时工）应按有关规定进行健康检查和卫生知识培训并取得健康合格证和培训证。

11）集体食堂的经常性食品卫生检查工作，各单位要根据《食品卫生法》有关规定和《饮食行业食品卫生管理标准和要求》及《建筑工地食堂卫生管理标准和要求》进行管理检查。

12）食堂要保持干净、整洁、通风，冬季要有保暖措施。

4. 厕所卫生管理

（1）施工现场要按规定设置厕所，厕所的设置要距食堂至少 30m 以外。

（2）厕所蹲位之间应设置隔板，隔板高度不应低于 0.9m。

（3）按规定采取冲水或加盖措施，定期打药或撒白灰粉，消灭蝇蛆。

（4）厕所屋顶墙壁要严密，门窗齐全有效，便槽内必须铺设瓷砖。

（5）应有化粪池，严禁将粪便直接排入下水道或河流沟渠中，露天粪池必须加盖。

（6）厕所应设专人负责定期保洁，天天冲洗打扫，做到无积垢、垃圾及明显臭味，并应有洗手水源，市区工地厕所要有水冲设施保持厕所清洁卫生。

（7）高层作业区每隔二三层设置便桶，杜绝随地大小便等不文明、不卫生现象。

（8）卫生保洁制度和责任人上墙公布。

2.7 安全生产资料管理

安全生产资料的基本内容包括开工准备资料、安全组织和安全生产责任制、安全教育、施工组织设计方案及审批和验收、分部分项安全技术交底、安全检查、班组安全活动、工伤事故处理、临时用电、机械安全管理、外施队劳务管理等方面的内容。施工安全生产资料必须按照标准整理，做到真实、准确、齐全，设专职或兼职安全资料员进行保管，并进行定期、不定期的检查与审核。

1. 安全生产资料总体要求

（1）施工现场安全内业资料必须按标准整理，做到真实、准确、齐全。

（2）文明施工资料作为工程文明施工考核的重要依据必须真实可靠。

（3）文明施工资料应按照"文明安全工地"八个方面的要求分别进行汇总、归档。

（4）文明施工资料由施工总承包方负责组织收集、整理资料。

（5）文明施工检查按照"文明安全工地"的八个方面打分表进行打分，工程项目经理部每 10 天进行一次检查，公司每月进行一次检查，并有检查记录，记录包括：检查时间、参加人员、发现问题和隐患、整改负责人及期限、复查情况。

2. 安全生产资料管理内容

（1）现场管理资料

1）施工组织设计。要求：要有审批表、编制人、审批人签字（审批部门要盖章）。

2）施工组织设计变更手续。要求：要经审批人审批。

3）季节施工方案（冬雨期施工）审批手续。要求：要有审批手续。

4）现场文明安全施工管理组织机构及责任划分。要求：要有相应的现场责任区划分图和标识。

5）现场管理自检记录、月检记录。

6）施工日志（项目经理，工长）。

7）重大问题整改记录。

8）职工应知应会考核情况和样卷。要求：有批改和分数。

（2）安全管理资料

1）总包与分包的合同书、安全和现场管理的协议书及责任划分。要求：要有安全生产的条款，双方要盖章和签字。

2）项目部安全生产责任制（项目经理到一线生产工人的安全生产责任制度）。要求：要有部门和个人的岗位安全生产责任制。

3）安全措施方案（基础、结构、装修有针对性的安全措施）。要求：要有审批手续。

4）各类安全防护设施的验收检查记录（安全网、临边防护、孔洞、防护棚等）。

5）脚手架的组装、升、降验收手续。要求：验收的项目需要量化的必须量化。

6）高大、异型脚手架施工方案（编制、审批）。要求：要有编制人、审批人、审批表、审批部门签字盖章。

7）安全技术交底，安全检查记录，月检、日检，隐患通知整改记录，违章登记及奖罚记录。要求：要分部分项进行交底，有目录。

8）特殊工种名册及复印件。

9）防护用品合格证及检测资料。

10）入场安全教育记录。

11）职工应知应会考核情况和样卷。

（3）临时用电安全资料

1）临时用电施工组织设计及变更资料。要求：要有编制人、审批表、审批人及审批部门的签字盖章。

2）安全技术交底。

3）临时用电验收记录。

4）月检及自检记录。

5）接地电阻遥测记录；电工值班、维修记录。

6）电气设备测试、调试记录。

7）职工应知应会考核情况和样卷。

8）临电器材合格证。

（4）机械安全资料

1）机械租赁合同及安全管理协议书。要求：要有双方的签字盖章。

2）机械拆装合同书。

3）机械设备平面布置图。

4）设备出租单位、起重设备安拆单位等的资质资料及复印件。

5）总包单位与机械出租单位共同对塔机组和吊装人员的安全技术交底。

6）塔式起重机安装、顶升、拆除、验收记录。

7）外用电梯安装验收记录。

8）自检及月检记录和设备运转履历书。

9）机械操作人员及起重吊装人员持证上岗记录及证件复印件。

10）职工应知应会考核情况和样卷。

（5）料具管理资料

1）贵重物品、易燃、易爆材料管理制度。要求：制度要挂在仓库的明显位置。

2）现场外堆料审批手续。

3）材料进出场检查验收制度及手续。

4）现场存放材料责任区划分及责任人。要求：要有相应的布置图和责任划分及责任人的标识。

5）材料管理的月检记录。

6）职工应知应会考核情况和样卷。

（6）保卫消防管理资料

1）保卫消防设施平面图。要求：消防管线、器材用红线标出。

2）现场保卫消防制度、方案及负责人、组织机构。

3）明火作业记录。

4）消防设施、器材维修验收记录。

5）保温材料验收资料。

6）电气焊人员持证上岗记录及证件复印件，警卫人员工作记录。

7）防火安全技术交底。

8）消防保卫自检、月检记录。

9）职工应知应会考核情况和样卷。

（7）环境保护管理资料

1）现场控制扬尘、噪声、水污染的治理措施。要求：要有噪声测试记录。

2）环保自保体系、负责人。

3）治理现场各类技术措施检查记录及整改记录（道路硬化、强噪声设备的封闭使用等）。

4）自检和月检记录。

5）职工应知应会考核情况和样卷。

（8）工地卫生管理资料

1）工地卫生管理制度。

2）卫生责任区划分。要求要有卫生责任区划分和责任人的标识。

3）伙房及炊事人员的三证复印件（即：食品卫生许可证、炊事员身体健康证、卫生知识培训证）。

4）冬期取暖设施合格验收证。

5）月卫生检查记录。

6）现场急救组织。

7）职工应知应会考核情况和样卷。

3 建筑施工安全技术措施

3.1 脚手架工程安全

3.1.1 扣件式钢管脚手架

1. 施工准备

（1）脚手架搭设前，应按专项施工方案向施工人员进行交底。

（2）应按《建筑施工扣件式钢管脚手架安全技术规范》（JGJ 130—2011）的规定和脚手架专项施工方案要求对钢管、扣件、脚手板、可调托撑等进行检查验收，不合格产品不得使用。

（3）经检验合格的构配件应按品种、规格分类，堆放整齐、平稳，堆放场地不得有积水。

（4）应清除搭设场地杂物，平整搭设场地，并应使排水畅通。

2. 地基与基础

（1）脚手架地基与基础的施工，应根据脚手架所受荷载、搭设高度、搭设场地土质情况与现行国家标准《建筑地基基础工程施工质量验收规范》（GB 50202—2002）的有关规定进行。

（2）压实填土地基应符合现行国家标准《建筑地基基础设计规范》（GB 50007—2011）的相关规定；灰土地基应符合现行国家标准《建筑地基基础工程施工质量验收规范》（GB 50202—2002）的相关规定。

（3）立杆垫板或底座底面标高宜高于自然地坪 50mm～100mm。

（4）脚手架基础经验收合格后，应按施工组织设计或专项方案的要求放线定位。

3. 搭设

（1）单、双排脚手架必须配合施工进度搭设，一次搭设高度不应超过相邻连墙件以上两步；如果超过相邻连墙件以上两步，无法设置连墙件时，应采取撑拉固定等措施与建筑结构拉结。

（2）每搭完一步脚手架后，应按《建筑施工扣件式钢管脚手架安全技术规范》（JGJ 130—2011）的规定校正步距、纵距、横距及立杆的垂直度。

（3）底座安放应符合下列规定：

1）底座、垫板均应准确地放在定位线上。

2）垫板应采用长度不少于 2 跨、厚度不小于 50mm、宽度不小于 200mm 的木垫板。

（4）立杆搭设应符合下列规定：

1）相邻立杆的对接连接应符合《建筑施工扣件式钢管脚手架安全技术规范》（JGJ

130—2011）第 6.3.6 条的规定。

2）脚手架开始搭设立杆时，应每隔 6 跨设置一根抛撑，直至连墙件安装稳定后，方可根据情况拆除。

3）当架体搭至有连墙件的主节点时，在搭设完该处的立杆、纵向水平杆、横向水平杆后，应立即设置连墙件。

（5）脚手架纵向水平杆的搭设应符合下列规定：

1）脚手架纵向水平杆应随立杆按步搭设，并应采用直角扣件与立杆固定。

2）纵向水平杆的搭设应符合《建筑施工扣件式钢管脚手架安全技术规范》（JGJ 130—2011）第 6.2.1 条的规定。

3）在封闭型脚手架的同一步中，纵向水平杆应四周交圈设置，并应用直角扣件与内外角部立杆固定。

（6）脚手架横向水平杆搭设应符合下列规定：

1）搭设横向水平杆应符合《建筑施工扣件式钢管脚手架安全技术规范》（JGJ 130—2011）第 6.2.2 条的规定。

2）双排脚手架横向水平杆的靠墙一端至墙装饰面的距离不应大于 100mm。

3）单排脚手架的横向水平杆不应设置在下列部位：

①设计上不允许留脚手眼的部位。

②过梁上与过梁两端成 60°角的三角形范围内及过梁净跨度 1/2 的高度范围内。

③宽度小于 1m 的窗间墙。

④梁或梁垫下及其两侧各 500mm 的范围内。

⑤砖砌体的门窗洞口两侧 200mm 和转角处 450mm 的范围内，其他砌体的门窗洞口两侧 300mm 和转角处 600mm 的范围内。

⑥墙体厚度小于或等于 180mm。

⑦独立或附墙砖柱，空斗砖墙、加气块墙等轻质墙体。

⑧砌筑砂浆强度等级小于或等于 M2.5 的砖墙。

（7）脚手架纵向、横向扫地杆搭设应符合《建筑施工扣件式钢管脚手架安全技术规范》（JGJ 130—2011）第 6.3.2 条、第 6.3.3 条的规定。

（8）脚手架连墙件安装应符合下列规定：

1）连墙件的安装应随脚手架搭设同步进行，不得滞后安装。

2）当单、双排脚手架施工操作层高出相邻连墙件以上两步时，应采取确保脚手架稳定的临时拉结措施，直到上一层连墙件安装完毕后再根据情况拆除。

（9）脚手架剪刀撑与双排脚手架横向斜撑应随立杆、纵向和横向水平杆等同步搭设，不得滞后安装。

（10）脚手架门洞搭设应符合《建筑施工扣件式钢管脚手架安全技术规范》（JGJ 130—2011）第 6.5 节的规定。

（11）扣件安装应符合下列规定：

1）扣件规格应与钢管外径相同。

2）螺栓拧紧扭力矩不应小于 40N·m，且不应大于 65N·m。

3）在主节点处固定横向水平杆、纵向水平杆、剪刀撑、横向斜撑等用的直角扣件、旋转扣件的中心点的相互距离不应大于150mm。

4）对接扣件开口应朝上或朝内。

5）各杆件端头伸出扣件盖板边缘的长度不应小于100mm。

（12）作业层、斜道的栏杆和挡脚板的搭设应符合下列规定（图3-1）：

1）栏杆和挡脚板均应搭设在外立杆的内侧。

2）上栏杆上皮高度应为1.2m。

3）挡脚板高度不应小于180mm。

4）中栏杆应居中设置。

（13）脚手板的铺设应符合下列规定：

1）脚手板应铺满、铺稳，离墙面的距离不应大于150mm。

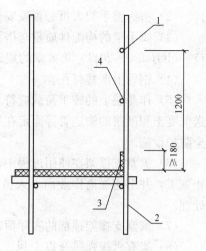

图3-1 栏杆与挡脚板构造
1—上栏杆；2—外立杆；
3—挡脚板；4—中栏杆

2）采用对接或搭接时均应符合《建筑施工扣件式钢管脚手架安全技术规范》（JGJ 130—2011）第6.2.4条的规定；脚手板探头应用直径3.2mm的镀锌钢丝固定在支承杆件上。

3）在拐角、斜道平台口处的脚手板，应用镀锌钢丝固定在横向水平杆上，防止滑动。

4. 拆除

（1）脚手架拆除应按专项方案施工，拆除前应做好下列准备工作：

1）应全面检查脚手架的扣件连接、连墙件、支撑体系等是否符合构造要求。

2）应根据检查结果补充完善脚手架专项方案中的拆除顺序和措施，经审批后方可实施。

3）拆除前应对施工人员进行交底。

4）应清除脚手架上杂物及地面障碍物。

（2）单、双排脚手架拆除作业必须由上而下逐层进行，严禁上下同时作业；连墙件必须随脚手架逐层拆除，严禁先将连墙件整层或数层拆除后再拆脚手架；分段拆除高差大于两步时，应增设连墙件加固。

（3）当脚手架拆至下部最后一根长立杆的高度（约6.5m）时，应先在适当位置搭设临时抛撑加固后，再拆除连墙件。当单、双排脚手架采取分段、分立面拆除时，对不拆除的脚手架两端，应先按《建筑施工扣件式钢管脚手架安全技术规范》（JGJ 130—2011）第6.4.4条、第6.6.4条、第6.6.5条的有关规定设置连墙件和横向斜撑加固。

（4）架体拆除作业应设专人指挥，当有多人同时操作时，应明确分工、统一行动，且应具有足够的操作面。

（5）卸料时各构配件严禁抛掷至地面。

（6）运至地面的构配件应按《建筑施工扣件式钢管脚手架安全技术规范》（JGJ 130—2011）的规定及时检查、整修与保养，并应按品种、规格分别存放。

5. 安全管理

（1）扣件式钢管脚手架安装与拆除人员必须是经考核合格的专业架子工。架子工应持证上岗。

（2）搭拆脚手架人员必须戴安全帽、系安全带、穿防滑鞋。

（3）脚手架的构配件质量与搭设质量，应按《建筑施工扣件式钢管脚手架安全技术规范》（JGJ 130—2011）第 8 章的规定进行检查验收，并应确认合格后使用。

（4）钢管上严禁打孔。

（5）作业层上的施工荷载应符合设计要求，不得超载。不得将模板支架、缆风绳、泵送混凝土和砂浆的输送管等固定在架体上；严禁悬挂起重设备，严禁拆除或移动架体上安全防护设施。

（6）满堂支撑架在使用过程中，应设有专人监护施工，当出现异常情况时，应立即停止施工，并迅速撤离作业面上人员。在采取确保安全的措施后，查明原因、做出判断和处理。

（7）满堂支撑架顶部的实际荷载不得超过设计规定。

（8）当有六级强风及以上风、浓雾、雨或雪天气时应停止脚手架搭设与拆除作业。雨、雪后上架作业应有防滑措施，并应扫除积雪。

（9）夜间不宜进行脚手架搭设与拆除作业。

（10）脚手架的安全检查与维护，应按《建筑施工扣件式钢管脚手架安全技术规范》（JGJ 130—2011）第 8.2 节的规定进行。

（11）脚手板应铺设牢靠、严实，并应用安全网双层兜底。施工层以下每隔 10m 应用安全网封闭。

（12）单、双排脚手架、悬挑式脚手架沿架体外围应用密目式安全网全封闭，密目式安全网宜设置在脚手架外立杆的内侧，并应与架体绑扎牢固。

（13）在脚手架使用期间，严禁拆除下列杆件：

1）主节点处的纵、横向水平杆，纵、横向扫地杆。

2）连墙件。

（14）当在脚手架使用过程中开挖脚手架基础下的设备基础或管沟时，必须对脚手架采取加固措施。

（15）满堂脚手架与满堂支撑架在安装过程中，应采取防倾覆的临时固定措施。

（16）临街搭设脚手架时，外侧应有防止坠物伤人的防护措施。

（17）在脚手架上进行电、气焊作业时，应有防火措施和专人看守。

（18）工地临时用电线路的架设及脚手架接地、避雷措施等，应按现行行业标准《施工现场临时用电安全技术规范》（JGJ 46—2005）的有关规定执行。

（19）搭拆脚手架时，地面应设围栏和警戒标志，并应派专人看守，严禁非操作人员入内。

3.1.2　门式钢管脚手架

1. 施工准备

（1）门式脚手架与模板支架搭设与拆除前，应向搭拆和使用人员进行安全技术交底。

（2）门式脚手架与模板支架搭拆施工的专项施工方案，应包括下列内容：

1）工程概况、设计依据、搭设条件、搭设方案设计。

2）搭设施工图：

①架体的平、立、剖面图。

②脚手架连墙件的布置及构造图。

③脚手架转角、通道口的构造图。

④脚手架斜梯布置及构造图。

⑤重要节点构造图。

3）基础做法及要求。

4）架体搭设及拆除的程序和方法。

5）季节性施工措施。

6）质量保证措施。

7）架体搭设、使用、拆除的安全技术措施。

8）设计计算书。

9）悬挑脚手架搭设方案设计。

10）应急预案。

（3）门架与配件、加固杆等在使用前应进行检查和验收。

（4）经检验合格的构配件及材料应按品种、规格分类堆放整齐、平稳。

（5）对搭设场地应进行清理、平整，并应做好排水。

2. 地基与基础

（1）门式脚手架与模板支架的地基与基础施工，应符合《建筑施工门式钢管脚手架安全技术规范》（JGJ 128—2010）第6.8节的规定和专项施工方案的要求。

（2）在搭设前，应先在基础上弹出门架立杆位置线，垫板、底座安放位置应准确，标高应一致。

3. 搭设

（1）门式脚手架与模板支架的搭设程序应符合下列规定：

1）门式脚手架的搭设应与施工进度同步，一次搭设高度不宜超过最上层连墙件两步，且自由高度不应大于4m。

2）满堂脚手架和模板支架应采用逐列、逐排和逐层的方法搭设。

3）门架的组装应自一端向另一端延伸，应自下而上按步架设，并应逐层改变搭设方向；不应自两端相向搭设或自中间向两端搭设。

4）每搭设完两步门架后，应校验门架的水平度及立杆的垂直度。

（2）搭设门架及配件除应符合《建筑施工门式钢管脚手架安全技术规范》（JGJ 128—2010）第6章的规定外，尚应符合下列要求：

1）交叉支撑、脚手板应与门架同时安装。

2）连接门架的锁臂、挂钩必须处于锁住状态。

3）钢梯的设置应符合专项施工方案组装布置图的要求，底层钢梯底部应加设钢管并应采用扣件扣紧在门架立杆上。

4）在施工作业层外侧周边应设置180mm高的挡脚板和两道栏杆，上道栏杆高度应为1.2m，下道栏杆应居中设置。挡脚板和栏杆均应设置在门架立杆的内侧。

（3）加固杆的搭设除应符合《建筑施工门式钢管脚手架安全技术规范》（JGJ 128—2010）第6.3节和第6.9节～6.11节的规定外，尚应符合下列要求：

1）水平加固杆、剪刀撑等加固杆件必须与门架同步搭设。

2）水平加固杆应设于门架立杆内侧，剪刀撑应设于门架立杆外侧。

（4）门式脚手架连墙件的安装必须符合下列规定：

1）连墙件的安装必须随脚手架搭设同步进行，严禁滞后安装。

2）当脚手架操作层高出相邻连墙件以上两步时，在连墙件安装完毕前必须采用确保脚手架稳定的临时拉结措施。

（5）加固杆、连墙件等杆件与门架采用扣件连接时，应符合下列规定：

1）扣件规格应与所连接钢管的外径相匹配。

2）扣件螺栓拧紧扭力矩值应为 40N·m～65N·m。

3）杆件端头伸出扣件盖板边缘长度不应小于 100mm。

（6）悬挑脚手架的搭设应符合《建筑施工门式钢管脚手架安全技术规范》（JGJ 128—2010）第 6.1 节～6.5 节和第 6.9 节的要求，搭设前应检查预埋件和支承型钢悬挑梁的混凝土强度。

（7）门式脚手架通道口的搭设应符合《建筑施工门式钢管脚手架安全技术规范》（JGJ 128—2010）第 6.6 节的要求，斜撑杆、托架梁及通道口两侧的门架立杆加强杆件应与门架同步搭设，严禁滞后安装。

（8）满堂脚手架与模板支架的可调底座、可调托座宜采取防止砂浆、水泥浆等污物填塞螺纹的措施。

4. 拆除

（1）架体的拆除应按拆除方案施工，并应在拆除前做好下列准备工作：

1）应对将拆除的架体进行拆除前的检查。

2）根据拆除前的检查结果补充完善拆除方案。

3）清除架体上的材料、杂物及作业面的障碍物。

（2）拆除作业必须符合下列规定：

1）架体的拆除应从上而下逐层进行，严禁上下同时作业。

2）同一层的构配件和加固杆件必须按先上后下、先外后内的顺序进行拆除。

3）连墙件必须随脚手架逐层拆除，严禁先将连墙件整层或数层拆除后再拆架体。拆除作业过程中，当架体的自由高度大于两步时，必须加设临时拉结。

4）连接门架的剪刀撑等加固杆件必须在拆卸该门架时拆除。

（3）拆卸连接部件时，应先将止退装置旋转至开启位置，然后拆除，不得硬拉，严禁敲击。拆除作业中，严禁使用手锤等硬物击打、撬别。

（4）当门式脚手架需分段拆除时，架体不拆除部分的两端应按《建筑施工门式钢管脚手架安全技术规范》（JGJ 128—2010）第 6.5.3 条的规定采取加固措施后再拆除。

（5）门架与配件应采用机械或人工运至地面，严禁抛投。

（6）拆卸的门架与配件、加固杆等不得集中堆放在未拆架体上，并应及时检查、整修与保养，并宜按品种、规格分别存放。

5. 安全管理

（1）搭拆门式脚手架或模板支架应由专业架子工担任，并应按住房和城乡建设部特种作业人员考核管理规定考核合格，持证上岗。上岗人员应定期进行体检，凡不适合登高作业者，不得上架操作。

（2）搭拆架体时，施工作业层应铺设脚手板，操作人员应站在临时设置的脚手板上进行作业，并应按规定使用安全防护用品，穿防滑鞋。

（3）门式脚手架与模板支架作业层上严禁超载。

（4）严禁将模板支架、缆风绳、混凝土泵管、卸料平台等固定在门式脚手架上。

（5）六级及以上大风天气应停止架上作业；雨、雪、雾天应停止脚手架的搭拆作业；雨、雪、霜后上架作业应采取有效的防滑措施，并应扫除积雪。

（6）门式脚手架与模板支架在使用期间，当预见可能有强风天气所产生的风压值超出设计的基本风压值时，对架体应采取临时加固措施。

（7）在门式脚手架使用期间，脚手架基础附近严禁进行挖掘作业。

（8）满堂脚手架与模板支架的交叉支撑和加固杆，在施工期间禁止拆除。

（9）门式脚手架在使用期间，不应拆除加固杆、连墙件、转角处连接杆、通道口斜撑杆等加固杆件。

（10）当施工需要，脚手架的交叉支撑可在门架一侧局部临时拆除，但在该门架单元上下应设置水平加固杆或挂扣式脚手板，在施工完成后应立即恢复安装交叉支撑。

（11）应避免装卸物料对门式脚手架或模板支架产生偏心、振动和冲击荷载。

（12）门式脚手架外侧应设置密目式安全网，网间应严密，防止坠物伤人。

（13）门式脚手架与架空输电线路的安全距离、工地临时用电线路架设及脚手架接地、防雷措施，应按现行行业标准《施工现场临时用电安全技术规范》（JGJ 46—2005）的有关规定执行。

（14）在门式脚手架或模板支架上进行电、气焊作业时，必须有防火措施和专人看护。

（15）不得攀爬门式脚手架。

（16）搭拆门式脚手架或模板支架作业时，必须设置警戒线、警戒标志，并应派专人看守，严禁非作业人员入内。

（17）对门式脚手架与模板支架应进行日常性的检查和维护，架体上的建筑垃圾或杂物应及时清理。

3.1.3 碗扣式钢管脚手架

1. 施工组织

（1）双排脚手架及模板支撑架施工前必须编制专项施工方案，并经批准后，方可实施。

（2）双排脚手架搭设前，施工管理人员应按双排脚手架专项施工方案的要求对操作人员进行技术交底。

（3）对进入现场的脚手架构配件，使用前应对其质量进行复检。

（4）对经检验合格的构配件应按品种、规格分类放置在堆料区内或码放在专用架上，清点好数量备用；堆放场地排水应畅通，不得有积水。

（5）当连墙件采用预埋方式时，应提前与相关部门协商，按设计要求预埋。

（6）脚手架搭设场地必须平整、坚实、有排水措施。

2. 地基与基础处理

（1）脚手架基础必须按专项施工方案进行施工。按基础承载力要求进行验收。

（2）当地基高低差较大时，可利用立杆 0.6m 节点位差进行调整。

（3）土层地基上的立杆应采用可调底座和垫板。

（4）双排脚手架立杆基础验收合格后，应按专项施工方案的设计进行放线定位。

3. 双排脚手架搭设

（1）底座和垫板应准确地放置在定位线上；垫板宜采用长度不少于立杆二跨、厚度不小于 50mm 的木板；底座的轴心线应与地面垂直。

（2）双排脚手架搭设应按立杆、横杆、斜杆、连墙件的顺序逐层搭设，底层水平框架的纵向直线度偏差应小于 1/200 架体长度；横杆间水平度偏差应小于 1/400 架体长度。

（3）双排脚手架的搭设应分阶段进行，每段搭设后必须经检查验收合格后，方可投入使用。

（4）双排脚手架的搭设应与建筑物的施工同步上升，并应高于作业面 1.5m。

（5）当双排脚手架高度 H 小于或等于 30m 时，垂直度偏差应小于或等于 $H/500$；当高度 H 大于 30m 时，垂直度偏差应小于或等于 $H/1000$。

（6）当双排脚手架内外侧加挑梁时，在一跨挑梁范围内不得超过一名施工人员操作，严禁堆放物料。

（7）连墙件必须随双排脚手架升高及时在规定的位置处设置，严禁任意拆除。

（8）作业层设置应符合下列规定：

1）脚手板必须铺满、铺实，外侧应设 180mm 挡脚板及 1200mm 高两道防护栏杆。

2）防护栏杆应在立杆 0.6m 和 1.2m 的碗扣接头处搭设两道。

3）作业层下部的水平安全网设置应符合国家现行标准《建筑施工安全检查标准》（JGJ 59—2011）的规定。

（9）当采用钢管扣件作加固件、连墙件、斜撑时，应符合国家现行标准《建筑施工扣件式钢管脚手架安全技术规范》（JGJ 130—2010）的有关规定。

4. 双排脚手架拆除

（1）双排脚手架拆除时，必须按专项施工方案，在专人统一指挥下进行。

（2）拆除作业前，施工管理人员应对操作人员进行安全技术交底。

（3）双排脚手架拆除时必须划出安全区，并设置警戒标志，派专人看守。

（4）拆除前应清理脚手架上的器具及多余的材料和杂物。

（5）拆除作业应从顶层开始，逐层向下进行，严禁上下层同时拆除。

（6）连墙件必须在双排脚手架拆到该层时方可拆除，严禁提前拆除。

（7）拆除的构配件应采用起重设备吊运或人工传递到地面，严禁抛掷。

（8）当双排脚手架采取分段、分立面拆除时，必须事先确定分界处的技术处理方案。

（9）拆除的构配件应分类堆放，以便于运输、维护和保管。

5. 模板支撑架的搭设与拆除

（1）模板支撑架的搭设应按专项施工方案，在专人指挥下，统一进行。

（2）应按施工方案弹线定位，放置底座后应分别按先立杆后横杆再斜杆的顺序搭设。

（3）在多层楼板上连续设置模板支撑架时，应保证上下层支撑立杆在同一轴线上。

（4）模板支撑架拆除应符合现行国家标准《混凝土结构工程施工规范》（GB 50666—2011）中混凝土强度的有关规定。

（5）架体拆除应按施工方案设计的顺序进行。

6. 安全使用与管理

（1）作业层上的施工荷载应符合设计要求，不得超载，不得在脚手架上集中堆放模板、钢筋等物料。

（2）混凝土输送管、布料杆、缆风绳等不得固定在脚手架上。

（3）遇6级及以上大风、雨雪、大雾天气时，应停止脚手架的搭设与拆除作业。

（4）脚手架使用期间，严禁擅自拆除架体结构杆件；如需拆除必须经修改施工方案并报请原方案审批人批准，确定补救措施后方可实施。

（5）严禁在脚手架基础及邻近处进行挖掘作业。

（6）脚手架应与输电线路保持安全距离，施工现场临时用电线路架设及脚手架接地防雷措施等应按国家现行标准《施工现场临时用电安全技术规范》（JGJ 46—2005）的有关规定执行。

（7）搭设脚手架人员必须持证上岗。上岗人员应定期体检，合格者方可持证上岗。

（8）搭设脚手架人员必须戴安全帽、系安全带、穿防滑鞋。

3.1.4　工具式脚手架

1. 附着式升降脚手架

（1）安全装置

1）附着式升降脚手架必须具有防倾覆、防坠落和同步升降控制的安全装置。

2）防倾覆装置应符合下列规定：

①防倾覆装置中应包括导轨和两个以上与导轨连接的可滑动的导向件。

②在防倾导向件的范围内应设置防倾覆导轨，且应与竖向主框架可靠连接。

③在升降和使用两种工况下，最上和最下两个导向件之间的最小间距不得小于2.8m或架体高度的1/4。

④应具有防止竖向主框架倾斜的功能。

⑤应采用螺栓与附墙支座连接，其装置与导轨之间的间隙应小于5mm。

3）防坠落装置必须符合下列规定：

①防坠落装置应设置在竖向主框架处并附着在建筑结构上，每一升降点不得少于一个防坠落装置，防坠落装置在使用和升降工况下都必须起作用。

②防坠落装置必须采用机械式的全自动装置，严禁使用每次升降都需重组的手动装置。

③防坠落装置技术性能除应满足承载能力要求外，还应符合表3-1的规定。

防坠落装置技术性能　　　　　　　　　　　　　　表 3-1

脚手架类别	制动距离（mm）
整体式升降脚手架	≤80
单跨式升降脚手架	≤150

④防坠落装置应具有防尘、防污染的措施，并应灵敏可靠和运转自如。

⑤防坠落装置与升降设备必须分别独立固定在建筑结构上。

⑥钢吊杆式防坠落装置，钢吊杆规格应由计算确定，且不应小于 $\phi25mm$。

4）同步控制装置应符合下列规定：

①附着式升降脚手架升降时，必须配备有限制荷载或水平高差的同步控制系统。连续式水平支承桁架，应采用限制荷载自控系统；简支静定水平支承桁架，应采用水平高差同步自控系统；当设备受限时，可选择限制荷载自控系统。

②限制荷载自控系统应具有下列功能：

a. 当某一机位的荷载超过设计值的 15％时，应采用声光形式自动报警和显示报警机位；当超过 30％时，应能使该升降设备自动停机。

b. 应具有超载、失载、报警和停机的功能；宜增设显示记忆和储存功能。

c. 应具有自身故障报警功能，并应能适应施工现场环境。

d. 性能应可靠、稳定，控制精度应在 5％以内。

③水平高差同步控制系统应具有下列功能：

a. 当水平支承桁架两端高差达到 30mm 时，应能自动停机。

b. 应具有显示各提升点的实际升高和超高的数据，并应有记忆和储存的功能。

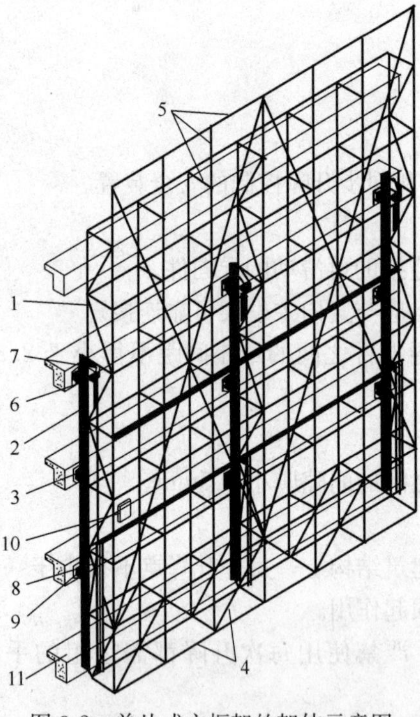

c. 不得采用附加重量的措施控制同步。

（2）安装

1）附着式升降脚手架应按专项施工方案进行安装，可采用单片式主框架的架体（图 3-2），也可采用空间桁架式主框架的架体（图 3-3）。

2）附着式升降脚手架在首层安装前应设置安装平台，安装平台应有保障施工人员安全的防护设施，安装平台的水平精度和承载能力应满足架体安装的要求。

3）安装时应符合下列规定：

①相邻竖向主框架的高差不应大于 20mm。

②竖向主框架和防倾导向装置的垂直偏差不应大于 5‰，且不得大于 60mm。

③预留穿墙螺栓孔和预埋件应垂直于建筑结构外表面，其中心误差应小于 15mm。

④连接处所需要的建筑结构混凝土强度应由计算确定，但不应小于 C10。

⑤升降机构连接应正确且牢固可靠。

⑥安全控制系统的设置和试运行效果应符合设计要求。

⑦升降动力设备工作正常。

4）附着支承结构的安装应符合设计规定，不得少装和使用不合格螺栓及连接件。

图 3-2 单片式主框架的架体示意图

1—竖向主框架（单片式）；2—导轨；
3—附墙支座（含防倾覆、防坠落装置）；
4—水平支承桁架；5—架体构架；6—升降设备；7—升降上吊挂件；8—升降下吊点（含荷载传感器）；9—定位装置；
10—同步控制装置；11—工程结构

5）安全保险装置应全部合格，安全防护设施应齐备，且应符合设计要求，并应设置必要的消防设施。

6）电源、电缆及控制柜等的设置应符合现行行业标准《施工现场临时用电安全技术规范》（JGJ 46—2005）的有关规定。

7）采用扣件式脚手架搭设的架体构架，其构造应符合现行行业标准《建筑施工扣件式钢管脚手架安全技术规范》（JGJ 130—2011）的要求。

8）升降设备、同步控制系统及防坠落装置等专项设备，均应采用同一厂家的产品。

9）升降设备、控制系统、防坠落装置等应采取防雨、防砸、防尘等措施。

（3）升降

1）附着式升降脚手架可采用手动、电动和液压三种升降形式，并应符合下列规定：

①单跨架体升降时，可采用手动、电动和液压三种升降形式。

②当两跨以上的架体同时整体升降时，应采用电动或液压设备。

2）附着式升降脚手架每次升降前，应按表3-2的规定进行检查，经检查合格后，方可进行升降。

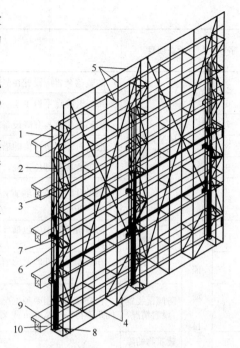

图 3-3　空间桁架式主框架的架体示意图
1—竖向主框架（空间桁架式）；
2—导轨；3—悬臂梁（含防倾覆装置）；
4—水平支承桁架；5—架体构架；
6—升降设备；7—悬吊梁；8—下提
升点；9—防坠落装置；10—工程结构

附着式升降脚手架提升、下降作业前检查验收表　　　　　　　　表 3-2

工程名称			结构形式	
建筑面积			机位布置情况	
总包单位			项目经理	
租赁单位			项目经理	
安拆单位			项目经理	

序号	检查项目		标　准	检查结果
1	保证项目	支承结构与工程结构连接处混凝土强度	达到专项方案计算值，且≥C10	
2		附墙支座设置情况	每个竖向主框架所覆盖的每一楼层处应设置一道附墙支座	
3			附墙支座上应设有完整的防坠、防倾、导向装置	
4		升降装置设置情况	单跨升降式可采用手动葫芦；整体升降式应采用电动葫芦或液压设备；应启动灵敏，运转可靠，旋转方向正确；控制柜工作正常，功能齐备	

序号	检查项目		标　　准	检查结果
5	保证项目	防坠落装置设置情况	防坠落装置应设置在竖向主框架处并附着在建筑结构上	
6			每一升降点不得少于一个，在使用和升降工况下都能起作用	
7			防坠落装置与升降设备应分别独立固定在建筑结构上	
8			应具有防尘防污染的措施，并应灵敏可靠和运转自如	
9			设置方法及部位正确，灵敏可靠，不应人为失效和减少	
10			钢吊杆式防坠落装置，钢吊杆规格应由计算确定，且不应小于 $\phi25mm$	
11		防倾覆装置设置情况	防倾覆装置中应包括导轨和两个以上与导轨连接的可滑动的导向件	
12			在防倾导向件的范围内应设置防倾覆导轨，且应与竖向主框架可靠连接	
13		防倾覆装置设置情况	在升降和使用两种工况下，最上和最下两个导向件之间的最小间距不得小于 2.8 m 或架体高度的 1/4	
14		建筑物的障碍物清理情况	无障碍物阻碍外架的正常滑升	
15		架体构架上的连墙杆	应全部拆除	
16		塔吊或施工电梯附墙装置	符合专项施工方案的规定	
17		专项施工方案	符合专项施工方案的规定	
18	一般项目	操作人员	经过安全技术交底并持证上岗	
19		运行指挥人员、通信设备	人员已到位，设备工作正常	
20		监督检查人员	总包单位和监理单位人员已到场	
21		电缆线路、开关箱	符合现行行业标准《施工现场临时用电安全技术规范》JGJ 46 中的对线路负荷计算的要求；设置专用的开关箱	

检查结论				

检查人签字	总包单位	分包单位	租赁单位	安拆单位

符合要求，同意使用（　　　）

不符合要求，不同意使用（　　　）

总监理工程师（签字）：　　　　　　　　　　　　　　　年　　月　　日

注：本表由施工单位填报，监理单位、施工单位、租赁单位、安拆单位各存一份。

3）附着式升降脚手架的升降操作应符合下列规定：

①应按升降作业程序和操作规程进行作业。

②操作人员不得停留在架体上。

③升降过程中不得有施工荷载。

④所有妨碍升降的障碍物应已拆除。

⑤所有影响升降作业的约束应已解除。

⑥各相邻提升点间的高差不得大于 30mm，整体架最大升降差不得大于 80mm。

4）升降过程中应实行统一指挥、统一指令。升降指令应由总指挥一人下达；当有异常情况出现时，任何人均可立即发出停止指令。

5）当采用环链葫芦作升降动力时，应严密监视其运行情况，及时排除翻链、绞链和其他影响正常运行的故障。

6）当采用液压设备作升降动力时，应排除液压系统的泄漏、失压、颤动、油缸爬行和不同步等问题和故障，确保正常工作。

7）架体升降到位后，应及时按使用状况要求进行附着固定；在没有完成架体固定工作前，施工人员不得擅自离岗或下班。

8）附着式升降脚手架架体升降到位固定后，应按表 3-3 进行检查，合格后方可使用；遇 5 级及以上大风和大雨、大雪、浓雾和雷雨等恶劣天气时，不得进行升降作业。

附着式升降脚手架首次安装完毕及使用前检查验收表　　　　表 3-3

工程名称			结构形式	
建筑面积			机位布置情况	
总包单位			项目经理	
租赁单位			项目经理	
安拆单位			项目经理	

序号	检查项目		标　准	检查结果
1	保证项目	竖向主框架	各杆件的轴线应汇交于节点处，并应采用螺栓或焊接连接，如不交汇于一点，应进行附加弯矩验算	
2			各节点应焊接或螺栓连接	
3			相邻竖向主框架的高差≤30mm	
4		水平支承桁架	桁架上、下弦应采用整根通长杆件，或设置刚性接头；腹杆上、下弦连接应采用焊接或螺栓连接	
5			桁架各杆件的轴线应相交于节点上，并宜用节点板构造连接，节点板的厚度不得小于 6mm	
6		架体构造	空间几何不可变体系的稳定结构	
7		立杆支承位置	架体构架的立杆底端应放置在上弦节点各轴线的交汇处	

续表

序号	检查项目		标　　准	检查结果
8		立杆间距	应符合现行行业标准《建筑施工扣件式钢管脚手架安全技术规范》JGJ 130 中小于等于1.5m的要求	
9		纵向水平杆的步距	应符合现行行业标准《建筑施工扣件式钢管脚手架安全技术规范》JGJ 130 中的小于等于1.8m的要求	
10		剪刀撑设置	水平夹角应满足45°～60°	
11		脚手板设置	架体底部铺设严密，与墙体无间隙，操作层脚手板应铺满、铺牢，孔洞直径小于25mm	
12		扣件拧紧力矩	40N·m～65N·m	
13	保证项目	附墙支座	每个竖向主框架所覆盖的每一楼层处应设置一道附墙支座	
14			使用工况，应将竖向主框架固定于附墙支座上	
15			升降工况，附墙支座上应设有防倾、导向的结构装置	
16			附墙支座应采用锚固螺栓与建筑物连接，受拉螺栓的螺母不得少于两个或采用单螺母加弹簧垫圈	
17			附墙支座支承在建筑物上连接处混凝土的强度应按设计要求确定，但不得小于C10	
18		架体构造尺寸	架高≤5倍层高	
19			架宽≤1.2m	
20			架体全高×支承跨度≤110m²	
21			支承跨度直线型≤7m	
22			支承跨度折线或曲线型架体，相邻两主框架支撑点处的架体外侧距离≤5.4m	
23			水平悬挑长度不大于2m，且不大于跨度的1/2	
24			升降工况上端悬臂高度不大于2/5架体高度且不大于6m	
25			水平悬挑端以竖向主框架为中心对称斜拉杆水平夹角≥45°	
26		防坠落装置	防坠落装置应设置在竖向主框架处并附着在建筑结构上	
27			每一升降点不得少于一个，在使用和升降工况下都能起作用	
28			防坠落装置与升降设备应分别独立固定在建筑结构上	
29			应具有防尘防污染的措施，并应灵敏可靠和运转自如	
30			钢吊杆式防坠落装置，钢吊杆规格应由计算确定，且不应小于φ25mm	
31			防倾覆装置中应包括导轨和两个以上与导轨连接的可滑动的导向件	

续表

序号	检查项目		标 准	检查结果
32	保证项目	防倾覆设置情况	在防倾导向件的范围内应设置防倾覆导轨，且应与竖向主框架可靠连接	
33			在升降和使用两种工况下，最上和最下两个导向件之间的最小间距不得小于2.8m或架体高度的1/4	
34			应具有防止竖向主框架倾斜的功能	
35			应用螺栓与附墙支座连接，其装置与导轨之间的间隙应小于5mm	
36		同步装置设置情况	连续式水平支承桁架，应采用限制荷载自控系统	
37			简支静定水平支承桁架，应采用水平高差同步自控系统，若设备受限时可选择限制荷载自控系统	
38	一般项目	防护设施	密目式安全立网规格型号≥2000目/100cm²，≥3kg/张	
39			防护栏杆高度为1.2m	
40			挡脚板高度为180mm	
41			架体底层脚手板铺设严密，与墙体无间隙	

检查结论				

检查人签字	总包单位	分包单位	租赁单位	安拆单位

符合要求，同意使用（　　　）

不符合要求，不同意使用（　　　）

总监理工程师（签字）：　　　　　　　　　　　　　　　　　年　　月　　日

注：本表由施工单位填报，监理单位、施工单位、租赁单位、安拆单位各存一份。

（4）使用

1）附着式升降脚手架应按设计性能指标进行使用，不得随意扩大使用范围；架体上的施工荷载应符合设计规定，不得超载，不得放置影响局部杆件安全的集中荷载。

2）架体内的建筑垃圾和杂物应及时清理干净。

3）附着式升降脚手架在使用过程中不得进行下列作业：

①利用架体吊运物料。

②在架体上拉结吊装缆绳（或缆索）。

③在架体上推车。

④任意拆除结构件或松动连接件。

⑤拆除或移动架体上的安全防护设施。

⑥利用架体支撑模板或卸料平台。

⑦其他影响架体安全的作业。

4）当附着式升降脚手架停用超过 3 个月时，应提前采取加固措施。

5）当附着式升降脚手架停用超过 1 个月或遇 6 级及以上大风后复工时，应进行检查，确认合格后方可使用。

6）螺栓连接件、升降设备、防倾装置、防坠落装置、电控设备、同步控制装置等应每月进行维护保养。

（5）拆除

1）附着式升降脚手架的拆除工作应按专项施工方案及安全操作规程的有关要求进行。

2）应对拆除作业人员进行安全技术交底。

3）拆除时应有可靠的防止人员或物料坠落的措施，拆除的材料及设备不得抛扔。

4）拆除作业应在白天进行。遇 5 级及以上大风和大雨、大雪、浓雾和雷雨等恶劣天气时，不得进行拆除作业。

2. 高处作业吊篮

（1）安装

1）高处作业吊篮安装时应按专项施工方案，在专业人员的指导下实施。

2）安装作业前，应划定安全区域，并应排除作业障碍。

3）高处作业吊篮组装前应确认结构件、紧固件已配套且完好，其规格型号和质量应符合设计要求。

4）高处作业吊篮所用的构配件应是同一厂家的产品。

5）在建筑物屋面上进行悬挂机构的组装时，作业人员应与屋面边缘保持 2m 以上的距离。组装场地狭小时应采取防坠落措施。

6）悬挂机构宜采用刚性联结方式进行拉结固定。

7）悬挂机构前支架严禁支撑在女儿墙上、女儿墙外或建筑物挑檐边缘。

8）前梁外伸长度应符合高处作业吊篮使用说明书的规定。

9）悬挑横梁应前高后低，前后水平高差不应大于横梁长度的 2%。

10）配重件应稳定可靠地安放在配重架上，并应有防止随意移动的措施。严禁使用破损的配重件或其他替代物。配重件的重量应符合设计规定。

11）安装时钢丝绳应沿建筑物立面缓慢下放至地面，不得抛掷。

12）当使用两个以上的悬挂机构时，悬挂机构吊点水平间距与吊篮平台的吊点间距应相等，其误差不应大于 50mm。

13）悬挂机构前支架应与支撑面保持垂直，脚轮不得受力。

14）安装任何形式的悬挑结构，其施加于建筑物或构筑物支承处的作用力，均应符合建筑结构的承载能力，不得对建筑物和其他设施造成破坏和不良影响。

15）高处作业吊篮安装和使用时，在 10m 范围内如有高压输电线路，应按照现行行业标准《施工现场临时用电安全技术规范》（JGJ 46—2005）的规定，采取隔离措施。

（2）使用

1）高处作业吊篮应设置作业人员专用的挂设安全带的安全绳及安全锁扣。安全绳应固定在建筑物可靠位置上不得与吊篮上任何部位有连接，并应符合下列规定：

① 安全绳应符合现行国家标准《安全带》（GB 6095—2009）的要求，其直径应与安全锁扣的规格相一致。

② 安全绳不得有松散、断股、打结现象。

③ 安全锁扣的配件应完好、齐全，规格和方向标识应清晰可辨。

2）吊篮宜安装防护棚，防止高处坠物造成作业人员伤害。

3）吊篮应安装上限位装置，宜安装下限位装置。

4）使用吊篮作业时，应排除影响吊篮正常运行的障碍。在吊篮下方可能造成坠落物伤害的范围，应设置安全隔离区和警告标志，人员或车辆不得停留、通行。

5）在吊篮内从事安装、维修等作业时，操作人员应佩戴工具袋。

6）使用境外吊篮设备时应有中文使用说明书；产品的安全性能应符合我国的行业标准。

7）不得将吊篮作为垂直运输设备，不得采用吊篮运送物料。

8）吊篮内的作业人员不应超过2个。

9）吊篮正常工作时，人员应从地面进入吊篮内，不得从建筑物顶部、窗口等处或其他孔洞处出入吊篮。

10）在吊篮内的作业人员应佩戴安全帽，系安全带，并应将安全锁扣正确挂置在独立设置的安全绳上。

11）吊篮平台内应保持荷载均衡，不得超载运行。

12）吊篮做升降运行时，工作平台两端高差不得超过150mm。

13）使用离心触发式安全锁的吊篮在空中停留作业时，应将安全锁锁定在安全绳上；空中启动吊篮时，应先将吊篮提升使安全绳松弛后再开启安全锁。不得在安全绳受力时强行扳动安全锁开启手柄；不得将安全锁开启手柄固定于开启位置。

14）吊篮悬挂高度在60m及其以下的，宜选用长边不大于7.5m的吊篮平台；悬挂高度在100m及其以下的，宜选用长边不大于5.5m的吊篮平台；悬挂高度在100m以上的，宜选用不大于2.5m的吊篮平台。

15）进行喷涂作业或使用腐蚀性液体进行清洗作业时，应对吊篮的提升机、安全锁、电气控制柜采取防污染保护措施。

16）悬挑结构平行移动时，应将吊篮平台降落至地面，并应使其钢丝绳处于松弛状态。

17）在吊篮内进行电焊作业时，应对吊篮设备、钢丝绳、电缆采取保护措施。不得将电焊机放置在吊篮内；电焊缆线不得与吊篮任何部位接触；电焊钳不得搭挂在吊篮上。

18）在高温、高湿等不良气候和环境条件下使用吊篮时，应采取相应的安全技术措施。

19）当吊篮施工遇有雨雪、大雾、风沙及5级以上大风等恶劣天气时，应停止作业，并应将吊篮平台停放至地面，应对钢丝绳、电缆进行绑扎固定。

20）当施工中发现吊篮设备故障和安全隐患时，应及时排除，对可能危及人身安全时，应停止作业，并应由专业人员进行维修。维修后的吊篮应重新进行检查验收，合格后方可使用。

21) 下班后不得将吊篮停留在半空中，应将吊篮放至地面。人员离开吊篮、进行吊篮维修或每日收工后应将主电源切断，并应将电气柜中各开关置于断开位置并加锁。

(3) 拆除

1) 高处作业吊篮拆除时应按照专项施工方案，并应在专业人员的指挥下实施。

2) 拆除前应将吊篮平台下落至地面，并应将钢丝绳从提升机、安全锁中退出，切断总电源。

3) 拆除支承悬挂机构时，应对作业人员和设备采取相应的安全措施。

4) 拆卸分解后的构配件不得放置在建筑物边缘，应采取防止坠落的措施。零散物品应放置在容器中。不得将吊篮任何部件从屋顶处抛下。

3. 外挂防护架

(1) 安装

1) 应根据专项施工方案的要求，在建筑结构上设置预埋件。预埋件应经验收合格后方可浇筑混凝土，并应做好隐蔽工程记录。

2) 安装防护架时，应先搭设操作平台。

3) 防护架应配合施工进度搭设，一次搭设的高度不应超过相邻连墙件以上两个步距。

4) 每搭完一步架后，应校正步距、纵距、横距及立杆的垂直度，确认合格后方可进行下道工序。

5) 竖向桁架安装宜在起重机械辅助下进行。

6) 同一片防护架的相邻立杆的对接扣件应交错布置，在高度方向错开的距离不宜小于 500mm；各接头中心至主节点的距离不宜大于步距的 1/3。

7) 纵向水平杆应通长设置，不得搭接。

8) 当安装防护架的作业层高出辅助架二步时，应搭设临时连墙杆，待防护架提升时方可拆除。临时连墙杆可采用 2.5m～3.5m 长钢管，一端与防护架第三步相连，一端与建筑结构相连。每片架体与建筑结构连接的临时连墙杆不得少于 2 处。

9) 防护架应将设置在桁架底部的三角臂和上部的刚性连墙件及柔性连墙件分别与建筑物上的预埋件相连接。根据不同的建筑结构形式，防护架的固定位置可分为在建筑结构边梁处、檐板处和剪力墙处（图 3-4）。

(2) 提升

1) 防护架的提升索具应使用现行国家标准《重要用途钢丝绳》(GB 8918—2006) 规定的钢丝绳。钢丝绳直径不应小于 12.5mm。

2) 提升防护架的起重设备能力应满足要求，公称起重力矩值不得小于 400kN·m，其额定起升重量的 90% 应大于架体重量。

3) 钢丝绳与防护架的连接点应在竖向桁架的顶部，连接处不得有尖锐凸角等。

4) 提升钢丝绳的长度应能保证提升平稳。

5) 提升速度不得大于 3.5m/min。

6) 在防护架从准备提升到提升到位交付使用前，除操作人员以外的其他人员不得从事临边防护等作业。操作人员应佩戴安全带。

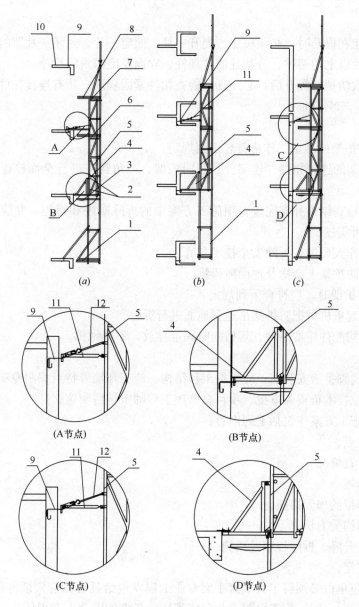

图 3-4 防护架固定位置示意图

(a) 边梁处；(b) 檐板处；(c) 剪力墙处

1—架体；2—连接在桁架底部的双钢管；3—水平软防护；4—三角臂；5—竖向桁架；6—水平硬防护；7—相邻桁架之间连接钢管；8—施工层水平防护；9—预埋件；10—建筑物；11—刚性连墙件；12—柔性连墙件

7）当防护架提升、下降时，操作人员必须站在建筑物内或相邻的架体上，严禁站在防护架上操作；架体安装完毕前，严禁上人。

8）每片架体均应分别与建筑物直接连接；不得在提升钢丝绳受力前拆除连墙件；不得在施工过程中拆除连墙件。

9）当采用辅助架时，第一次提升前应在钢丝绳收紧受力后，才能拆除连墙杆件及与辅助架相连接的扣件。指挥人员应持证上岗，信号工、操作工应服从指挥、协调一致，不得缺岗。

10）防护架在提升时，必须按照"提升一片、固定一片、封闭一片"的原则进行，严禁提前拆除两片以上的架体、分片处的连接杆、立面及底部封闭设施。

11）在每次防护架提升后，必须逐一检查扣件紧固程度；所有连接扣件拧紧力矩必须达到40N·m～65N·m。

（3）拆除

1）拆除防护架的准备工作应符合下列规定：

① 对防护架的连接扣件、连墙件、竖向桁架、三角臂应进行全面检查，并应符合构造要求。

② 应根据检查结果补充完善专项施工方案中的拆除顺序和措施，并应经总包和监理单位批准后方可实施。

③ 应对操作人员进行拆除安全技术交底。

④ 应清除防护架上杂物及地面障碍物。

2）拆除防护架时，应符合下列规定：

① 应采用起重机械把防护架吊运到地面进行拆除。

② 拆除的构配件应按品种、规格随时码堆存放，不得抛掷。

4. 管理

（1）工具式脚手架安装前，应根据工程结构、施工环境等特点编制专项施工方案，并应经总承包单位技术负责人审批、项目总监理工程师审核后实施。

（2）专项施工方案应包括下列内容：

1）工程特点。

2）平面布置情况。

3）安全措施。

4）特殊部位的加固措施。

5）工程结构受力核算。

6）安装、升降、拆除程序及措施。

7）使用规定。

（3）总承包单位必须将工具式脚手架专业工程发包给具有相应资质等级的专业队伍，并应签订专业承包合同。明确总包、分包或租赁等各方的安全生产责任。

（4）工具式脚手架专业施工单位应当建立健全安全生产管理制度，制订相应的安全操作规程和检验规程，应制定设计、制作、安装、升降、使用、拆除和日常维护保养等的管理规定。

（5）工具式脚手架专业施工单位应设置专业技术人员、安全管理人员及相应的特种作业人员。特种作业人员应经专门培训，并应经建设行政主管部门考核合格，取得特种作业操作资格证书后，方可上岗作业。

（6）施工现场使用工具式脚手架应由总承包单位统一监督，并应符合下列规定：

1）安装、升降、使用、拆除等作业前，应向有关作业人员进行安全教育；并应监督对作业人员的安全技术交底。

2）应对专业承包人员的配备和特种作业人员的资格进行审查。

3）安装、升降、拆卸等作业时，应派专人进行监督。

4）应组织工具式脚手架的检查验收。

5）应定期对工具式脚手架使用情况进行安全巡检。

（7）监理单位应对施工现场的工具式脚手架使用状况进行安全监理并应记录，出现隐患应要求及时整改，并应符合下列规定：

1）应对专业承包单位的资质及有关人员的资格进行审查。

2）在工具式脚手架的安装、升降、拆除等作业时应进行监理。

3）应参加工具式脚手架的检查验收。

4）应定期对工具式脚手架使用情况进行安全巡检。

5）发现存在隐患时，应要求限期整改，对拒不整改的，应及时向建设单位和建设行政主管部门报告。

（8）工具式脚手架所使用的电气设施、线路及接地、避雷措施等应符合现行行业标准《施工现场临时用电安全技术规范》（JGJ 46—2005）的规定。

（9）进入施工现场的附着式升降脚手架产品应具有国务院建设行政主管部门组织鉴定或验收的合格证书，并应符合《建筑施工工具式脚手架安全技术规范》（JGJ 202—2010）的有关规定。

（10）工具式脚手架的防坠落装置应经法定检测机构标定后方可使用；使用过程中，使用单位应定期对其有效性和可靠性进行检测。安全装置受冲击载荷后应进行解体检验。

（11）临街搭设时，外侧应有防止坠物伤人的防护措施。

（12）安装、拆除时，在地面应设围栏和警戒标志，并应派专人看守，非操作人员不得入内。

（13）在工具式脚手架使用期间，不得拆除下列杆件：

1）架体上的杆件。

2）与建筑物连接的各类杆件（如连墙件、附墙支座）等。

（14）作业层上的施工荷载应符合设计要求，不得超载。不得将模板支架、缆风绳、泵送混凝土和砂浆的输送管等固定在架体上；不得用其悬挂起重设备。

（15）遇5级以上大风和雨天，不得提升或下降工具式脚手架。

（16）当施工中发现工具式脚手架故障和存在安全隐患时，应及时排除，对可能危及人身安全时，应停止作业。应由专业人员进行整改。整改后的工具式脚手架应重新进行验收检查，合格后方可使用。

（17）剪刀撑应随立杆同步搭设。

（18）扣件的螺栓拧紧力矩不应小于 40N·m，且不应大于 65N·m。

（19）各地建筑安全主管部门及产权单位和使用单位应对工具式脚手架建立设备技术档案，其主要内容应包含：机型、编号、出厂日期、验收、检修、试验、检修记录及故障事故情况。

（20）工具式脚手架在施工现场安装完成后应进行整机检测。

（21）工具式脚手架作业人员在施工过程中应戴安全帽、系安全带、穿防滑鞋，酒后不得上岗作业。

3.1.5 木脚手架

1. 构造与搭设的基本要求

（1）当符合施工荷载规定标准值，且符合本节构造要求时，木脚手架的搭设高度不得超过《建筑施工木脚手架安全技术规范》（JGJ 164—2008）第1.0.2条的规定。

（2）单排脚手架的搭设不得用于墙厚在180mm及以下的砌体土坯和轻质空心砖墙以及砌筑砂浆的墙体。

（3）空斗墙上留置脚手眼时，横向水平杆下必须实砌两皮砖。

（4）砖砌体的下列部位不得留置脚手板：

1）砖过梁上与梁成60°角的三角形范围内；

2）砖柱或宽度小于740mm的窗间墙；

3）梁和梁垫下及其左右各370mm的范围内；

4）门窗洞口两侧240mm和转角处420mm的范围内；

5）设计图纸上规定不允许留洞眼的部位。

（5）在大雾、大雨、大雪和六级以上的大风天，不得进行脚手架在高处的搭设作业，雨后搭设必须采取防滑措施。

（6）搭设脚手架时操作人员应戴好安全帽，在2m以上高处作业，应系安全带。

2. 外脚手架的构造与搭设

（1）结构和装修外脚手架，其构造参数应按表3-4的规定采用。

外脚手架构造参数 　　　　　　　　　　　　　　　　　　表3-4

用途	构造形式	内立杆轴线至墙面距离（m）	立杆间距（m） 横距	立杆间距（m） 纵距	作业层横向水平杆间距（m）	纵向水平杆竖向步距（m）
结构架	单排		≤1.2	≤1.5	L≤0.75	≤1.5
结构架	双排	≤0.5	≤1.2	≤1.5	L≤0.75	≤1.5
装修架	单排		≤1.2	≤2.0	L≤1.0	≤1.8
装修架	双排	≤0.5	≤1.2	≤2.0	L≤1.0	≤1.8

注：单排脚手架上不得有运料小车行走。

（2）剪刀撑的设置应符合下列规定：

1）单、双排脚手架的外侧均应在架体端部、转折角和中间每隔15m的净距内，设置纵向剪刀撑，并应由底至顶连续设置。剪刀撑的斜杆应至少覆盖5根立杆，斜杆与地面倾角应在45°～60°之间。当架长在30m以内时，应在外侧立面整个长度和高度上连续设置多跨剪刀撑。

2）剪刀撑的斜杆的端部应置于立杆与纵、横向水平杆相交节点处，与横向水平杆绑扎应牢固。中部与立杆及纵、横向水平杆各相交处均应绑扎牢固。

3）对不能交圈搭设的单片脚手架，应在两端端部从底到上连续设置横向斜撑。

4）斜撑或剪刀撑的斜杆底端埋入土内深度不得小于0.3m。

（3）对三步以上的脚手架，应每隔7根立杆设置1根抛撑，抛撑应进行可靠固定，底端埋深应为0.2m～0.3m。

（4）当脚手架架高超过 7m 时，必须在搭架的同时设置与建筑物牢固连接的连墙件。连墙件的设置应符合下列规定：

1）连墙件应既能抗拉又能承压，除应在第一步架高处设置外，双排架应两步三跨设置一个，单排架应两步两跨设置一个，连墙件应沿整个墙面采用梅花形布置。

2）开口形脚手架，应在两端部沿竖向每步架设置一个。

3）连墙件应采用预埋件和工具化、定型化的连接构造。

（5）横向水平杆设置应符合下列规定：

1）横向水平杆应按等距离均匀设置，但立杆与纵向水平杆交结处必须设置，且应与纵向水平杆捆绑在一起，三杆交叉点称为主节点。

2）单排脚手架横向水平杆在砖墙上搁置的长度不应小于 240mm，其外端伸出纵向水平杆的长度不应小于 200mm；双排脚手架横向水平杆每端伸出纵向水平杆的长度不应小于 200mm，里端距墙面宜为 100mm～150mm，两端应与纵向水平杆绑扎牢固。

（6）在土质地面挖掘立杆基坑时，坑深应为 0.3m～0.5m，并应于埋杆前将坑底夯实，或按计算要求加设垫木。

（7）当双排脚手架搭设立杆时，里外两排立杆距离应相等。杆身沿纵向垂直允许偏差应为架高的 3/1000，且不得大于 100mm，并不得向外倾斜。埋杆时，应采用石块卡紧，再分层回填夯实，并应有排水措施。

（8）当立杆底端无法埋地时，立杆在地表面处必须加设扫地杆。横向扫地杆距地表面应为 100mm，其上绑扎纵向扫地杆。

（9）立杆搭接至建筑物顶部时，里排立杆应低于檐口 0.1m～0.5m；外排立杆应高出平屋顶 1.0m～1.2m，高出坡屋顶 1.5m。

（10）立杆的接头应符合下列规定：

1）相邻两立杆的搭接接头应错开一步架。

2）接头的搭接长度应跨相邻两根纵向水平杆，且不得小于 1.5m。

3）接头范围内必须绑扎三道钢丝，绑扎钢丝的间距应为 0.60m～0.75m。

4）立杆接长应大头朝下、小头朝上，同一根立杆上的相邻接头，大头应左右错开，并应保持垂直。

5）最顶部的立杆，必须将大头朝上，多余部分应往下放，立杆的顶部高度应一致。

（11）纵向水平杆应绑在立杆里侧。绑扎第一步纵向水平杆时，立杆必须垂直。

（12）纵向水平杆的接头应符合下列规定：

1）接头应置于立杆处，并使小头压在大头上，大头伸出立杆的长度应为 0.2m～0.3m。

2）同一步架的纵向水平杆大头朝向应一致，上下相邻两步架的纵向水平杆大头朝向应相反，但同一步架的纵向水平杆在架体端部时大头应朝外。

3）搭接的长度不得小于 1.5m，且在搭接范围内绑扎钢丝不应少于三道，其间距应为 0.60m～0.75m。

4）同一步架的里外两排纵向水平杆不得有接头。相邻两纵向水平杆接头应错开一跨。

（13）横向水平杆的搭设应符合下列规定：

1）单排架横向水平杆的大头应朝里，双排架应朝外。

2）沿竖向靠立杆的上下两相邻横向水平杆应分别搁置在立杆的不同侧面。

（14）立杆与纵向水平杆相交处，应绑十字扣（平插或斜插）；立杆与纵向水平杆各自的接头以及斜撑、剪刀撑、横向水平杆与其他杆件的交接点应绑顺扣；各绑扎扣在压紧后，应拧紧1.5～2圈。

（15）架体向内倾斜度不应超过1‰，并不得大于150mm，严禁向外倾斜。

（16）脚手板铺设应符合下列规定：

1）作业层脚手板应满铺，并应牢固稳定，不得有空隙；严禁铺设探头板。

2）对头铺设的脚手板，其接头下面应设两根横向水平杆，板端悬空部分应为100mm～150mm，并应绑扎牢固。

3）搭接铺设的脚手板，其接头必须在横向水平杆上，搭接长度应为200mm～300mm，板端挑出横向水平杆的长度应为100mm～150mm。

4）脚手板两端必须与横向水平杆绑牢。

5）往上步架翻脚手板时，应从里往外翻。

6）常用脚手板的规格形式应按《建筑施工木脚手架安全技术规范》（JGJ 164—2008）附录A选用，其中竹片并列脚手板不宜用于有水平运输的脚手架；薄钢脚手板不宜用于冬季或多雨潮湿地区。

（17）脚手架搭设至两步及以上时，必须在作业层设置1.2m高的防护栏杆，防护栏杆应由两道纵向水平杆组成，下杆距离操作面应为0.7m，底部应设置高度不低于180mm的挡脚板，脚手架外侧应采用密目式安全立网全封闭。

（18）搭设临街或其下有人行通道的脚手架时，必须采取专门的封闭和可靠的防护措施。

（19）当单、双排脚手架底层设置门洞时，宜采用上升斜杆、平行弦杆桁架结构形式，斜杆与地面倾角应在45°～60°之间。单排脚手架门洞处应在平面桁梁的每个节间设置一根斜腹杆；双排脚手架门洞处的空间桁架除下弦平面处，应在其余5个平面内的图示节间设置一根斜腹杆，斜杆的小头直径不得小于90mm，上端应向上连接交搭2～3步纵向水平杆，并应绑扎牢固。斜杆下端埋入地下不得小于0.3m，门洞架下的两侧立杆应为双杆，副立杆高度应高于门洞口1～2步。

（20）遇窗洞时，单排脚手架靠墙面处应增设一根纵向水平杆，并吊绑于相邻两侧的横向水平杆上。当窗洞宽大于1.5m时，应于室内另加设立杆和纵向水平杆来搁置横向水平杆。

3. 满堂脚手架的构造与搭设

（1）满堂脚手架的构造参数应按表3-5的规定选用。

满堂脚手架的构造参数 表3-5

用途	控制荷载	立杆纵横间距（m）	纵向水平杆竖向步距（m）	横向水平杆设置	作业层横向水平杆间距（m）	脚手板铺设
装修架	2kN/m²	≤1.2	1.8	每步一道	0.60	满铺、铺稳、铺牢，脚手板下设置大网眼安全网
结构架	3kN/m²	≤1.5	1.4	每步一道	0.75	

（2）满堂脚手架的搭设应符合下列规定：

1）四周外排立杆必须设剪刀撑，中间每隔三排立杆必须沿纵横方向设通长剪刀撑。

2）剪刀撑均必须从底到顶连续设置。

3）封顶立杆大头应朝上，并用双股绑扎。

4）脚手板铺好后立杆不应露杆头，且作业层四角的脚手板应采用 8 号镀锌或回火钢丝与纵、横向水平杆绑扎牢固。

5）上料口及周围应设置安全护栏和立网。

6）搭设时应从底到顶，不得分层。

（3）当架体高于 5m 时，在四角及中间每隔 15m 处，于剪刀撑斜杆的每一端部位置，均应加设与竖向剪刀撑同宽的水平剪刀撑。

（4）当立杆无法埋地时，搭设前，立杆底部的地基土应夯实，在立杆底应加设垫木，当架高 5m 及以下时，垫木的尺寸不得小于 $200mm \times 100mm \times 800mm$（宽×厚×长）；当架高大于 5m 时，应垫通长垫木，其尺寸不得小于 $200mm \times 100mm$（宽×厚）。

（5）当土的允许承载力低于 80kPa 或搭设高度超过 15m 时，其垫木应另行设计。

4. 烟囱、水塔架的构造与搭设

（1）烟囱脚手架可采用正方形、六角形，水塔架应采用六角形或八角形，严禁采用单排架。

（2）立杆的横向间距不得大于 1.2m，纵向间距不得大于 1.4m。

（3）纵向水平杆步距不得大于 1.2m，并应布置成防扭转的形式，横向水平杆距烟囱或水塔壁应为 50mm～100mm。

（4）作业层应设两道防护栏杆和挡脚板，作业层脚手板的下方应设一道大网眼安全平网，架体外侧应采用密目式安全立网封闭。

（5）架体外侧必须从底到顶连续设置剪刀撑，剪刀撑斜杆应落地，除混凝土等地面外，均应埋入地下 0.3m。

（6）脚手架应每隔二步三跨设置一道连墙件，连墙件应能承受拉力和压力，可在烟囱或水塔施工时预理连墙件的连接件，然后安装连墙件。

（7）烟囱架的搭设应符合下列规定：

1）横向水平杆应设置在立杆与纵向水平杆交叉处，两端均必须与纵向水平杆绑扎牢固。

2）当搭设到四步架高时，必须在周围设置剪刀撑，并随搭随连续设置。

3）脚手架各转角处应设置抛撑。

4）其他要求应按外脚手架的规定执行。

（8）水塔架的搭设应符合下列规定：

1）根据水箱直径大小，沿周围平面宜布置成多排立杆。

2）在水箱外围应将多排架改为双排架，里排立杆距水箱壁不得大于 0.4m。

3）水塔架外侧，每边均应设置剪刀撑，并应从底顶连续设置。各转角处应另增设抛撑。

4）其他要求应按外脚手架及烟囱架的搭设规定执行。

5. 斜道的构造与措施

（1）当架体高度在三步及以下时，斜道应采用一字形；当架体高度在三步以上时，应采用之字形。

（2）之字形斜道应在拐弯处设置平台。当只作人行时，平台面积不应小于 $3m^2$，宽度不应小于 1.5m，当用作运料时，平台面积不应小于 $6m^2$，宽度小应小于 2m。

（3）人行斜道坡度宜为 1:3；运料斜道坡度宜为 1:6。

（4）立杆的间距应根据实际荷载情况计算确定，纵向水平杆的步距不得大于 1.4m。

（5）斜道两侧、平台外围和端部均应设剪刀撑，并应沿斜道纵向每隔 6～7 根立杆设一道抛撑，并不得少于两道。

（6）架体高度大于 7m 时，对于附着在脚手架外排立杆上的斜道（利用脚手架外排立杆作为斜道里排立杆），应加密连墙件的设置。对独立搭设的斜道，应在每一步两跨设置一道连墙件。

（7）横向水平杆设置于斜杆上时，间距不得大于 1m；在拐弯平台处，不应大于 0.75m。杆的两端均应绑扎牢固。

（8）斜道两侧及拐弯平台外围，应设总高 1.2m 的两道防护栏杆及不低于 180mm 高的挡脚板，外侧应挂设密目式安全立网。

（9）斜道脚手板应随架高从下到上连续铺设，采用搭接铺设时，搭接长度不得小于 400mm，并应在接头下面设两根横向水平杆，板端接头处的凸棱，应采用三角木填顺；脚手板应满铺，并平整牢固。

（10）人行斜道的脚手板上应设高 20mm～30mm 的防滑条，间距不得大于 300mm。

6. 脚手架拆除

（1）进行脚手架拆除作业时，应统一指挥，信号明确，上下呼应，动作协调；当解开与另一人有关的结扣时，应先通知对方，严防坠落。

（2）在高处进行拆除作业的人员必须佩戴安全带，其挂钩必须挂于牢固的构件上，并应站立于稳固的杆件上。

（3）拆除顺序应由上而下、先绑后拆、后绑先拆。应先拆除栏杆、脚手板、剪刀撑、斜撑，后拆除横向水平杆、纵向水平杆、立杆等，一步一清，依次进行。严禁上下同时进行拆除作业。

（4）拆除立杆时，应先抱住立杆再拆除最后两个扣；当拆除纵向水平杆、剪刀撑、斜撑时，应先拆除中间扣，然后托住中间，再拆除两头扣。

（5）大片架体拆除后所预留的斜道、上料平台和作业通道等，应在拆除前采取加固措施，确保拆除后的完整、安全和稳定。

（6）脚手架拆除时，严禁碰撞附近的各类电线。

（7）拆下的材料，应采用绳索拴住木杆大头利用滑轮缓慢下运，严禁抛掷。运至地面的材料应按指定地点，随拆随运，分类堆放。

（8）在拆除过程中，不得中途换人；当需换人作业时，应将拆除情况交代清楚后方可离开。中途停拆时，应将已拆部分的易塌、易掉杆件进行临时加固处理。

（9）连墙件的拆除应随拆除进度同步进行，严禁提前拆除，并在拆除最下一道连墙件前应先加设一道抛撑。

7. 安全管理

（1）木脚手架的搭设、维修和拆除，必须编制专项施工方案；作业前，应向操作人员进行安全技术交底；并应按方案实施。

（2）在邻近脚手架的纵向和危及脚手架基础的地方，不得进行挖掘作业。

（3）脚手架上进行电气焊作业时，应有可靠的防火安全措施，并设专人监护。

（4）脚手架支承于永久性结构上时，传递给永久性结构的荷载不得超过其设计允许值。

（5）上料平台应独立搭设，严禁与脚手架共用杆件。

（6）用吊笼运转时，严禁直接放于外脚手架上。

（7）不得在单排架上使用运料小车。

（8）不得在各种杆件上进行钻孔、刀削和斧砍。每年均应对所使用的脚手板和各种杆件进行外观检查，严禁使用有腐朽、虫蛀、折裂、扭裂和纵向严重裂缝的杆件。

（9）作业层的连墙件不得承受脚手板及由其所传递来的一切荷载。

（10）脚手架离高压线的距离应符合国家现行标准《施工现场临时用电安全技术规范》（JGJ 46—2005）中的规定。

（11）脚手架投入使用前，应先进行验收，合格后方可使用；搭设过程中每隔四步至搭设完毕均应分别进行验收。

（12）停工后又重新使用的脚手架，必须按新搭脚手架的标准检查验收，合格后方可使用。

（13）施工过程中，严禁随意抽拆架上的各类杆件和脚手板，并应及时清除架上的垃圾和冰雪。

（14）当出现大风雨、冰解冻等情况时，应进行检查，对立杆下沉、悬空、接头松动、架子歪斜等现象，应立即进行维修和加固，确保安全后方可使用。

（15）搭设脚手架时，应有保证安全上下的爬梯或斜道，严禁攀登架体上下。

（16）脚手架在使用过程中，应经常检查维修，发现问题必须及时处理解决。

（17）脚手架拆除时应划分作业区，周围应设置围栏或竖立警戒标志，并应设专人看管，严禁非作业人员入内。

3.2 模板工程安全

3.2.1 模板构造与安装

1. 一般规定

（1）模板安装前必须做好下列安全技术准备工作：

1）应审查模板结构设计与施工说明书中的荷载、计算方法、节点构造和安全措施，设计审批手续应齐全。

2）应进行全面的安全技术交底，操作班组应熟悉设计与施工说明书，并应做好模板安装作业的分工准备。采用爬模、飞模、隧道模等特殊模板施工时，所有参加作业人员必须经过专门技术培训，考核合格后方可上岗。

3）应对模板和配件进行挑选、检测，不合格者应剔除，并应运至工地指定地点堆放。

4）备齐操作所需的一切安全防护设施和器具。

（2）模板构造与安装应符合下列规定：

1）模板安装应按设计与施工说明书顺序拼装。木杆、钢管、门架等支架立柱不得混用。

2）竖向模板和支架立柱支承部分安装在基土上时，应加设垫板，垫板应有足够强度和支承面积，且应中心承载。基土应坚实，并应有排水措施。对湿陷性黄土应有防水措施；对特别重要的结构工程可采用混凝土、打桩等措施防止支架柱下沉。对冻胀性土应有防冻融措施。

3）当满堂或共享空间模板支架立柱高度超过 8m 时，若地基土达不到承载要求，无法防止立柱下沉，则应先施工地面下的工程，再分层回填夯实基土，浇筑地面混凝土垫层，达到强度后方可支模。

4）模板及其支架在安装过程中，必须设置有效防倾覆的临时固定设施。

5）现浇钢筋混凝土梁、板，当跨度大于 4m 时，模板应起拱；当设计无具体要求时，起拱高度宜为全跨长度的 1/1000～3/1000。

6）现浇多层或高层房屋和构筑物，安装上层模板及其支架应符合下列规定：

①下层楼板应具有承受上层施工荷载的承载能力，否则应加设支撑支架。

②上层支架立柱应对准下层支架立柱，并应在立柱底铺设垫板。

③当采用悬臂吊模板、桁架支模方法时，其支撑结构的承载能力和刚度必须符合设计构造要求。

7）当层间高度大于 5m 时，应选用桁架支模或钢管立柱支模。当层间高度小于或等于 5m 时，可采用木立柱支模。

（3）安装模板应保证工程结构和构件各部分形状、尺寸和相互位置的正确，防止漏浆，构造应符合模板设计要求。

模板应具有足够的承载能力、刚度和稳定性，应能可靠承受新浇混凝土自重和侧压力以及施工过程中所产生的荷载。

（4）拼装高度为 2m 以上的竖向模板，不得站在下层模板上拼装上层模板。安装过程中应设置临时固定设施。

（5）当承重焊接钢筋骨架和模板一起安装时，应符合下列规定：

1）梁的侧模、底模必须固定在承重焊接钢筋骨架的节点上。

2）安装钢筋模板组合体时，吊索应按模板设计的吊点位置绑扎。

（6）当支架立柱成一定角度倾斜，或其支架立柱的顶表面倾斜时，应采用可靠措施确保支点稳定，支撑底脚必须有防滑移的可靠措施。

（7）除设计图另有规定者外，所有垂直支架柱应保证其垂直。

（8）对梁和板安装二次支撑前，其上不得有施工荷载，支撑的位置必须正确。安装后所传给支撑或连接件的荷载不应超过其允许值。

（9）支撑梁、板的支架立柱构造与安装应符合下列规定：

1）梁和板的立柱，其纵横向间距应相等或成倍数。

2）木立柱底部应设垫木，顶部应设支撑头。钢管立柱底部应设垫木和底座，顶部应设可调支托，U 形支托与楞梁两侧间如有间隙，必须楔紧，其螺杆伸出钢管顶部不得大于 200mm，螺杆外径与立柱钢管内径的间隙不得大于 3mm，安装时应保证上下同心。

3）在立柱底距地面 200mm 高处，沿纵横水平方向应按纵下横上的程序设扫地杆。可调支托底部的立柱顶端应沿纵横向设置一道水平拉杆。扫地杆与顶部水平拉杆之间的间距，在满足模板设计所确定的水平拉杆步距要求条件下，进行平均分配确定步距后，在每一步距处纵横向应各设一道水平拉杆。当层高在 8m～20m 时，在最顶步距两水平拉杆中间应加设一道水平拉杆；当层高大于 20m 时，在最顶两步距水平拉杆中间应分别增加一道水平拉杆。所有水平拉杆的端部均应与四周建筑物顶紧顶牢。无处可顶时，应在水平拉杆端部和中部沿竖向设置连续式剪刀撑。

4）木立柱的扫地杆、水平拉杆、剪刀撑应采用 40mm×50mm 木条或 25mm×80mm 的木板条与木立柱钉牢。钢管立柱的扫地杆、水平拉杆、剪刀撑应采用 φ48mm×3.5mm 钢管，用扣件与钢管立柱扣牢。木扫地杆、水平拉杆、剪刀撑应采用搭接，并应采用铁钉钉牢。钢管扫地杆、水平拉杆应采用对接，剪刀撑应采用搭接，搭接长度不得小于 500mm，并应采用 2 个旋转扣件分别在离杆端不小于 100mm 处进行固定。

（10）施工时，在已安装好的模板上的实际荷载不得超过设计值。已承受荷载的支架和附件，不得随意拆除或移动。

（11）组合钢模板、滑升模板等的构造与安装，尚应符合现行国家标准《组合钢模板技术规范》（GB/T 50214—2013）和《滑动模板工程技术规范》（GB 50113—2005）的相应规定。

（12）安装模板时，安装所需各种配件应置于工具箱或工具袋内，严禁散放在模板或脚手板上；安装所用工具应系挂在作业人员身上或置于所佩带的工具袋中，不得掉落。

（13）当模板安装高度超过 3.0m 时，必须搭设脚手架，除操作人员外，脚手架下不得站其他人。

（14）吊运模板时，必须符合下列规定：

1）作业前应检查绳索、卡具、模板上的吊环，必须完整有效，在升降过程中应设专人指挥，统一信号，密切配合。

2）吊运大块或整体模板时，竖向吊运不应少于 2 个吊点，水平吊运不应少于 4 个吊点。吊运必须使用卡环连接，并应稳起稳落，待模板就位连接牢固后，方可摘除卡环。

3）吊运散装模板时，必须码放整齐，待捆绑牢固后方可起吊。

4）严禁起重机在架空输电线路下面工作。

5）遇 5 级及以上大风时，应停止一切吊运作业。

（15）木材应堆放在下风向，离火源不得小于 30m，且料场四周应设置灭火器材。

2. 支架立柱构造与安装

（1）梁式或桁架式支架的构造与安装应符合下列规定：

1）采用伸缩式桁架时，其搭接长度不得小于 500mm，上下弦连接销钉规格、数量应按设计规范，并应采用不少于 2 个 U 形卡或钢销钉销紧，2 个 U 形卡距或销距不得小于 400mm。

2）安装的梁式或桁架式支架的间距设置应与模板设计图一致。

3）支承梁式或桁架式支架的建筑结构应具有足够强度，否则，应另设立柱支撑。

4）若桁架采用多榀成组排放，在下弦折角处必须加设水平撑。

（2）工具式立柱支撑的构造与安装应符合下列规定：

1）工具式钢管单立柱支撑的间距应符合支撑设计的规定。

2）立柱不得接长使用。

3）所有夹具、螺栓、销子和其他配件应处在闭合或拧紧的位置。

4）立杆及水平拉杆构造应符合1. 中（9）的规定。

（3）木立柱支撑的构造与安装应符合下列规定：

1）木立柱宜选用整料，当不能满足要求时，立柱的接头不宜超过1个，并应采用对接夹板接头方式。立柱底部可采用垫块垫高，但不得采用单码砖垫高，垫高高度不得超过300mm。

2）木立柱底部与垫木之间应设置硬木对角楔调整标高，并应用铁钉将其固定在垫木上。

3）木立柱间距、扫地杆、水平拉杆、剪刀撑的设置应符合1. 中（9）的规定，严禁使用板皮替代规定的拉杆。

4）所有单立柱支撑应在底垫木和梁底模板的中心，并应与底部垫木和顶部梁底模板紧密接触，且不得承受偏心荷载。

5）当仅为单排立柱时，应在单排立柱的两边每隔3m加设斜支撑，且每边不得少于2根，斜支撑与地面的夹角应为60°。

（4）当采用扣件式钢管作立柱支撑时，其构造与安装应符合下列规定：

1）钢管规格、间距、扣件应符合设计要求。每根立柱底部应设置底座及垫板，垫板厚度不得小于50mm。

2）钢管支架立柱间距、扫地杆、水平拉杆、剪刀撑的设置应符合1. 中（9）的规定。当立柱底部不在同一高度时，高处的纵向扫地杆应向低处延长不少于2跨，高低差不得大于1m，立柱距边坡上方边缘不得小于0.5m。

3）立柱接长严禁搭接，必须采用对接扣件连接，相邻两立柱的对接接头不得在同步内，且对接接头沿竖向错开的距离不宜小于500mm，各接头中心距主节点不宜大于步距的1/3。

4）严禁将上段的钢管立柱与下段钢管立柱错开固定在水平拉杆上。

5）满堂模板和共享空间模板支架立柱，在外侧周围应设由下至上的竖向连续式剪刀撑；中间在纵横向应每隔10m左右设由下至上的竖向连续式剪刀撑，其宽度宜为4m～6m，并在剪刀撑部位的顶部、扫地杆处设置水平剪刀撑（图3-5）。剪刀撑杆件的底端应与地面顶紧，夹角宜为45°～60°。当建筑层高在8m～20m时，除应满足上述规定外，还应在纵横向相邻的两竖向连续式剪刀撑之间增加之字斜撑，在有水平剪刀撑的部位，应在每个剪刀撑中间处增加一道水平剪刀撑（图3-6）。当建筑层高超过20m时，在满足以上规定的基础上，应将所有之字斜撑全部改为连续式剪刀撑（图3-7）。

6）当支架立柱高度超过5m时，应在立柱周围外侧和中间有结构柱的部位，按水平间距6m～9m、竖向间距2m～3m与建筑结构设置一个固结点。

（5）当采用标准门架作支撑时，其构造与安装应符合下列规定：

1）门架的跨度和间距应按设计规定布置，间距宜小于1.2m；支撑架底部垫木上应设固定底座或可调底座。门架、调节架及可调底座，其高度应按其支撑的高度确定。

2）门架支撑可沿梁轴线垂直和平行布置。当垂直布置时，在两门架间的两侧应设置

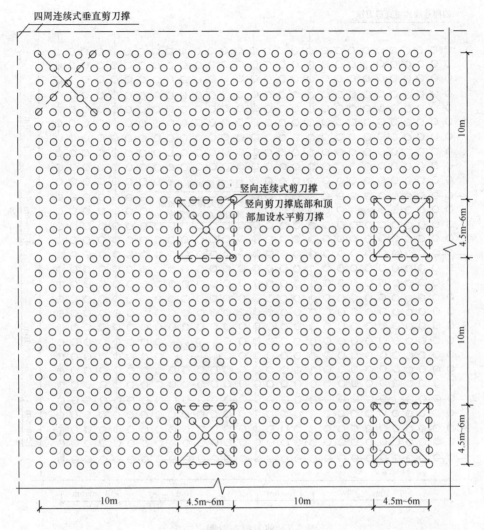

图 3-5　剪刀撑布置图（一）

交叉支撑；当平行布置时，在两门架间的两侧亦应设置交叉支撑，交叉支撑应与立杆上的锁销锁牢，上下门架的组装连接必须设置连接棒及锁臂。

3）当门架支撑宽度为 4 跨及以上或 5 个间距及以上时，应在周边底层、顶层、中间每 5 列、5 排在每门架立杆根部设 $\phi48mm×3.5mm$ 通长水平加固杆，并应采用扣件与门架立杆扣牢。

4）当门架支撑高度超过 8m 时，应按（4）的规定执行，剪刀撑不应大于 4 个间距，并应采用扣件与门架立杆扣牢。

5）顶部操作层应采用挂扣式脚手板满铺。

（6）悬挑结构立柱支撑的安装应符合下列要求：

1）多层悬挑结构模板的上下立柱应保持在同一条垂直线上。

2）多层悬挑结构模板的立柱应连续支撑，并不得少于 3 层。

3. 普通模板构造与安装

（1）基础及地下工程模板应符合下列规定：

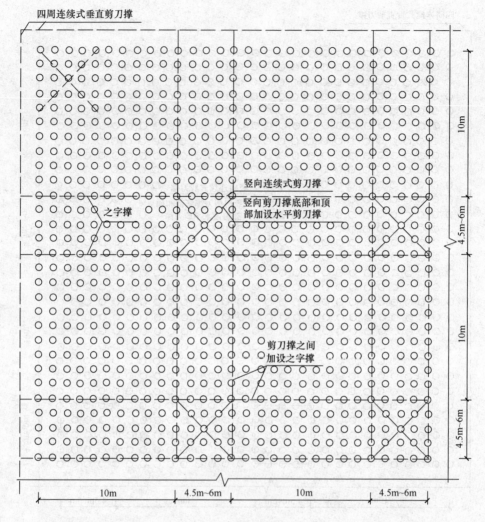

图 3-6 剪刀撑布置图（二）

1）地面以下支模应先检查土壁的稳定情况，当有裂纹及塌方危险迹象时，应采取安全防范措施后，方可下人作业。当深度超过 2m 时，操作人员应设梯上下。

2）距基槽（坑）上口边缘 1m 内不得堆放模板。向基槽（坑）内运料应使用起重机、溜槽或绳索；运下的模板严禁立放在基槽（坑）土壁上。

3）斜支撑与侧模的夹角不应小于 45°，支在土壁的斜支撑应加设垫板，底部的对角楔木应与斜支撑连牢。高大长脖基础若采用分层支模时，其下层模板应经就位校正并支撑稳固后，方可进行上一层模板的安装。

4）在有斜支撑的位置，应在两侧模间采用水平撑连成整体。

（2）柱模板应符合下列规定：

1）现场拼装柱模时，应适时地安设临时支撑进行固定，斜撑与地面的倾角宜为 60°，严禁将大片模板系在柱子钢筋上。

2）待四片柱模就位组拼经对角线校正无误后，应立即自下而上安装柱箍。

3）若为整体预组合柱模，吊装时应采用卡环和柱模连接，不得采用钢筋钩代替。

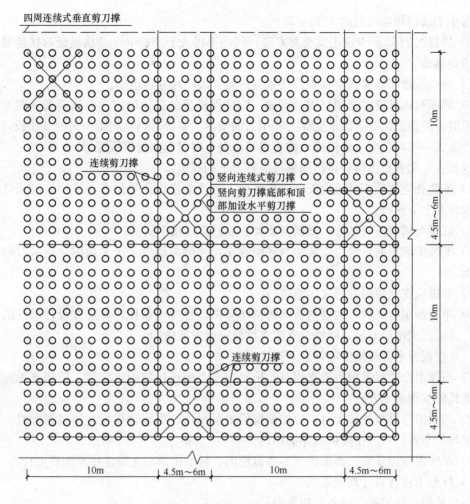

图 3-7 剪刀撑布置图（三）

4）柱模校正（用四根斜支撑或用连接在柱模顶四角带花篮螺栓的缆风绳，底端与楼板钢筋拉环固定进行校正）后，应采用斜撑或水平撑进行四周支撑，以确保整体稳定。当高度超过 4m 时，应群体或成列同时支模，并应将支撑连成一体，形成整体框架体系。当需单根支模时，柱宽大于 500mm 应每边在同一标高上设置不得少于 2 根斜撑或水平撑。斜撑与地面的夹角宜为 45°～60°，下端尚应有防滑移的措施。

5）角柱模板的支撑，除满足上款要求外，还应在里侧设置能承受拉力和压力的斜撑。

（3）墙模板应符合下列规定：

1）当采用散拼定型模板支模时，应自下而上进行，必须在下一层模板全部紧固后，方可进行上一层安装。当下层不能独立安设支撑件时，应采取临时固定措施。

2）当采用预拼装的大块墙模板进行支模安装时，严禁同时起吊 2 块模板，并应边就位、边校正、边连接，固定后方可摘钩。

3）安装电梯井内墙模前，必须在板底下 200mm 处牢固地满铺一层脚手板。

4）模板未安装对拉螺栓前，板面应向后倾一定角度。

5）当钢楞长度需接长时，接头处应增加相同数量和不小于原规格的钢楞，其搭接长

113

度不得小于墙模板宽或高的 15％～20％。

6）拼接时的 U 形卡应正反交替安装，间距不得大于 300mm；2 块模板对接接缝处的 U 形卡应满装。

7）对拉螺栓与墙模板应垂直，松紧应一致，墙厚尺寸应正确。

8）墙模板内外支撑必须坚固、可靠，应确保模板的整体稳定。当墙模板外面无法设置支撑时，应在里面设置能承受拉力和压力的支撑。多排并列且间距不大的墙模板，当其与支撑互成一体时，应采取措施，防止灌筑混凝土时引起临近模板变形。

（4）独立梁和整体楼盖梁结构模板应符合下列规定：

1）安装独立梁模板时应设安全操作平台，并严禁操作人员站在独立梁底模或柱模支架上操作及上下通行。

2）底模与横楞应拉结好，横楞与支架、立柱应连接牢固。

3）安装梁侧模时，应边安装边与底模连接，当侧模高度多于 2 块时，应采取临时固定措施。

4）起拱应在侧模内外楞连固前进行。

5）单片预组合梁模，钢楞与板面的拉结应按设计规定制作，并应按设计吊点试吊无误后，方可正式吊运安装，侧模与支架支撑稳定后方准摘钩。

（5）楼板或平台板模板应符合下列规定：

1）当预组合模板采用桁架支模时，桁架与支点的连接应固定牢靠，桁架支承应采用平直通长的型钢或木方。

2）当预组合模板块较大时，应加钢楞后方可吊运。当组合模板为错缝拼配时，板下横楞应均匀布置，并应在模板端穿插销。

3）单块模就位安装，必须待支架搭设稳固、板下横楞与支架连接牢固后进行。

4）U 形卡应按设计规定安装。

（6）其他结构模板应符合下列规定：

1）安装圈梁、阳台、雨篷及挑檐等模板时，其支撑应独立设置，不得支搭在施工脚手架上。

2）安装悬挑结构模板时，应搭设脚手架或悬挑工作台，并应设置防护栏杆和安全网。作业处的下方不得有人通行或停留。

3）烟囱、水塔及其他高大构筑物的模板，应编制专项施工设计和安全技术措施，并应详细地向操作人员进行交底后方可安装。

4）在危险部位进行作业时，操作人员应系好安全带。

4. 爬升模板构造与安装

（1）进入施工现场的爬升模板系统中的大模板、爬升支架、爬升设备、脚手架及附件等，应按施工组织设计及有关图纸验收，合格后方可使用。

（2）爬升模板安装时，应统一指挥，设置警戒区与通信设施，做好原始记录。并应符合下列规定：

1）检查工程结构上预埋螺栓孔的直径和位置，并应符合图纸要求。

2）爬升模板的安装顺序应为底座、立柱、爬升设备、大模板、模板外侧吊脚手。

（3）施工过程中爬升大模板及支架时，应符合下列规定：

1) 爬升前,应检查爬升设备的位置、牢固程度、吊钩及连接杆件等,确认无误后,拆除相邻大模板及脚手架间的连接杆件,使各个爬升模板单元彻底分开。

2) 爬升时,应先收紧千斤钢丝绳,吊住大模板或支架,然后拆卸穿墙螺栓,并检查再无任何连接,卡环和安全钩无问题,调整好大模板或支架的重心,保持垂直,开始爬升。爬升时,作业人员应站在固定件上,不得站在爬升件上爬升,爬升过程中应防止晃动与扭转。

3) 每个单元的爬升不宜中途交接班,不得隔夜再继续爬升。每单元爬升完毕应及时固定。

4) 大模板爬升时,新浇混凝土的强度不应低于 $1.2N/mm^2$。支架爬升时的附墙架穿墙螺栓受力处的新浇混凝土强度应达到 $10N/mm^2$ 以上。

5) 爬升设备每次使用前均应检查,液压设备应由专人操作。

(4) 作业人员应背工具袋,以便存放工具和拆下的零件,防止物件跌落。且严禁高空向下抛物。

(5) 每次爬升组合安装好的爬升模板、金属件应涂刷防锈漆,板面应涂刷脱模剂。

(6) 爬模的外附脚手架或悬挂脚手架应满铺脚手板,脚手架外侧应设防护栏杆和安全网。爬架底部亦应满铺脚手板和设置安全网。

(7) 每步脚手架间应设置爬梯,作业人员应由爬梯上下,进入爬架应在爬架内上下,严禁攀爬模板、脚手架和爬架外侧。

(8) 脚手架上不应堆放材料,脚手架上的垃圾应及时清除。如需临时堆放少量材料或机具,必须及时取走,且不得超过设计荷载的规定。

(9) 所有螺栓孔均应安装螺栓,螺栓应采用 $50N \cdot m \sim 60N \cdot m$ 的扭矩紧固。

5. 飞模构造与安装

(1) 飞模的制作组装必须按设计图进行。运到施工现场后,应按设计要求检查合格后方可使用安装。安装前应进行一次试压和试吊,检验确认各部件无隐患。对利用组合钢模板、门式脚手架、钢管脚手架组装的飞模,所用的材料、部件应符合现行国家标准《组合钢模板技术规范》(GB/T 50214—2013)、《冷弯薄壁型钢结构技术规范》(GB 50018—2002)以及其他专业技术规范的要求。凡属采用铝合金型材、木或竹塑胶合板组装的飞模,所用材料及部件应符合有关专业标准的要求。

(2) 飞模起吊时,应在吊离地面 0.5m 后停下,待飞模完全平衡后再起吊。吊装应使用安全卡环,不得使用吊钩。

(3) 飞模就位后,应立即在外侧设置防护栏,其高度不得小于 1.2m,外侧应另加设安全网,同时应设置楼层护栏。并应准确、牢固地搭设出模操作平台。

(4) 当飞模在不同楼层转运时,上下层的信号人员应分工明确、统一指挥、统一信号,并应采用步话机联络。

(5) 当飞模转运采用地滚轮推出时,前滚轮应高出后滚轮 10mm~20mm,并应将飞模重心标画在旁侧,严禁外侧吊点在未挂钩前将飞模向外倾斜。

(6) 飞模外推时,必须用多根安全绳一端牢固拴在飞模两侧,另一端围绕在飞模两侧建筑物的可靠部位上,并应设专人掌握;缓慢推出飞模,并松放安全绳,飞模外端吊点的钢丝绳应逐渐收紧,待内外端吊钩挂牢后再转运起吊。

（7）在飞模上操作的挂钩作业人员应穿防滑鞋，且应系好安全带，并应挂在上层的预埋铁环上。

（8）吊运时，飞模上不得站人和存放自由物料，操作电动平衡吊具的作业人员应站在楼面上，并不得斜拉歪吊。

（9）飞模出模时，下层应设安全网，且飞模每运转一次后应检查各部件的损坏情况，同时应对所有的连接螺栓重新进行紧固。

6. 隧道模构造与安装

（1）组装好的半隧道模应按模板编号顺序吊装就位，并应将 2 个半隧道模顶板边缘的角钢用连接板和螺栓进行连接。

（2）合模后应采用千斤顶升降模板的底沿，按导墙上所确定的水准点调整到设计标高，并应采用斜支撑和垂直支撑调整模板的水平度和垂直度，再将连接螺栓拧紧。

（3）支卸平台构架的支设，必须符合下列规定：

1）支卸平台的设计应便于支卸平台吊装就位，平台的受力应合理。

2）平台桁架中立柱下面的垫板，必须落在楼板边缘以内 400mm 左右，并应在楼层下相应位置加设临时垂直支撑。

3）支卸平台台面的顶面，必须和混凝土楼面齐平，并应紧贴楼面边缘。相邻支卸平台间的空隙不得过大。支卸平台外周边应设安全护栏和安全网。

（4）山墙作业平台应符合下列规定：

1）隧道模拆除吊离后，应将特制 U 形卡承托对准山墙的上排对拉螺栓孔，从外向内插入，并用螺帽紧固。U 形卡承托的间距不得大于 1.5m。

2）将作业平台吊至已埋设的 U 形卡位置就位，并将平台每根垂直杆件上的 $\phi30$ 水平杆件落入 U 形卡内，平台下部靠墙的垂直支撑用穿墙螺栓紧固。

3）每个山墙作业平台的长度不应超过 7.5m，且不应小于 2.5m，并应在端头分别增加外挑 1.5m 的三角平台。作业平台外周边应设安全护栏和安全网。

3.2.2　模板拆除

1. 模板拆除要求

（1）模板的拆除措施应经技术主管部门或负责人批准，拆除模板的时间可按现行国家标准《混凝土结构工程施工质量验收规范》（GB 50204—2002）（2010 年版）的有关规定执行。冬期施工的拆模，应符合专门规定。

（2）当混凝土未达到规定强度或已达到设计规定强度，需提前拆模或承受部分超设计荷载时，必须经过计算和技术主管确认其强度能足够承受此荷载后，方可拆除。

（3）在承重焊接钢筋骨架作配筋的结构中，承受混凝土重量的模板，应在混凝土达到设计强度的 25％后方可拆除承重模板。当在已拆除模板的结构上加置荷载时，应另行核算。

（4）大体积混凝土的拆模时间除应满足混凝土强度要求外，还应使混凝土内外温差降低到 25℃以下时方可拆模。否则应采取有效措施防止产生温度裂缝。

（5）后张预应力混凝土结构的侧模宜在施加预应力前拆除，底模应在施加预应力后拆除。当设计有规定时，应按规定执行。

（6）拆模前应检查所使用的工具有效和可靠，扳手等工具必须装入工具袋或系挂在身上，并应检查拆模场所范围内的安全措施。

（7）模板的拆除工作应设专人指挥。作业区应设围栏，其内不得有其他工种作业，并应设专人负责监护。拆下的模板、零配件严禁抛掷。

（8）拆模的顺序和方法应按模板的设计规定进行。当设计无规定时，可采取先支的后拆、后支的先拆、先拆非承重模板、后拆承重模板，并应从上而下进行拆除。拆下的模板不得抛扔，应按指定地点堆放。

（9）多人同时操作时，应明确分工、统一信号或行动，应具有足够的操作面，人员应站在安全处。

（10）高处拆除模板时，应符合有关高处作业的规定。严禁使用大锤和撬棍，操作层上临时拆下的模板堆放不能超过 3 层。

（11）在提前拆除互相搭连并涉及其他后拆模板的支撑时，应补设临时支撑。拆模时，应逐块拆卸，不得成片撬落或拉倒。

（12）拆模如遇中途停歇，应将已拆松动、悬空、浮吊的模板或支架进行临时支撑牢固或相互连接稳固。对活动部件必须一次拆除。

（13）已拆除了模板的结构，应在混凝土强度达到设计强度值后方可承受全部设计荷载。若在未达到设计强度以前，需在结构上加置施工荷载时，就另行核算，强度不足时，应加设临时支撑。

（14）遇 6 级或 6 级以上大风时，应暂停室外的高处作业。雨、雪、霜后应先清扫施工现场，方可进行工作。

（15）拆除有洞口模板时，应采取防止操作人员坠落的措施。洞口模板拆除后，应按国家现行标准《建筑施工高处作业安全技术规范》（JGJ 80—1991）的有关规定及时进行防护。

2. 支架立柱拆除

（1）当拆除钢楞、木楞、钢桁架时，应在其下面临时搭设防护支架，使所拆楞梁及桁架先落在临时防护支架上。

（2）当立柱的水平拉杆超出 2 层时，应首先拆除 2 层以上的拉杆。当拆除最后一道水平拉杆时，应和拆除立柱同时进行。

（3）当拆除 4m～8m 跨度的梁下立柱时，应先从跨中开始，对称地分别向两端拆除。拆除时，严禁采用连梁底板向旁侧一片拉倒的拆除方法。

（4）对于多层楼板模板的立柱，当上层及以上楼板正在浇筑混凝土时，下层楼板立柱的拆除，应根据下层楼板结构混凝土强度的实际情况，经过计算确定。

（5）拆除平台、楼板下的立柱时，作业人员应站在安全处。

（6）对已拆下的钢楞、木楞、桁架、立柱及其他零配件应及时运到指定地点。对有芯钢管立柱运出前应先将芯管抽出或用销卡固定。

3. 普通模板拆除

（1）拆除条形基础、杯形基础、独立基础或设备基础的模板时，应符合下列规定：

1）拆除前应先检查基槽（坑）土壁的安全状况，发现有松软、龟裂等不安全因素时，应在采取安全防范措施后，方可进行作业。

2）模板和支撑杆件等应随拆随运，不得在离槽（坑）上口边缘 1m 以内堆放。

3）拆除模板时，施工人员必须站在安全地方。应先拆内外木楞、再拆木面板；钢模板应先拆钩头螺栓和内外钢楞，后拆 U 形卡和 L 形插销，拆下的钢模板应妥善传递或用绳钩放置地面，不得抛掷。拆下的小型零配件应装入工具袋内或小型箱笼内，不得随处乱扔。

（2）拆除柱模应符合下列规定：

1）柱模拆除应分别采用分散拆和分片拆 2 种方法。分散拆除的顺序应为：

拆除拉杆或斜撑、自上而下拆除柱箍或横楞、拆除竖楞、自上而下拆除配件及模板、运走分类堆放、清理、拔钉、钢模维修、刷防锈油或脱模剂、入库备用。

分片拆除的顺序应为：

拆除全部支撑系统、自上而下拆除柱箍及横楞、拆掉柱角 U 形卡、分 2 片或 4 片拆除模板、原地清理、刷防锈油或脱模剂、分片运至新支模地点备用。

2）柱子拆下的模板及配件不得向地面抛掷。

（3）拆除墙模应符合下列规定：

1）墙模分散拆除顺序应为：

拆除斜撑或斜拉杆、自上而下拆除外楞及对拉螺栓、分层自上而下拆除木楞或钢楞及零配件和模板、运走分类堆放、拔钉清理或清理检修后刷防锈油或脱模剂、入库备用。

2）预组拼大块墙模拆除顺序应为：

拆除全部支撑系统、拆卸大块墙模接缝处的连接型钢及零配件、拧去固定埋设件的螺栓及大部分对拉螺栓、挂上吊装绳扣并略拉紧吊绳后，拧下剩余对拉螺栓，用方木均匀敲击大块墙模立楞及钢模板，使其脱离墙体，用撬棍轻轻外撬大块墙模板使全部脱离，指挥起吊、运走、清理、刷防锈油或脱模剂备用。

3）拆除每一大块墙模的最后 2 个对拉螺栓后，作业人员应撤离大模板下侧，以后的操作均应在上部进行。个别大块模板拆除后产生局部变形者应及时整修好。

4）大块模板起吊时，速度要慢，应保持垂直，严禁模板碰撞墙体。

（4）拆除梁、板模板应符合下列规定：

1）梁、板模板应先拆梁侧模，再拆板底模，最后拆除梁底模，并应分段分片进行，严禁成片撬落或成片拉拆。

2）拆除时，作业人员应站在安全的地方进行操作，严禁站在已拆或松动的模板上进行拆除作业。

3）拆除模板时，严禁用铁棍或铁锤乱砸，已拆下的模板应妥善传递或用绳钩放至地面。

4）严禁作业人员站在悬臂结构边缘敲拆下面的底模。

5）待分片、分段的模板全部拆除后，方允许将模板、支架、零配件等按指定地点运出堆放，并进行拔钉、清理、整修、刷防锈油或脱模剂，入库备用。

4. 特殊模板拆除

（1）对于拱、薄壳、圆穹屋顶和跨度大于 8m 的梁式结构，应按设计规定的程序和方式从中心沿环圈对称向外或从跨中对称向两边均匀放松模板支架立柱。

（2）拆除圆形屋顶、筒仓下漏斗模板时，应从结构中心处的支架立柱开始，按同心圆层次对称地拆向结构的周边。

（3）拆除带有拉杆拱的模板时，应在拆除前先将拉杆拉紧。

5. 爬升模板拆除

（1）拆除爬模应有拆除方案，且应由技术负责人签署意见，应向有关人员进行安全技术交底后，方可实施拆除。

（2）拆除时应先清除脚手架上的垃圾杂物，并应设置警戒区由专人监护。

（3）拆除时应设专人指挥，严禁交叉作业。拆除顺序应为：悬挂脚手架和模板、爬升设备、爬升支架。

（4）已拆除的物件应及时清理、整修和保养，并运至指定地点备用。

（5）遇 5 级以上大风应停止拆除作业。

6. 飞模拆除

（1）脱模时，梁、板混凝土强度等级不得小于设计强度的 75%。

（2）飞模的拆除顺序、行走路线和运到下一个支模地点的位置，均应按飞模设计的有关规定进行。

（3）拆除时应先用千斤顶顶住下部水平连接管，再拆去木楔或砖墩（或拔出钢套管连接螺栓，提起钢套管）。推入可任意转向的四轮台车，松千斤顶使飞模落在台车上，随后推运至主楼板外侧搭设的平台上，用塔吊吊至上层重复使用。若不需重复使用时，应按普通模板的方法拆除。

（4）飞模拆除必须有专人统一指挥，飞模尾部应绑安全绳，安全绳的另一端应套在坚固的建筑结构上，且在推运时应徐徐放松。

（5）飞模推出后，楼层外边缘应立即绑好护身栏。

7. 隧道模拆除

（1）拆除前应对作业人员进行安全技术交底和技术培训。

（2）拆除导墙模板时，应在新浇混凝土强度达到 1.0N/mm^2 后，方准拆模。

（3）拆除隧道模应按下列顺序进行：

1）新浇混凝土强度应在达到承重模板拆模要求后，方准拆模。

2）应采用长柄手摇螺帽杆将连接顶板的连接板上的螺栓松开，并应将隧道模分成 2 个半隧道模。

3）拔除穿墙螺栓，并旋转垂直支撑杆和墙体模板的螺旋千斤顶，让滚轮落地，使隧道模脱离顶板和墙面。

4）放下支卸平台防护栏杆，先将一边的半隧道模推移至支卸平台上，然后再推另一边半隧道模。

5）为使顶板不超过设计允许荷载，经设计核算后，应加设临时支撑柱。

（4）半隧道模的吊运方法，可根据具体情况采用单点吊装法、两点吊装法、多点吊装法或鸭嘴形吊装法。

3.3 高处作业安全

3.3.1 基本规定

（1）高处作业的安全技术措施及其所需料具，必须列入工程的施工组织设计。

（2）单位工程施工负责人应对工程的高处作业安全技术负责并建立相应的责任制。

施工前，应逐级进行安全技术教育及交底，落实所有安全技术措施和人身防护用品，未经落实不得进行施工。

（3）高处作业中的安全标志、工具、仪表、电气设施等各种设备，必须在施工前加以检查，确认其完好，方能投入使用。

（4）攀登和悬空高处作业人员以及搭设高处作业安全设施的人员，必须经过专业技术培训及专业考试合格，持证上岗，并必须定期进行体格检查。

（5）施工中对高处作业的安全技术设施，发现有缺陷和隐患时，必须及时解决；危及人身安全时，必须停止作业。

（6）施工作业场所有坠落可能的物件，应一律先行撤除或加以固定。

高处作业中所用的物料，均应堆放平稳，不得妨碍通行和装卸。工具应随手放入工具袋；作业中的通道板和登高用具，应随时清理干净；拆卸下的物件及余料和废料均应及时清理运走，不得任意乱置或向下丢弃。传递物件禁止抛掷。

（7）雨天和雪天进行高处作业时，必须采取可靠的防滑、防寒和防冻措施。

对进行高处作业的高耸建筑物，应事先设置避雷设施。遇有6级以上强风、浓雾等恶劣气候，不得进行露天攀登与悬空高处作业。暴风雪及台风暴雨后，应对高处作业安全设施逐一加以检查，发现有松动、变形、损坏或脱落等现象，应立即修理完善。

（8）因作业需要，临时拆除或变动安全防护设施时，必须经施工负责人同意，并采取相应的可靠措施，作业后应立即恢复。

（9）防护棚搭设与拆除时，应设警戒区，并应派专人监护。严禁上下同时拆除。

（10）高处作业安全设施的主要受力杆件，力学计算按一般结构力学公式，强度及挠度计算按现行有关规范进行，但钢受弯构件的强度计算不考虑塑性影响，构造上应符合现行的相应规范的要求。

3.3.2　临边与洞口作业的安全防护

1. 临边作业

（1）对临边高处作业，必须设置防护措施，并符合下列规定：

1）基坑周边，尚未安装栏杆或栏板的阳台、料台与挑平台周边，雨篷与挑檐边，无外脚手的屋面与楼层周边及水箱与水塔周边等处，都必须设置防护栏杆。

2）头层墙高度超过3.2m的二层楼面周边，以及无外脚手的高度超过3.2m的楼层周边，必须在外围架设安全平网一道。

3）分层施工的楼梯口和梯段边，必须安装临时护栏。顶层楼梯口应随工程结构进度安装正式防护栏杆。

4）井架与施工用电梯和脚手架等与建筑物通道的两侧边，必须设防护栏杆。地面通道上部应装设安全防护棚。双笼井架通道中间，应予分隔封闭。

5）各种垂直运输接料平台，除两侧设防护栏杆外，平台口还应设置安全门或活动防护栏杆。

（2）临边防护栏杆杆件的规格及连接要求，应符合下列规定：

1）毛竹横杆小头有效直径不应小于70mm，栏杆柱小头直径不应小于80mm，并须用不小于16号的镀锌钢丝绑扎，不应少于3圈，并无泻滑。

2）原木横杆上杆梢径不应小于70mm，下杆梢径不应小于60mm，栏杆柱梢径不应小于75mm。并须用相应长度的圆钉钉紧，或用不小于12号的镀锌钢丝绑扎，要求表面平顺和稳固无动摇。

3）钢筋横杆上杆直径不应小于16mm，下杆直径不应小于14mm，栏杆柱直径不应小于18mm，采用电焊或镀锌钢丝绑扎固定。

4）钢管横杆及栏杆柱均采用 $\phi48\times(2.75\sim3.5)$mm 的管材，以扣件或电焊固定。

5）以其他钢材如角钢等作防护栏杆杆件时，应选用强度相当的规格，以电焊固定。

（3）搭设临边防护栏杆时，必须符合下列要求：

1）防护栏杆应由上、下两道横杆及栏杆柱组成，上杆离地高度为 1.0m～1.2m，下杆离地高度为 0.5m～0.6m。坡度大于 1：2.2 的屋面，防护栏杆高应为 1.5m，并加挂安全立网。除经设计计算外，横杆长度大于 2m 时，必须加设栏杆柱。

2）栏杆柱的固定：

① 当在基坑四周固定时，可采用钢管并打入地面 50cm～70cm 深。钢管离边口的距离，不应小于 50cm。当基坑周边采用板桩时，钢管可打在板桩外侧。

② 当在混凝土楼面、屋面或墙面固定时，可用预埋件与钢管（钢筋）焊牢。如采用竹、木栏杆时，可在预埋件上焊接 30cm 长的 L50×5 角钢，其上下各钻一孔，然后用 10mm 螺栓与竹、木杆件拴牢。

③ 当在砖或砌块等砌体上固定时，可预先砌入规格相适应的 L80×6 弯转扁钢作预埋铁的混凝土块，然后用与楼面、屋面相同的方法固定。

3）栏杆柱的固定及其与横杆的连接，其整体构造应使防护栏杆在上杆任何处，能经受任何方向的 1000N 外力。当栏杆所处位置有发生人群拥挤、车辆冲击或物件碰撞等可能时，应加大横杆截面或加密柱距。

4）防护栏杆必须自上而下用安全立网封闭，或在栏杆下边设置严密固定的高度不低于 180mm 的挡脚板或 400mm 的挡脚笆。挡脚板与挡脚笆上如有孔眼，不应大于 25mm。板与笆下边距离底面的空隙不应大于 10mm。

接料平台两侧的栏杆，必须自上而下加挂安全立网或满扎竹笆。

5）当临边的外侧面临街道时，除防护栏杆外，敞口立面必须采取满挂安全网或其他可靠措施作全封闭处理。

2. 洞口作业

（1）进行洞口作业以及在因工程和工序需要而产生的，使人与物有坠落危险或危及人身安全的其他洞口进行高处作业时，必须按下列规定设置防护设施：

1）板与墙的洞口，必须设置牢固的盖板、防护栏杆、安全网或其他防坠落的防护设施。

2）电梯井口，视具体情况设防护栏杆和固定栅门或工具式栅门，电梯井内每隔两层或最多隔 10m 就应设一道安全平网。也可以按当地习惯，设固定的格栅或砌筑矮墙等。

3）钢管桩、钻孔桩等桩孔上口，杯形、条形基础上口，未填土的坑槽，以及人孔、天窗、地板门等处，都要按洞口防护设置稳固的盖件。

4）施工现场通道附近的各类洞口与坑槽等处，除设置防护设施与安全标志外，夜间还应设红灯示警。

（2）洞口根据具体情况采取设防护栏杆、加盖件、张挂安全网与装栅门等措施时，必须符合下列要求：

1）楼板、屋面和平台等面上短边尺寸小于 25cm 但大于 2.5cm 的孔口，必须用坚实的盖板盖严，盖板应能防止挪动移位。

2）楼板面等处边长为 25cm～50cm 的洞口、安装预制构件时的洞口以及缺件临时形成的洞口，可用竹、木等作盖板盖住洞口。盖板须能保持四周搁置均衡，并有固定其位置的措施。

3）边长为 50cm～150cm 的洞口，必须设置以扣件扣接钢管而成的网格，并在其上满铺竹笆或脚手板。也可采用贯穿于混凝土板内的钢筋构成防护网，钢筋网格间距不得大于 20cm。

4）边长在 150cm 以上的洞口，四周设防护栏杆，洞口下张设安全平网。

5）垃圾井道和烟道，应随楼层的砌筑或安装而消除洞口，或参照预留洞口作防护。管道井施工时，除按上述办理外，还应加设明显的标志。如有临时性拆移，需经施工负责人核准，工作完毕后必须恢复防护设施。

6）墙面等处的竖向洞口，凡落地的洞口应加装开关式、工具式或固定式的防护门，门栅网格的间距不应大于 15cm，也可采用防护栏杆，下设挡脚板（笆）。

7）位于车辆行驶道旁的洞口、深沟与管道坑、槽，所加盖板应能承受不小于当地额定卡车后轮有效承载力 2 倍的荷载。

8）下边沿至楼板或底面低于 80cm 的窗台等竖向洞口，如侧边落差大于 2m 时，应加设 1.2m 高的临时护栏。

9）对邻近的人与物有坠落危险性的其他竖向的孔、洞口，均应予以盖没或加以防护，并有固定其位置的措施。

3.3.3 攀登与悬空作业的安全防护

1. 攀登作业

（1）在施工组织设计中应确定用于现场施工的登高或攀登设施。现场登高应借助建筑结构或脚手架上的登高设施，也可采用载人的垂直运输设备等，进行攀登作业时可使用梯子或采用其他攀登设施。

（2）柱、梁和行车梁等构件吊装所需的直爬梯及其他登高用拉攀件，先应在构件施工图或说明内作出规定。

（3）攀登的用具，结构构造上必须牢固可靠。供人上下的踏板其使用荷载不应大于 1100N。当梯面上有特殊作业，重量超过上述荷载时，应按实际情况加以验算。

（4）移动式梯子，均应按现行的国家标准验收其质量。

（5）梯脚底部应坚实，不得垫高使用。梯子的上端应有固定措施。立梯工作角度以 75°±5° 为宜，踏板上下间距以 30cm 为宜，不得有缺档。

（6）梯子如需接长使用，必须有可靠的连接措施，且接头不得超过 1 处。连接后梯梁的强度，不应低于单梯梯梁的强度。

（7）折梯使用时上部夹角以 35°～45° 为宜，铰链必须牢固，并有可靠的拉撑措施。

（8）固定式直爬梯应用金属材料制成。梯宽不应大于 50cm，支撑应采用不小 L70×6 的角钢，埋设与焊接均必须牢固。梯子顶端的踏棍应与攀登的顶面齐平，并加设 1m～1.5m 高的扶手。

使用直爬梯进行攀登作业时，攀登高度以 5m 为宜。超过 2m 时，宜加设护笼；超过 8m 时，必须设置梯间平台。

（9）作业人员应从规定的通道上下，不得在阳台之间等非规定通道进行攀登，也不得任意利用吊车臂架等施工设备进行攀登。

上下梯子时，必须面向梯子，且不得手持器物。

（10）钢柱安装登高时，应使用钢挂梯或设置在钢柱上的爬梯。挂梯构造如图 3-8 所示。

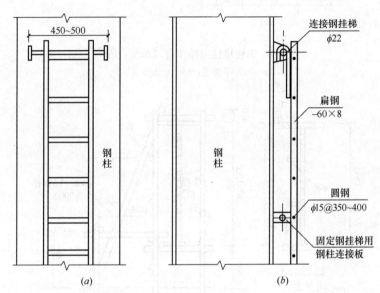

图 3-8　钢柱登高挂梯（单位：mm）

（a）立面图；（b）剖面图

钢柱的接柱应使用梯子或操作台。操作台横杆高度，当无电焊防风要求时，其高度不宜小于 1m，有电焊防风要求时，其高度不宜小于 1.8m，见图 3-9。

（11）登高安装钢梁时，应视钢梁高度，在两端设置挂梯或搭设钢管脚手架，构造形式参见图 3-10。

梁面上需行走时，其一侧的临时护栏横杆可采用钢索，当改用扶手绳时，绳的自然下垂度不应大于 $l/20$，并应控制在 10cm 以内，见图 3-11。l 为绳的长度。

（12）钢屋架的安装，应遵守下列规定：

1）在屋架上下弦登高操作时，对于三角形屋架应在屋脊处，梯形屋架应在两端，设置攀登时上下的梯架。材料可选用毛竹或原木，踏步间距不应大于 40cm，毛竹梢径不应小于 70mm。

2）屋架吊装以前，应在上弦设置防护栏杆。

3）屋架吊装以前，应预先在下弦挂设安全网；吊装完毕后，即将安全网铺设固定。

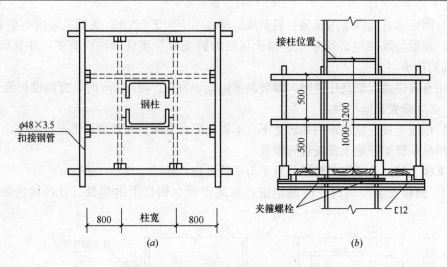

图 3-9 钢柱接柱用操作台（单位：mm）

（a）平面图；（b）立面图

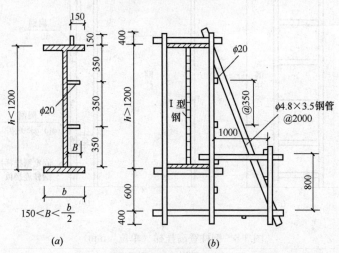

图 3-10 钢梁登高设施（单位：mm）

（a）爬梯；（b）钢管挂脚手

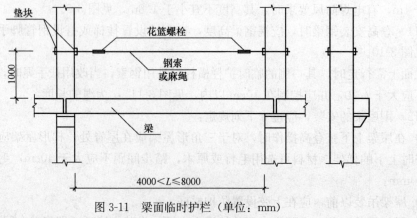

图 3-11 梁面临时护栏（单位：mm）

2. 悬空作业

（1）悬空作业处应有牢靠的立足处并必须视具体情况配置防护栏网、栏杆或其他安全设施。

（2）悬空作业所用的索具、脚手板、吊篮、吊笼、平台等设备，均需经过技术鉴定或验证方可使用。

（3）构件吊装和管道安装时的悬空作业，必须遵守下列规定：

1）钢结构的吊装，构件应尽可能在地面组装，并应搭设进行临时固定、电焊、高强螺栓连接等工序的高空安全设施，随构件同时上吊就位。拆卸时的安全措施，也应一并考虑和落实。高空吊装预应力钢筋混凝土屋架、桁架等大型构件前，也应搭设悬空作业中所需的安全设施。

2）悬空安装大模板、吊装第一块预制构件、吊装单独的大中型预制构件时，必须站在操作平台上操作。吊装中的大模板和预制构件以及石棉水泥板等屋面板上，严禁站人和行走。

3）安装管道时必须有已完结构或操作平台为立足点，严禁在安装的管道上站立和行走。

（4）模板支撑和拆卸时的悬空作业，必须遵守下列规定：

1）支模应按规定的作业程序进行，模板未固定前不得进行下一道工序。严禁在连接件和支撑件上攀登上下，并严禁在上下同一垂直面上装、拆模板。结构复杂的模板，装、拆应严格按照施工组织设计的措施进行。

2）支设高度在3m以上的柱模板，四周应设斜撑，并应设立操作平台。低于3m的可使用马凳操作。

3）支设悬挑形式的模板时，应有稳固的立足点。支设临空构筑物模板时，应搭设支架或脚手架。模板上有预留洞时，应在安装后将洞盖没。混凝土板上拆模后形成的临边或洞口，按前面临边和"四口"防护措施进行防护。

拆模高处作业，应配置登高用具或搭设支架。

（5）钢筋绑扎时的悬空作业，必须遵守下列规定：

1）绑扎圈梁、挑梁、挑檐、外墙和边柱等钢筋时，应搭设操作台和张挂安全网。

2）绑扎钢筋和安装钢筋骨架时，必须搭设脚手架和马道。

悬空大梁钢筋的绑扎，必须在满铺脚手板的支架或操作平台上操作。

3）绑扎立柱和墙体钢筋时，不得站在钢筋骨架上或攀登骨架上下。3m以内的柱钢筋，可在地面或楼面上绑扎，整体竖立。绑扎3m以上的柱钢筋，必须搭设操作平台。

（6）混凝土浇筑时的悬空作业，必须遵守下列规定：

1）浇筑离地2m以上框架、过梁、雨篷和小平台混凝土时，应设操作平台，不得直接站在模板或支撑件上操作。

2）浇筑拱形结构，应自两边拱脚对称地相向进行。浇筑储仓，下口应先行封闭，并搭设脚手架以防人员坠落。

3）特殊情况下如无可靠的安全设施，必须系好安全带并扣好保险钩，或架设安全网。

（7）进行预应力张拉的悬空作业时，必须遵守下列规定：

1）进行预应力张拉时，应搭设站立操作人员和设置张拉设备用的牢固可靠的脚手架或操作平台。

雨天张拉时，还应架设防雨篷。

2）预应力张拉区域应标示明显的安全标志，禁止非操作人员进入。张拉钢筋的两端必须设置挡板，挡板应距所张拉钢筋的端部 1.5m～2m，且应高出最上一组张拉钢筋 0.5m，其宽度应距张拉钢筋两外侧各不小于 1m。

3）孔道灌浆应按预应力张拉安全设施的有关规定进行。

（8）悬空进行门窗作业时，必须遵守下列规定：

1）安装门、窗、油漆及安装玻璃时，严禁操作人员站在檩子、阳台栏板上操作。门、窗临时固定，封填材料未达到强度或电焊时，严禁手拉门、窗进行攀登。

2）在高处外墙安装门、窗，无脚手时，应张挂安全网。无安全网时，操作人员应系好安全带，其保险钩应挂在操作人员上方的牢靠物件上。

3）进行各项窗口作业时，操作人员的重心应位于室内，不得在窗台上站立，必要时应系好安全带进行操作。

3.3.4　操作平台与交叉作业的安全防护

1. 操作平台

（1）移动式操作平台（见图 3-12），必须符合以下规定：

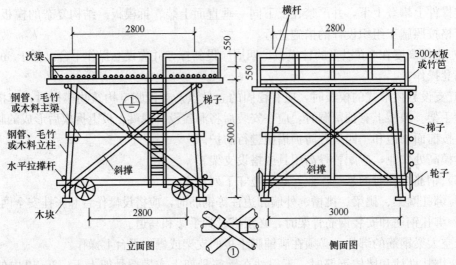

图 3-12　移动式操作平台

1）操作平台应由专业技术人员按现行的相应规范进行设计，计算书及图样应编入施工组织设计。

2）操作平台面积不应超过 $10m^2$，高度不应超过 5m。同时必须进行稳定计算，并采取措施减少立柱的长细比。

3）装设轮子的移动式操作平台，轮子与平台的接合处应牢固可靠，立杆底端离地面不得大于 80mm。

4）操作平台可采用 ϕ（48～51）×3.5mm 钢管以扣件连接，亦可采用门架式或承插式钢管脚手架部件，按产品要求进行组装。平台的次梁，间距不应大于 40cm；台面应满铺 3cm 厚的木板或竹笆。

5）操作平台四周必须按临边作业要求设置防护栏杆，并应布置登高扶梯。

（2）悬挑式钢平台（见图 3-13），必须符合以下规定：

1）悬挑式钢平台应按现行的相应规范进行设计，其结构构造应能防止左右晃动，计算书及图纸应编入施工组织设计。

2）悬挑式钢平台的搁支点与上部拉结点，必须位于建筑物上，不得设置在脚手架等施工设备上。

3）斜拉杆或钢丝绳，构造上宜两边各设置前后两道，两道中的每一道均应作单道受力计算。

4）应设置 4 个经过验算的吊环。吊运平台时应使用卡环，不得使吊钩直接钩挂吊环。吊环应用甲类 Q235 沸腾钢制作。

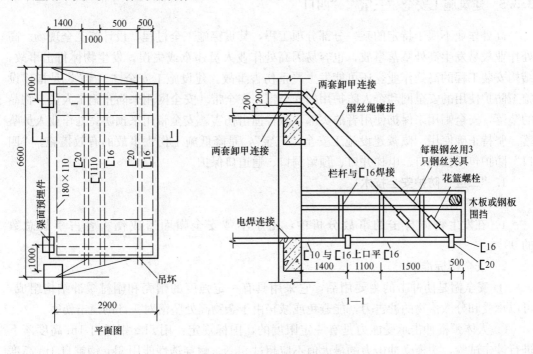

图 3-13　悬挑式钢平台（mm）

5）钢平台安装时，钢丝绳应采用专用的挂钩挂牢，采取其他方式时卡头的卡子不得少于 3 个。建筑物锐角利口围系钢丝绳处应加衬软垫物，钢平台外口应略高于内口。

6）钢平台左右两侧必须装置固定的防护栏杆。

7）钢平台吊装，需待横梁支撑点电焊固定，接好钢丝绳，调整完毕，经过检查验收，方可松卸起重吊钩，上下操作。

8）钢平台使用时，应有专人进行检查，发现钢丝绳有锈蚀损坏应及时调换，焊缝脱焊应及时修复。

（3）操作平台上应显著地标明容许荷载值。操作平台上人员和物料的总重量，严禁超过设计的容许荷载。应配备专人加以监督。

2. 交叉作业

（1）支模、砌墙、粉刷等各工种进行上下立体交叉作业时，不得在同一垂直方向上下同时操作。下层作业的位置，必须处于依上层高度确定的可能坠落范围半径之外。不符合以上条件时，应设置安全防护层。

（2）钢模板、脚手架等拆除时，下方不得有其他操作人员。

（3）钢模板部件拆除后，临时堆放处离楼层边沿不应小于1m，堆放高度不得超过1m。楼层边口、通道口、脚手架边缘等处，严禁堆放任何拆下物件。

（4）结构施工自二层起，凡人员进出的通道口（包括井架、施工用电梯的进出通道口），均应搭设安全防护棚。高度超过24m的层次上的交叉作业，应设双层防护棚。

（5）由于上方施工可能坠落物件以及处于起重机把杆回转范围之内的通道，在其受影响的范围内，必须搭设顶部能防止穿透的双层防护棚。

3.3.5 建筑施工安全"三宝"、"四口"

高处作业不属于特定的某一分部分项工程，其贯穿施工全过程，设计施工全现场。高处作业极易发生高处坠落事故，也容易因高处作业人员违章或失误，发生物体打击事故，结构安装工程的高处作业，还可能发生严重伤害事故。建设施工安全"三宝"，是指建设施工防护使用的安全网和个人防护用的安全帽、安全带。安全网用来防止施工人员、物品的坠落，安全帽用来保护使用者的头部，减轻撞击伤害，安全带用来预防高处作业人员坠落。坚持正确使用、佩戴建设施工安全"三宝"，是降低施工伤亡事故的有效措施。"四口"防护包括楼梯口、电梯井口、预留洞口、通道口保护。

1. "三宝"防护安全技术

（1）安全帽

1）在发生物体打击的事故分析中，由于不戴安全帽而造成伤害者占事故总数的90%。

2）安全帽标准

① 安全帽是防冲击的主要用品，它采用具有一定强度的帽壳和帽衬缓冲结构组成，可以承受和分散落物的冲击力，能避免或减轻由于杂物高处坠落对头部的撞击伤害。

② 人体颈椎冲击承受能力是有一定限度的，国标规定：用5kg钢锤自1m高度落下进行冲击试验，头模受冲击力的最大值不应超过5kN。耐穿透性能用3kg钢锥自1m高度落下进行试验，钢锥不得与头模接触。

③ 帽壳采用半球形，表面光滑，易于滑走落物。前部的帽舌尺寸为10mm～55mm，其余部分的帽檐尺寸为10mm～35mm。

④ 帽衬顶端至帽壳顶内面的垂直间距为20mm～25mm，帽衬至帽壳内侧面的水平间距为5mm～20mm。

⑤ 安全帽在保证承受冲击力的前提下，要求越轻越好，重量不应超过400g。

⑥ 每顶安全帽上都应标有：制造厂名称、商标、型号、制造年月。许可证编号。每顶安全帽出厂，必须有检验部门批量验证和工厂检查合格证。

3）戴安全帽时，必须系紧下颚系带，防止安全帽坠落失去防护作用。安全帽在冬季佩戴应在防寒帽外时，随头形大小调节紧牢帽箍，保留帽衬与帽壳之间有缓冲作用的空间。

（2）安全网

1）工程施工过程中，为防止落物和减少污染，必须采用密目式安全网对建筑物进行全封闭。

①外脚手架施工时，在落地式单排或双排脚手架的外排杆内侧，应随脚手架的升高用密目网封闭。

②里脚手架施工时，在建筑物外侧距离 10cm 搭设单排脚手架，随建筑物升高用密目网封闭。当防护架距离建筑物距离较大时，应同时做好脚手架与建筑物每层之间的水平防护。

③当采用升降脚手架或悬挑脚手架施工时，除用密目网将升降脚手架或悬挑脚手架进行封闭以外，还应对下部暴露出的建筑物门窗等孔洞及框架柱之间的临边，根据临边防护的标准进行防护。

2）密目式安全立网标准

①密目式安全网用于立网，网目密度不应低于 2000 目/100cm²。

②冲击试验。用长 6m、宽 1.8m 的密目网，紧绷在刚性试验水平架上。将长 100cm、底面积 2800m²、重 100kg 的人形沙包一个，沙包方向为长边平行于密目网的长边，沙包位置为距网中心高度 1.5m 自由落下，网绳不断裂。

③耐贯穿性试验。用长 6m、宽 1.8m 的密目网，紧绑在与地面倾斜 30°的试验框架上，网面绷紧。将直径 48mm～50mm、重 5kg 的脚手管，距框架中心 3m 高度自由落下，钢管不贯穿为合格标准。

④每批安全网出厂前，都必须要有国家指定的监督检验部门批量验证和工厂检验合格证。

3）由于目前安全网厂家多，有些厂家不能保障产品质量，给安全生产带来隐患。为此，各地建筑安全监督部门应加强管理。

（3）安全带

1）安全带是主要用于防止人体坠落的防护用品。

2）安全带应正确悬挂，要求如下：

①架子工使用的安全带绳长应限定在 1.5m～2m。

②应做垂直悬挂，高挂低用较为安全。

③当做水平位置悬挂使用时，要注意摆动碰撞。

④不宜低挂高用。

⑤不应将绳打结使用，以免绳结受力剪断。

⑥不应将钩直接挂在不牢固物体或非金属墙上，防止绳被割断。

3）安全带标准：

①冲击力的大小主要由人体体重和坠落距离而定，坠落距离与安全挂绳长度有关。使用 3m 以上长绳应加缓冲器。

②腰带和吊绳破断力不应低于 1.51kN。

③安全带的带体上应缝有永久字样的商标、合格证和检验证。合格证上应注明：产品名称、生产年月、拉力试验、冲击试验、制造厂名、检验员姓名。

④安全带一般使用五年应报废。使用两年后，按批量抽验，以 80kg 重量，做自由坠落试验，不破断为合格。

4）速差式自控器（可卷式安全带）使用要求：

① 速差式自控器是装有一定绳长的盒子，作业时可随意拉出绳索，坠落时凭速度的变化引起自控。

② 速差式自控器固定悬挂在作业点上方，操作者可将自控器内的绳索系在安全带上，自由拉出绳索使用，在一定位置上作业，工作完毕向上移动，绳索自行缩入自控器内。发生坠落时自控器受速度影响自控，对坠落者进行保护。

③ 速差式自控器在 1.5m 距离以内自控为合格。

2. "四口"防护安全技术

（1）楼梯口、电梯井口防护

1）《建筑施工高处作业安全技术规范》（JGJ 80—1991）规定：进行洞口作业以及因工程工序需要而产生的，使人与物有坠落危险或危及人身安全的其他洞口进行高处作业时，必须按规定设置防护设施。

2）梯口应设置防护栏杆；电梯井口除设置固定栅门处（门栅高度不低于 1.5m，网格的间距不应大于 15cm），还应在电梯井内每隔两层（不大于 10m）设置一道安全平网。平网内不能有杂物，网与井壁间隙不大于 10cm。当防护高度超过一个标准层时，不得采用脚手板等硬质材料做水平防护。

3）防护栏杆、防护栅门应符合规范规定，整齐牢固与现场规范化管理相适应。防护设施应安全可靠、整齐美观，能周转使用。

（2）预留洞口坑并防护

1）按照《建筑施工高处作业安全技术规范》（JGJ 80—1991）规定，对孔洞口（水平孔洞短边尺寸大于 25cm 的，竖向孔洞高度大于 75cm 的）都要进行防护。

2）各类洞口的防护具体做法，应针对洞口大小及作业条件在施工组织设计中分别进行设计规定，并在一个单位或在一个施工现场形成定型化。

3）较小的洞口可临时砌死或用定型盖板盖严；较大的洞口可采用贯穿于混凝土板内的钢筋构成防护网，上面满铺竹笆或脚手板；边长在 1.5m 以上的洞口，张挂安全平网并在四周设防护栏或按作业条件设计合理的防护措施。

（3）通道口防护

1）防护棚顶部材料可采用 5cm 厚小板或相当于 1.5cm 厚木板强度的其他材料，两侧应沿栏杆架用密目式安全立网封严。出入口处防护棚的长度应视建筑物的高度而定，符合坠落半径的尺寸要求。

建筑高度：$h=2m\sim5m$ 时，坠落半径 R 为 2m；

$h=5m\sim15m$ 时，坠落半径 R 为 3m；

$h=15m\sim30m$ 时，坠落半径 R 为 4m；

$h>30m$ 时，坠落半径 R 为 5m 以上。

2）防护棚上严禁堆放材料，若因场地狭小，防护棚兼做物料堆放架时，必须经计算确定，按设计图纸验收。

3）当使用竹笆等强度较低材料时，应采用双层防护棚，以对落物起到缓冲作用。

（4）阳台、楼板、屋面等临边防护

1）防护栏杆由上、下两道横杆及栏杆柱组成，上杆离地高度为 1.0m～1.2m。下杆离地高度为 0.5m～0.6m。横杆长度大于 2m 时，必须加设栏杆柱。

2）栏杆柱的固定及其与横杆连接，其整体构造应使防护栏杆在上杆任何处都能经受任何方向的 1000N 外力。

3）防护栏杆必须自上而下用密目网封闭，或在栏杆下边设置严密固定的高度不低于 18cm 的挡脚板。

4）当临边外侧临街道时，除设置防护栏杆外，敞口立面必须采取满挂密目网做全封闭处理。

3.4 施工现场临时用电安全

3.4.1 临时用电管理

1. 临时用电组织设计

施工现场临时用电施工组织设计是施工现场临时用电安装、架设、使用、维修和管理的重要依据，指导和帮助供、用电人员准确按照用电施工组织设计的具体要求和措施执行确保施工现场临时用电的安全性和科学性。

（1）施工现场临时用电设备在 5 台及以上或设备总容量在 50kW 及以上者，应编制用电组织设计。

（2）施工现场临时用电组织设计应包括下列内容：

1）现场勘测。

2）确定电源进线、变电所或配电室、配电装置、用电设备位置及线路走向。

3）进行负荷计算。

4）选择变压器。

5）设计配电系统。

① 设计配电线路，选择导线或电缆。

② 设计配电装置，选择电器。

③ 设计接地装置。

④ 绘制临时用电工程图纸，主要包括用电工程总平面图、配电装置布置图、配电系统接线图、接地装置设计图。

6）设计防雷装置。

7）确定防护措施。

8）制定安全用电措施和电气防火措施。

（3）临时用电工程图纸应单独绘制，临时用电工程应按图施工。

（4）临时用电组织设计及变更时，必须履行"编制、审核、批准"程序，由电气工程技术人员组织编制，经相关部门审核及具有法人资格企业的技术负责人批准后实施。变更用电组织设计时应补充有关图纸资料。

（5）临时用电工程必须经编制、审核、批准部门和使用单位共同验收，合格后方可投入使用。

2. 电工及用电人员

（1）电工必须经过按国家现行标准考核合格后，持证上岗工作；其他用电人员必须通过相关职业健康安全教育培训和技术交底，考核合格后方可上岗工作。

（2）安装、巡检、维修或拆除临时用电设备和线路，必须由电工完成，并应有人监护。电工等级应同工程的难易程度和技术复杂性相适应。

（3）各类用电人员应掌握安全用电基本知识和所用设备的性能，并应符合下列规定：

1）使用电气设备前必须按规定穿戴和配备好相应的劳动防护用品，并应检查电气装置和保护设施，严禁设备带"缺陷"运转。

2）保管和维护所用设备，发现问题及时报告解决。

3）暂时停用设备的开关箱必须分断电源隔离开关，并应关门上锁。

4）移动电气设备时，必须经电工切断电源并做妥善处理后进行。

3. 安全技术档案

（1）施工现场临时用电必须建立职业健康安全技术档案，并应包括下列内容：

1）用电组织设计的全部资料。单独编制的施工现场临时用电施工组织设计及相关的审批手续。

2）修改用电组织设计的资料。临时用电施工组织设计及变更时，必须履行"编制、审核、批准"程序，变更用电施工组织设计时应补充有关图纸资料。

3）用电技术交底资料。电气工程技术人员向安装、维修电工和各种用电设备人员分别贯彻交底的文字资料，包括总体意图、具体技术要求、安全用电技术措施和电气防火措施等文字资料。交底内容必须有针对性和完整性，并有交底人员的签名及日期。

4）用电工程检查验收表。

5）电气设备的试、检验凭单和调试记录。电气设备的调试、测试和检验资料，主要是设备绝缘和性能完好情况。

6）接地电阻、绝缘电阻和漏电保护器漏电动作参数测定记录表。接地电阻测定记录应包括电源变压器投入运行前其工作接地阻值和重复接地阻值。

7）定期检（复）查表。定期检查复查接地电阻值和绝缘电阻值的测定记录等。

8）电工安装、巡检、维修、拆除工作记录。电工维修等工作记录是反映电工日常电气维修工作情况的资料，应尽可能记载详细，包括时间、地点、设备、部位、维修内容、技术措施、处理结果等。对于事故维修还要做出分析提出改进意见。

（2）安全技术档案应由主管该现场的电气技术人员负责建立与管理。其中"电工安装、巡检、维修、拆除工作记录"可指定电工代管，每周由项目经理审核认可，并应在临时用电工程拆除后统一归档。

（3）临时用电工程应定期检查。定期检查时，应复查接地电阻值和绝缘电阻值。

（4）临时用电工程定期检查应按分部、分项工程进行，对安全隐患必须及时处理，并应履行复查验收手续。

3.4.2 外电线路及电气设备防护

1. 外电线路的防护

外电线路主要指不为施工现场专用的原来已经存在的高压或低压配电线路，外电线路一般为架空线路，个别现场也会遇到地下电缆。由于外电线路位置已经固定，所以施工过程中必须与外电线路保持一定安全距离，当因受现场作业条件限制达不到安全距离时，必须采取屏护措施，防止发生因碰触造成的触电事故。

（1）在建工程不得在外电架空线路正下方施工、建造生活设施、搭设作业棚或堆放构件、架具、材料及其他杂物等。

（2）在建工程（含脚手架）的周边与外电架空线路的边线之间的最小安全操作距离应符合表 3-6 规定。

在建工程（含脚手架）的周边与架空线路的边线之间的最小安全操作距离 表 3-6

外电线路电压等级（kV）	<1	1～10	35～110	225	330～500
最小安全操作距离（m）	4.0	6.0	8.0	10	15

注：上下脚手架的通道不宜设在有外电线路的一侧。

（3）施工现场的机动车道与外电架空线路交叉时，架空线路的最低点与路面的最小垂直距离应符合表 3-7 规定。

施工现场的机动车道与外电架空线路交叉时的最小垂直距离 表 3-7

外电线路电压等级（kV）	<1	1～10	35
最小垂直距离（m）	6.0	7.0	7.0

（4）起重机严禁越过无防护设施的外电架空线路作业。在外电架空线路附近吊装时，起重机的任何部位或被吊物边缘在最大偏斜时与架空线路边线的最小安全距离应符合表 3-8 规定。

起重机与架空线路边线的最小安全距离 表 3-8

方向 \ 电压（kV） 最小安全距离（m）	<1	10	35	110	220	330	500
沿垂直方向	1.5	3.0	4.0	5.0	6.0	7.0	8.5
沿水平方向	1.5	2.0	3.5	4.0	6.0	7.0	8.5

（5）施工现场开挖沟槽边缘与外电埋地电缆沟槽边缘之间的距离不得小于 0.5m。

（6）当达不到上述（2）～（4）条中的规定时，必须采取绝缘隔离防护措施，并应悬挂醒目的警告标志。

架设防护设施时，必须经有关部门批准，采用线路暂时停电或其他可靠的安全技术措施，并应有电气工程技术人员和专职安全人员监护。

防护设施与外电线路之间的安全距离不应小于表 3-9 所列数值。

防护设施与外电线路之间的最小安全距离 表 3-9

外电线路电压等级（kV）	≤10	35	110	220	330	500
最小安全距离（m）	1.7	2.0	2.5	4.0	5.0	6.0

防护设施应坚固、稳定，且对外电线路的隔离防护应达到 IP30 级。

（7）在外电架空线路附近开挖沟槽时，必须会同有关部门采取加固措施，防止外电架空线路电杆倾斜、悬倒。

2. 电气设备防护

（1）电气设备现场周围不得存放易燃易爆物、污源和腐蚀介质，否则应予清除或做防护处置，其防护等级必须与环境条件相适应。

（2）电气设备设置场所应能避免物体打击和机械损伤，否则应做防护处置。

3.4.3　接地与防雷

1. 一般规定

（1）在施工现场专用变压器的供电的 TN-S 接零保护系统中，电气设备的金属外壳必须与保护零线连接。保护零线应由工作接地线、配电室（总配电箱）电源侧零线或总漏电保护器电源侧零线处引出（图 3-14）。

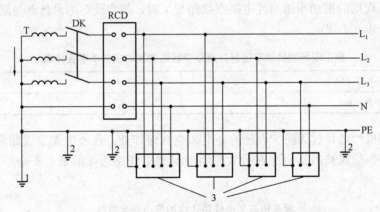

图 3-14　专用变压器供电时 TN-S 接零保护系统示意

1—工作接地；2—PE 重复接地；3—电器设备金属外壳（正常不带电的外露可导电部分）；L_1、L_2、L_3—相线；N—工作零线；PE—保护零线；DK—总电源隔离开关；RCD—漏电保护器（兼有短路、过载、漏电保护功能的漏电断路器）；T—变压器

（2）当施工现场与外电线路共用同一供电系统时，电气设备的接地、接零保护应与原系统保持一致。不得一部分设备做保护接零，另一部分设备做保护接地。

采用 TN 系统做保护接零时，工作零线（N 线）必须通过总漏电保护器，保护零线（PE 线）必须由电源进线零线重复接地处或总漏电保护器电源侧零线处，引出形成局部 TN-S 接零保护系统（图 3-15）。

（3）在 TN 接零保护系统中，通过总漏电保护器的工作零线与保护零线之间不得再做电气连接。

（4）在 TN 接零保护系统中，PE 零线应单独敷设，重复接地线必须与 PE 线相连接，严禁与 N 线相连接。

（5）使用一次侧由 50V 以上电压的接零保护系统供电，二次侧为 50V 及以下电压的安全隔离变压器时，二次侧不得接地，并应将二次线路用绝缘管保护或采用橡皮护套软线。

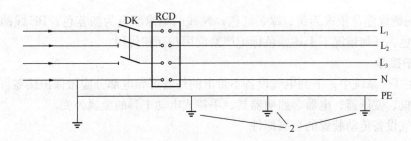

图 3-15 三相四线供电时局部 TN-S 接零保护系统保护零线引出示意

1—NPE 线重复接地；2—PE 重复接地；L_1、L_2、L_3—相线；N—工作零线；

PE—保护零线；DK—总电源隔离开关；RCD—漏电保护器（兼有短路、过载、

漏电保护功能的漏电断路器）

当采用普通隔离变压器时，其二次侧一端应接地，且变压器正常不带电的外露可导电部分应与一次回路保护零线相连接。

以上变压器尚应采取防直接接触带电体的保护措施。

（6）施工现场的临时用电电力系统严禁利用大地做相线或零线。

（7）接地装置的设置应考虑土壤干燥或冻结等季节变化的影响，并应符合表 3-10 的规定，接地电阻值在四季中均应符合《施工现场临时用电安全技术规范》（JGJ 46—2005）第 5.3 节的要求。但防雷装置的冲击接地电阻值只考虑在雷雨季节中土壤干燥状态的影响。

接地装置的季节系数 ϕ 值 表 3-10

埋深（m）	水平接地体	长 2～3m 的垂直接地体
0.5	1.4～1.8	1.2～1.4
0.8～1.0	1.25～1.45	1.15～1.3
2.5～3.0	1.0～1.1	1.0～1.1

注：大地比较干燥时，取表中较小值；比较潮湿时，取表中较大值。

（8）PE 线所用材质与相线、工作零线（N 线）相同时，其最小截面应符合表 3-11 的规定。

PE 线截面与相线截面的关系 表 3-11

相线芯线截面 S（mm²）	PE 线最小截面（mm²）
$S \leqslant 16$	5
$16 < S \leqslant 35$	16
$S > 35$	$S/2$

（9）保护零线必须采用绝缘导线。配电装置和电动机械相连接的 PE 线应为截面不小于 2.5mm² 的绝缘多股铜线。手持式电动工具的 PE 线应为截面不小于 1.5mm² 的绝缘多股铜线。

（10）PE 线上严禁装设开关或熔断器，严禁通过工作电流，且严禁断线。

（11）相线、N 线、PE 线的颜色标记必须符合以下规定：相线 L_1（A）、L_2（B）、L_3

（C）相序的绝缘颜色依次为黄、绿、红色；N 线的绝缘颜色为淡蓝色；PE 线的绝缘颜色为绿/黄双色。任何情况下上述颜色标记严禁混用和互相代用。

2. 保护接零

（1）在 TN 系统中，下列电气设备不带电的外露可导电部分应做保护接零：

1）电机、变压器、电器、照明器具、手持式电动工具的金属外壳。

2）电气设备传动装置的金属部件。

3）配电柜与控制柜的金属框架。

4）配电装置的金属箱体、框架及靠近带电部分的金属围栏和金属门。

5）电力线路的金属保护管、敷线的钢索、起重机的底座和轨道、滑升模板金属操作平台等。

6）安装在电力线路杆（塔）上的开关、电容器等电气装置的金属外壳及支架。

（2）城防、人防、隧道等潮湿或条件特别恶劣施工现场的电气设备必须采用保护接零。

（3）在 TN 系统中，下列电气设备不带电的外露可导电部分，可不做保护接零：

1）在木质、沥青等不良导电地坪的干燥房间内，交流电压 380V 及以下的电气装置金属外壳（当维修人员可能同时触及电气设备金属外壳和接地金属物件时除外）。

2）安装在配电柜、控制柜金属框架和配电箱的金属箱体上，且与其可靠电气连接的电气测量仪表、电流互感器、电器的金属外壳。

3. 接地与接地电阻

（1）单台容量超过 100kVA 或使用同一接地装置并联运行且总容量超过 100kVA 的电力变压器或发电机的工作接地电阻值不得大于 4Ω。

单台容量不超过 100kVA 或使用同一接地装置并联运行且总容量不超过 100kVA 的电力变压器或发电机的工作接地电阻值不得大于 10Ω。

在土壤电阻率大于 1000Ω·m 的地区，当达到接地电阻值有困难时，工作接地电阻值可提高到 30Ω。

（2）TN 系统中的保护零线除必须在配电室或总配电箱处做重复接地外，还必须在配电系统的中间处和末端处做重复接地。

在 TN 系统中，保护零线每一处重复接地装置的接地电阻值不应大于 10Ω。在工作接地电阻值允许达到 10Ω 的电力系统中，所有重复接地的等效电阻值不应大于 10Ω。

（3）在 TN 系统中，严禁将单独敷设的工作零线再做重复接地。

（4）每一接地装置的接地线应采用 2 根及以上导体，在不同点与接地体做电气连接。不得采用铝导体做接地体或地下接地线。垂直接地体宜采用角钢、钢管或光面圆钢，不得采用螺纹钢。

接地可利用自然接地体，但应保证其电气连接和热稳定。

（5）移动式发电机供电的用电设备，其金属外壳或底座应与发电机电源的接地装置有可靠的电气连接。

（6）移动式发电机系统接地应符合电力变压器系统接地的要求。下列情况可不另做保护接零：

1）移动式发电机和用电设备固定在同一金属支架上，且不供给其他设备用电时。

2）不超过 2 台的用电设备由专用的移动式发电机供电，供、用电设备间距不超过 50m，且供、用电设备的金属外壳之间有可靠的电气连接时。

（7）在有静电的施工现场内，对集聚在机械设备上的静电应采取接地泄漏措施。每组专设的静电接地体的接地电阻值不应大于 100Ω，高土壤电阻率地区不应大于 1000Ω。

4. 防雷

（1）在土壤电阻率低于 200Ω·m 区域的电杆可不另设防雷接地装置，但在配电室的架空进线或出线处应将绝缘子铁脚与配电室的接地装置相连接。

（2）施工现场内的起重机、井字架、龙门架等机械设备，以及钢脚手架和正在施工的在建工程等的金属结构，当在相邻建筑物、构筑物等设施的防雷装置接闪器的保护范围以外时，应按表 3-12 规定安装防雷装置。

施工现场内机械设备及高架设施需安装防雷装置的规定　　表 3-12

地区年平均雷暴日（d）	机械设备高度（m）	地区年平均雷暴日（d）	机械设备高度（m）
≤15	≥50	≥40，<90	≥20
>15，<40	≥32	≥90 及雷害特别严重地区	≥12

当最高机械设备上避雷针（接闪器）的保护范围能覆盖其他设备，且又最后退出现场，则其他设备可不设防雷装置。

确定防雷装置接闪器的保护范围可采用《施工现场临时用电安全技术规范》（JGJ 46—2005）附录 B 的滚球法。

（3）机械设备或设施的防雷引下线可利用该设备或设施的金属结构体，但应保证电气连接。

（4）机械设备上的避雷针（接闪器）长度应为 1m～2m。塔式起重机可另设避雷针（接闪器）。

（5）安装避雷针（接闪器）的机械设备，所有固定的动力、控制、照明、信号及通信线路，应采用钢管敷设。钢管与该机械设备的金属结构体应做电气连接。

（6）施工现场内所有防雷装置的冲击接地电阻值不得大于 30Ω。

（7）做防雷接地机械上的电气设备，所连接的 PE 线必须同时做重复接地。同一台机械电气设备的重复接地和机械的防雷接地可共用同一接地体。但接地电阻应符合重复接地电阻值的要求。

3.4.4 配电室及自备电源

1. 配电室

（1）配电室应靠近电源，并应设在灰尘少、潮气少、振动小、无腐蚀介质、无易燃易爆物及道路畅通的地方。

（2）成列的配电柜和控制柜两端应与重复接地线及保护零线做电气连接。

（3）配电室和控制室应能自然通风，并应采取防止雨雪侵入和动物进入的措施。

（4）配电室布置应符合下列要求：

1）配电柜正面的操作通道宽度，单列布置或双列背对背布置不小于 1.5m，双列面对面布置不小于 2m。

2）配电柜后面的维护通道宽度，单列布置或双列面对面布置不小于 0.8m，双列背对背布置不小于 1.5m，个别地点有建筑物结构凸出的地方，则此点通道宽度可减少 0.2m。

3）配电柜侧面的维护通道宽度不小于 1m。

4）配电室的顶棚与地面的距离不低于 3m。

5）配电室内设置值班或检修室时，该室边缘距配电柜的水平距离大于 1m，并采取屏障隔离。

6）配电室内的裸母线与地面垂直距离小于 2.5m 时，采用遮拦隔离，遮拦下面通道的高度不小于 1.9m。

7）配电室围栏上端与其正上方带电部分的净距不小于 0.075m。

8）配电装置的上端距顶棚不小于 0.5m。

9）配电室内的母线涂刷有色油漆，以标志相序；以柜正面方向为基准，其涂色见表 3-13 规定。

母　线　涂　色　　　　　　　　　　　　表 3-13

相别	颜色	垂直排列	水平排列	引下排列
L₁（A）	黄	上	后	左
L₂（B）	绿	中	中	中
L₃（C）	红	下	前	右
N	淡蓝	—	—	—

10）配电室的建筑物和构筑物的耐火等级不低于 3 级，室内配置砂箱和可用于扑灭电器火灾的灭火器。

11）配电室的门应向外开，并配锁。

12）配电室的照明分别设置正常照明和事故照明。

（5）配电柜应装设电度表，并应装设电流、电压表。电流表与计费电度表不得共用一组电流互感器。

（6）配电柜应装设电源隔离开关及短路、过载、漏电保护电器。电源隔离开关分断时应有明显可见分断点。

（7）配电柜应编号，并应有用途标记。

（8）配电柜或配电线路停电维修时，应挂接地线，并应悬挂"禁止合闸、有人工作"停电标志牌。停送电必须由专人负责。

（9）配电室应保持整洁，不得堆放任何妨碍操作、维修的杂物。

2. 230/400V 自备发电机组

（1）发电机组及其控制、配电、修理室等可分开设置；在保证电气安全距离和满足防火要求情况下可合并设置。

（2）发电机组的排烟管道必须伸出室外。发电机组及其控制、配电室内必须配置可用于扑灭电气火灾的灭火器，严禁存放贮油桶。

（3）发电机组电源必须与外电线路电源连锁，严禁并列运行。

（4）发电机组应采用电源中性点直接接地的三相四线制供电系统和独立设置 TN-S 接零保护系统，其工作接地电阻值应符合《施工现场临时用电安全技术规范》（JGJ 46—

2005)第5.3.1条要求。

（5）发电机控制屏宜装设下列仪表：

1）交流电压表。

2）交流电流表。

3）有功功率表。

4）电度表。

5）功率因数表。

6）频率表。

7）直流电流表。

（6）发电机供电系统应设置电源隔离开关及短路、过载、漏电保护电器。电源隔离开关分断时应有明显可见分断点。

（7）发电机组并列运行时，必须装设同期装置，并在机组同步运行后再向负载供电。

3.4.5 配电线路

施工现场的配电线路一般可分为室外和室内配电线路。室外配电线路又可分为架空配电线路和电缆配电线路。

1. 架空线路的敷设

（1）架空线必须采用绝缘导线。

（2）架空线必须架设在专用电杆上，严禁架设在树木、脚手架及其他设施上。

（3）架空线导线截面的选择应符合下列要求：

1）导线中的计算负荷电流不大于其长期连续负荷允许载流量。

2）线路末端电压偏移不大于其额定电压的5%。

3）三相四线制线路的N线和PE线截面不小于相线截面的50%，单相线路的零线截面与相线截面相同。

4）按机械强度要求，绝缘铜线截面不小于10mm²，绝缘铝线截面不小于16mm²。

5）在跨越铁路、公路、河流、电力线路档距内，绝缘铜线截面不小于16mm²，绝缘铝线截面不小于25mm²。

（4）架空线在一个档距内，每层导线的接头数不得超过该层导线条数的50%，且一条导线应只有一个接头。

在跨越铁路、公路、河流、电力线路档距内，架空线不得有接头。

（5）架空线路相序排列应符合下列规定：

1）动力、照明线在同一横担上架设时，导线相序排列是：面向负荷从左侧起依次为L_1、N、L_2、L_3、PE。

2）动力、照明线在二层横担上分别架设时，导线相序排列是：上层横担面向负荷从左侧起依次为L_1、L_2、L_3。下层横担面向负荷从左侧起依次为L_1（L_2、L_3）、N、PE。

（6）架空线路的档距不得大于35m。

（7）架空线路的线间距不得小于0.3m，靠近电杆的两导线的间距不得小于0.5m。

（8）架空线路横担间的最小垂直距离不得小于表3-14所列数值。横担宜采用角钢或方木，低压铁横担角钢应按表3-15选用，方木横担截面应按80mm×80mm选用。横担长度应按表3-16选用。

横担间的最小垂直距离（m）　　　　　表3-14

排列方式	直线杆	分支或转角杆
高压与低压	1.2	1.0
低压与低压	0.6	0.3

低压铁横担角钢选用　　　　　表3-15

导线截面（mm²）	直线杆	分支或转角杆	
		二线及三线	四线及以上
16 25 35 50	L50×5	2×L50×5	2×L63×5
70 95 120	L63×5	2×L63×5	2×L70×6

横担长度选用（m）　　　　　表3-16

二线	三线、四线	五线
0.7	1.5	1.8

（9）架空线路与邻近线路或固定物的距离应符合表3-17的规定。

架空线路与邻近线路或固定物的距离　　　　　表3-17

项目	距离类别				
最小净空距离（m）	架空线路的过引线、接下线与邻线	架空线与架空线电杆外缘		架空线与摆动最大时树梢	
	0.13	0.05		0.50	
最小垂直距离（m）	架空线同杆架设下方的通信、广播线路	架空线最大弧垂与地面		架空线最大弧垂与暂设工程顶端	架空线与邻近电力线路交叉
		施工现场	机动车道	铁路轨道		1kV以下	1~10kV
	1.0	4.0	6.0	7.5	2.5	1.2	2.5
最小水平距离（m）	架空线电杆与路基边缘	架空线电杆与铁路轨道边缘		架空线边线与建筑物凸出部分	
	1.0	杆高（m）+3.0		1.0	

（10）架空线路宜采用钢筋混凝土杆或木杆。钢筋混凝土杆不得有露筋、宽度大于0.4mm的裂纹和扭曲。木杆不得腐朽，其梢径不应小于140mm。

（11）电杆埋设深度宜为杆长的1/10加0.6m，回填土应分层夯实。在松软土质处宜加大埋入深度或采用卡盘等加固。

（12）直线杆和15°以下的转角杆，可采用单横担单绝缘子，但跨越机动车道时应采用单横担双绝缘子；15°～45°的转角杆应采用双横担双绝缘子；45°以上的转角杆，应采用十字横担。

（13）架空线路绝缘子应按下列原则选择：

1）直线杆采用针式绝缘子。

2）耐张杆采用蝶式绝缘子。

（14）电杆的拉线宜采用不少于 3 根 $D4.0mm$ 的镀锌钢丝。拉线与电杆的夹角应在 30°～45°之间。拉线埋设深度不得小于 1m。电杆拉线如从导线之间穿过，应在高于地面 2.5m 处装设拉线绝缘子。

（15）因受地形环境限制不能装设拉线时，可采用撑杆代替拉线，撑杆埋设深度不得小于 0.8m，其底部应垫底盘或石块。撑杆与电杆之间的夹角宜为 30°。

（16）接户线在档距内不得有接头，进线处离地高度不得小于 2.5m。接户线最小截面应符合表 3-18 规定。接户线线间及与邻近线路间的距离应符合表 3-19 的要求。

接线户的最小截面　　　　　　　　　　　　表 3-18

接户线架设方式	接户线长度（m）	接户线截面（mm²）	
		铜线	铝线
架空或沿墙敷设	10～25	6.0	10.0
	≤10	4.0	6.0

接户线线间及邻近线路间的距离　　　　　　表 3-19

接户线架设方式	接户线档距（m）	接户线线间距离（mm）
架空敷设	≤25	150
	>25	200
沿墙敷设	≤6	100
	>6	150
架空接户线与广播电话线交叉时的距离（mm）		接户线在上部，600 接户线在下部，300
架空或沿墙敷设的接户线零线和相线交叉时的距离（mm）		100

（17）架空线路必须有短路保护。

采用熔断器做短路保护时，其熔体额定电流不应大于明敷绝缘导线长期连续负荷允许载流量的 1.5 倍。

采用断路器做短路保护时，其瞬动过流脱扣器脱扣电流整定值应小于线路末段单相短路电流。

（18）架空线路必须有过载保护。采用熔断器或断路器做过载保护时，绝缘导线长期连续负荷允许载流量不应小于熔断器熔体额定电流或断路器长延时过流脱扣器脱扣电流整定值的 1.25 倍。

2. 电缆线路的敷设

（1）电缆中必须包含全部工作芯线和用作保护零线或保护线的芯线。需要三相四线制配电的电缆线路必须采用五芯电缆。

五芯电缆必须包含淡蓝、绿/黄二种颜色绝缘芯线。淡蓝色芯线必须用作 N 线。绿/黄双色芯线必须用作 PE 线，严禁混用。

(2) 电缆截面的选择应符合《施工现场临时用电安全技术规范》(JGJ 46—2005) 第 7.1.3 条 1、2、3 款的规定，根据其长期连续负荷允许载流量和允许电压偏移确定。

(3) 电缆线路应采用埋地或架空敷设，严禁沿地面明设，并应避免机械损伤和介质腐蚀。埋地电缆路径应设方位标志。

(4) 电缆类型应根据敷设方式、环境条件选择。埋地敷设宜选用铠装电缆。当选用无铠装电缆时，应能防水、防腐。架空敷设宜选用无铠装电缆。

(5) 电缆直接埋地敷设的深度不应小于 0.7m，并应在电缆紧邻上、下、左、右侧均匀敷设不小于 50mm 厚的细砂，然后覆盖砖或混凝土板等硬质保护层。

(6) 埋地电缆在穿越建筑物、构筑物、道路、易受机械损伤、介质腐蚀场所及引出地面从 2.0m 高到地下 0.2m 处，必须加设防护套管，防护套管内径不应小于电缆外径的 1.5 倍。

(7) 埋地电缆与其附近外电电缆和管沟的平行间距不得小于 2m，交叉间距不得小于 1m。

(8) 埋地电缆的接头应设在地面上的接线盒内，接线盒应能防水、防尘、防机械损伤，并应远离易燃、易爆、易腐蚀场所。

(9) 架空电缆应沿电杆、支架或墙壁敷设，并采用绝缘子固定，绑扎线必须采用绝缘线，固定点间距应保证电缆能承受自重所带来的荷载，敷设高度应符合《施工现场临时用电安全技术规范》(JGJ 46—2005) 第 7.1 节架空线路敷设高度的要求，但沿墙壁敷设时最大弧垂距地不得小于 2.0m。

架空电缆严禁沿脚手架、树木或其他设施敷设。

(10) 在建工程内的电缆线路必须采用电缆埋地引入，严禁穿越脚手架引入。电缆垂直敷设应充分利用在建工程的竖井、垂直孔洞等，并宜靠近用电负荷中心，固定点每楼层不得少于一处。电缆水平敷设宜沿墙或门口刚性固定，最大弧垂距地不得小于 2.0m。

装饰装修工程或其他特殊阶段，应补充编制单项施工用电方案。电源线可沿墙角、地面敷设，但应采取防机械损伤和电火措施。

(11) 电缆线路必须有短路保护和过载保护，短路保护和过载保护电器与电缆的选配应符合 1. 中 (17) 和 (18) 要求。

3. 室内配电线路

(1) 室内配线必须采用绝缘导线或电缆。

(2) 室内配线应根据配线类型采用瓷瓶、瓷 (塑料) 夹、嵌绝缘槽、穿管或钢索敷设。

潮湿场所或埋地非电缆配线必须穿管敷设，管口和管接头应密封。当采用金属管敷设，金属管必须做等电位连接，且必须与 PE 线相连接。

(3) 室内非埋地明敷主干线距地面高度不得小于 2.5m。

(4) 架空进户线的室外端应采用绝缘子固定，过墙处应穿管保护，距地面高度不得小于 2.5m，并应采取防雨措施。

(5) 室内配线所用导线或电缆的截面应根据用电设备或线路的计算负荷确定，但铜线截面积不应小于 1.5mm^2，铝线截面积不应小于 2.5mm^2。

（6）钢索配线的吊架间距不宜大于 12m。采用瓷夹固定导线时，导线间距不应小于 35mm，瓷夹间距不应大于 800mm，采用瓷瓶固定导线时，导线间距不应小于 100mm，瓷瓶间距不应大于 1.5m。采用护套绝缘导线或电缆时，可直接敷设于钢索上。

（7）室内配线必须有短路保护和过载保护，短路保护和过载保护电器与绝缘导线、电缆的选配应符合上述 1. 中（17）和（18）条要求。对穿管敷设的绝缘导线线路，其短路保护熔断器的熔体额定电流不应大于穿管绝缘导线长期连续负荷允许载流量的 2.5 倍。

3.4.6　配电箱及开关箱

施工现场的配电箱是电源与用电设备之间的中枢环节，而开关箱是配电系统的末端，是用电设备的直接控制装置，它们的设置和运用直接影响着施工现场的用电安全。

1. 配电箱及开关箱的设置

（1）配电系统应设置配电柜或总配电箱、分配电箱、开关箱，实行三级配电。

配电系统宜使三相负荷平衡。220V 或 380V 单相用电设备宜接入 220/380V 三相四线系统；当单相照明线路电流大于 30A 时，宜采用 220/380V 三相四线制供电。

室内配电柜的设置应符合《施工现场临时用电安全技术规范》（JGJ 46—2005）第 6.1 节的规定。

（2）总配电箱以下可设若干分配电箱；分配电箱以下可设若干开关箱。

总配电箱应设在靠近电源的区域，分配电箱宜设在用电设备或负荷相对集中的区域，分配电箱与开关箱的距离不得超过 30m，开关箱与其控制的固定式用电设备的水平距离不宜超过 3m。

（3）每台用电设备必须有各自专用的开关箱。严禁用同一个开关箱直接控制 2 台及 2 台以上用电设备（含插座）。

（4）动力配电箱与照明配电箱宜分别设置。当合并设置为同一配电箱时，动力和照明应分路配电；动力开关箱与照明开关箱必须分设。

（5）配电箱、开关箱应装设在干燥、通风及常温场所，不得装设在有严重损伤作用的瓦斯、烟气、潮气及其他有害介质中，亦不得装设在易受外来固体物撞击、强烈振动、液体喷溅及热源烘烤场所。否则，应予清除或做防护处理。

（6）配电箱、开关箱周围应有足够 2 人同时工作的空间和通道，不得堆放任何妨碍操作、维修的物品，不得有灌木、杂草。

（7）配电箱、开关箱应采用冷轧钢板或阻燃绝缘材料制作，钢板厚度应为 1.2mm～2.0mm，其开关箱箱体钢板厚度不得小于 1.2mm，配电箱箱体钢板厚度不得小于 1.5mm，箱体表面应做防腐处理。

（8）配电箱、开关箱应装设端正、牢固。固定式配电箱、开关箱的中心点与地面的垂直距离应为 1.4m～1.6m。移动式配电箱、开关箱应装设在坚固、稳定的支架上。其中心点与地面的垂直距离宜为 0.8m～1.6m。

（9）配电箱、开关箱内的电器（含插座）应先安装在金属或非木质阻燃绝缘电器安装板上，然后方可整体紧固在配电箱、开关箱箱体内。

金属电器安装板与金属箱体应做电气连接。

（10）配电箱、开关箱内的电器（含插座）应按其规定位置紧固在电器安装板上，不得歪斜和松动。

（11）配电箱的电器安装板上必须分设 N 线端子板和 PE 线端子板。N 线端子板必须与金属电器安装板绝缘；PE 线端子板必须与金属电器安装板做电气连接。

进出线中的 N 线必须通过 N 线端子板连接；PE 线必须通过 PE 线端子板连接。

（12）配电箱，开关箱内的连接线必须采用铜芯绝缘导线。导线绝缘的颜色标志应按《施工现场临时用电安全技术规范》（JGJ 46—2005）第 5.1.11 条要求配置并排列整齐；导线分支接头不得采用螺栓压接，应采用焊接并做绝缘包扎，不得有外露带电部分。

（13）配电箱、开关箱的金属箱体、金属电器安装板以及电器正常不带电的金属底座、外壳等必须通过 PE 线端子板与 PE 线做电气连接，金属箱门与金属箱体必须通过采用编织软铜线做电气连接。

（14）配电箱、开关箱的箱体尺寸应与箱内电器的数量和尺寸相适应，箱内电器安装板板面电器安装尺寸可按照表 3-20 确定。

配电箱、开关箱内电器安装尺寸选择值 表 3-20

间距名称	最小净距（mm）
并列电器（含单极熔断器）间	30
电器进、出线瓷管（塑胶管）孔与电器边沿间	15A，30 20~30A，50 60A 及以上，80
上、下排电器进出线瓷管（塑胶管）孔间	25
电器进、出线瓷管（塑胶管）孔至板边	40
电器至板边	40

（15）配电箱、开关箱中导线的进线口和出线口应设在箱体的下底面。

（16）配电箱、开关箱的进、出线口应配置固定线卡，进出线应加绝缘护套并成束卡固在箱体上，不得与箱体直接接触。移动式配电箱、开关箱的进、出线应采用橡皮护套绝缘电缆，不得有接头。

（17）配电箱、开关箱外形结构应能防雨、防尘。

2. 电器装置的选择

（1）配电箱、开关箱内的电器必须可靠、完好，严禁使用破损、不合格的电器。

（2）总配电箱的电器应具备电源隔离，正常接通与分断电路，以及短路、过载、漏电保护功能。电器设置应符合下列原则。

1）当总路设置总漏电保护器时，还应装设总隔离开关、分路隔离开关以及总断路器、分路断路器或总熔断器、分路熔断器。当所设总漏电保护器是同时具备短路、过载、漏电保护功能的漏电断路器时，可不设总断路器或总熔断器。

2）当各分路设置分路漏电保护器时，还应装设总隔离开关、分路隔离开关以及总断路器、分路断路器或总熔断器、分路熔断器。当分路所设漏电保护器是同时具备短路、过载、漏电保护功能的漏电断路器时，可不设分路断路器或分路熔断器。

3）隔离开关应设置于电源进线端，应采用分断时具有可见分断点，并能同时断开电源所有极的隔离电器。如采用分断时具有可见分断点的断路器，可不另设隔离开关。

4）熔断器应选用具有可靠灭弧分断功能的产品。

5）总开关电器的额定值、动作整定应与分路开关电器的额定值、动作整定值相适应。

（3）总配电箱应装设电压表、总电流表、电度表及其他需要的仪表。专用电能计量仪表的装设应符合当地供用电管理部门的要求。

装设电流互感器时，其二次回路必须与保护零线有一个连接点，且严禁断开电路。

（4）分配电箱应装设总隔离开关、分路隔离开关以及总断路器、分路断路器或总熔断器、分路熔断器。其设置和选择应符合《施工现场临时用电安全技术规范》（JGJ 46—2005）要求。

（5）开关箱必须装设隔离开关、断路器或熔断器，以及漏电保护器。当漏电保护器是同时具有短路、过载、漏电保护功能的漏电断路器时，可不装设断路器或熔断器。隔离开关应采用分断时具有可见分断点，能同时断开电源所有极的隔离电器，并应设置于电源进线端。当断路器是具有可见分断点时，可不另设隔离开关。

（6）开关箱中的隔离开关只可直接控制照明电路和容量不大于 3.0kW 的动力电路，但不应频繁操作。容量大于 3.0kW 的动力电路应采用断路器控制，操作频繁时还应附设接触器或其他启动控制装置。

（7）开关箱中各种开关电器的额定值和动作整定值应与其控制用电设备的额定值和特性相适应。通用电动机开关箱中电器的规格可按《施工现场临时用电安全技术规范》（JGJ 46—2005）的附录 C 选配。

（8）漏电保护器应装设在总配电箱、开关箱靠近负荷的一侧，且不得用于启动电气设备的操作。

（9）漏电保护器的选择应符合现行国家标准《剩余电流动作保护器的一般要求》（GB/Z 6829—2008）和《剩余电流动作保护装置安装和运行》（GB 13955—2005）的规定。

（10）开关箱中漏电保护器的额定漏电动作电流不应大于 30mA，额定漏电动作时间不应大于 0.1s。

使用于潮湿或有腐蚀介质场所的漏电保护器应采用防溅型产品，其额定漏电动作电流不应大于 15mA，额定漏电动作时间不应大于 0.1s。

（11）总配电箱中漏电保护器的额定漏电动作电流应大于 30mA，额定漏电动作时间应大于 0.1s，但其额定漏电动作电流与额定漏电动作时间的乘积不应大于 30mA·s。

（12）总配电箱和开关箱中漏电保护器的极数和线数必须与其负荷侧负荷的相数和线数一致。

（13）配电箱、开关箱中的漏电保护器宜选用无辅助电源型（电磁式）产品，或选用辅助电源故障时能自动断开的辅助电源型（电子式）产品。当选用辅助电源故障时不能自动断开的辅助电源型（电子式）产品时，应同时设置缺相保护。

（14）漏电保护器应按产品说明书安装、使用。对搁置已久重新使用或连续使用的漏电保护器应逐月检测其特性，发现问题应及时修理或更换。

漏电保护器的正确使用接线方法应按图 3-16 选用。

（15）配电箱、开关箱的电源进线端严禁采用插头和插座做活动连接。

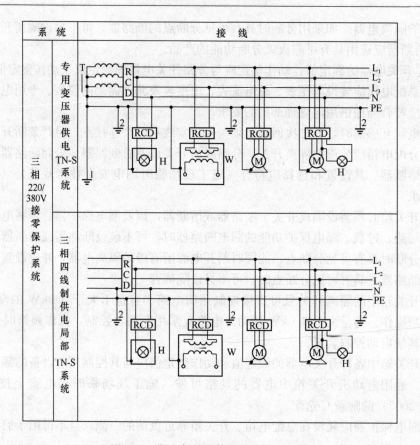

图 3-16　漏电保护器使用接线方法示意

L_1、L_2、L_3—相线；N—工作零线；PE—保护零线，保护线；1—工作接地；2—重复接地；

T—变压线；RCD—漏电保护器；H—照明器；W—电焊机；M—电动机

3. 使用与维护

（1）配电箱、开关箱应有名称、用途、分路标记及系统接线图。

（2）配电箱、开关箱箱门应配锁，并应由专人负责。

（3）配电箱、开关箱应定期检查、维修。检查、维修人员必须是专业电工。检查、维修时必须按规定穿、戴绝缘鞋、手套，必须使用电工绝缘工具，并应做检查、维修工作记录。

（4）对配电箱、开关箱进行定期维修、检查时，必须将其前一级相应的电源隔离开关分闸断电。并悬挂"禁止合闸、有人工作"停电标志牌，严禁带电作业。

（5）配电箱、开关箱必须按照下列顺序操作：

1）送电操作顺序为：总配电箱→分配电箱→开关箱。

2）停电操作顺序为：开关箱→分配电箱→总配电箱。

但出现电气故障的紧急情况可除外。

（6）施工现场停止作业 1 小时以上时，应将动力开关箱断电上锁。

（7）开关箱的操作人员必须符合《施工现场临时用电安全技术规范》（JGJ 46—2005）第 3.2.3 条规定。

（8）配电箱、开关箱内不得放置任何杂物，并应保持整洁。

（9）配电箱、开关箱内不得随意挂接其他用电设备。

（10）配电箱、开关箱内的电器配置和接线严禁随意改动。

熔断器的熔体更换时，严禁采用不符合原规格的熔体代替。漏电保护器每天使用前应启动漏电试验按钮试跳一次，试跳不正常时严禁继续使用。

（11）配电箱、开关箱的进线和出线严禁承受外力，严禁与金属尖锐断口、强腐蚀介质和易燃易爆物接触。

3.4.7 电动建筑机械和手持式电动工具

施工现场的电动建筑机械和手持电动工具主要有起重机械、施工电梯、混凝土搅拌机、蛙式打夯机、焊机、手电钻等，这些用电设备在使用过程中容易发生导致人体触电的事故。常见的有起重机械施工中碰触电力线路，造成断路、线路漏电；设备绝缘老化、破损、受潮造成设备金属外壳漏电等，因此必须加强施工现场用电设备的用电安全管理，消除触电事故隐患。

1. 一般规定

（1）施工现场中电动建筑机械和手持式电动工具的选购、使用、检查和维修应遵守下列规定：

1）选购的电动建筑机械、手持式电动工具及其用电安全装置符合相应的国家现行有关强制性标准的规定，且具有产品合格证和使用说明书。

2）建立和执行专人专机负责制，并定期检查和维修保养。

3）接地和漏电保护符合要求，运行时产生振动的设备的金属基座、外壳与 PE 线的连接点不少于 2 处。

4）按使用说明书使用、检查、维修。

（2）塔式起重机、外用电梯、滑升模板的金属操作平台及需要设置避雷装置的物料提升机，除应连接 PE 线外，还应做重复接地。设备的金属结构构件之间应保证电气连接。

（3）手持式电动工具中的塑料外壳Ⅱ类工具和一般场所手持式电动工具中的Ⅲ类工具可不连接 PE 线。

（4）电动建筑机械和手持式电动工具的负荷线应按其计算负荷选用无接头的橡胶护套铜芯软电缆。

电缆芯线数应根据负荷及其控制电器的相数和线数确定：三相四线时，应选用五芯电缆。三相三线时，应选用四芯电缆。当三相用电设备中配置有单相用电器具时，应选用五芯电缆。单相二线时，应选用三芯电缆。其中 PE 线应采用绿/黄双色绝缘导线。

（5）每一台电动建筑机械或手持式电动工具的开关箱内，除应装设过载、短路、漏电保护电器外，还应装设隔离开关或具有可见分断点的断路器和控制装置。正、反向运转控制装置中的控制电器应采用接触器、继电器等自动控制电器，不得采用手动双向转换开关作为控制电器。

2. 起重机械

（1）塔式起重机的电气设备应符合现行国家标准《塔式起重机安全规程》（GB 5144—2006）中的要求。

（2）塔式起重机应按《施工现场临时用电安全技术规范》（JGJ 46—2005）第 5.4.7 条要求做重复接地和防雷接地。轨道式塔式起重机接地装置的设置应符合下列要求：

1）轨道两端各设一组接地装置。

2）轨道的接头处作电气连接，两条轨道端部做环形电气连接。

3）较长轨道每隔不大于 30m 加一组接地装置。

（3）塔式起重机与外电线路的安全距离应符合《施工现场临时用电安全技术规范》（JGJ 46—2005）第 4.1.4 条要求。

（4）轨道式塔式起重机的电缆不得拖地行走。

（5）需要夜间工作的塔式起重机，应设置正对工作面的投光灯。

（6）塔身高于 30m 的塔式起重机，应在塔顶和臂架端部设红色信号灯。

（7）在强电磁波附近工作的塔式起重机，操作人员应戴绝缘手套和穿绝缘鞋，或在吊钩吊装地面物体时，在吊钩上挂接临时接地装置。

（8）外用电梯梯笼内、外均应安装紧急停止开关。

（9）外用电梯和物料提升机的上、下极限位置应设置限位开关。

（10）外用电梯和物料提升机在每日工作前必须对行程开关、限位开关、紧急停止开关、驱动机构和制动器等进行空载检查，正常后方可使用。检查时必须有防坠落措施。

3．桩工机械

（1）潜水式钻孔机电机的密封性能应符合现行国家标准《外壳防护等级（IP 代码）》（GB 4208—2008）中 IP68 级的规定。

（2）潜水电动机的负荷线应采用防水橡胶护套铜芯软电缆，长度不应小于 1.5m，且不得承受外力。

（3）潜水式钻孔机开关箱中的漏电保护器，其额定漏电动作电流不应大于 15mA，额定漏电动作时间不应大于 0.1s。

4．夯土机械

（1）夯土机械开关箱中的漏电保护器，其额定漏电动作电流不应大于 15mA，额定漏电动作时间不应大于 0.1s。

（2）夯土机械 PE 线的连接点不得少于 2 处。

（3）夯土机械的负荷线应采用耐气候型橡胶护套铜芯软电缆。

（4）使用夯土机械必须按规定穿戴绝缘用品，使用过程应有专人调整电缆，电缆长度不应大于 50m。电缆严禁缠绕、扭结和被夯土机械跨越。

（5）多台夯土机械并列工作时，其间距不得小于 5m。前后工作时，其间距不得小于 10m。

（6）夯土机械的操作扶手必须绝缘。

5．焊接机械

（1）电焊机械应放置在防雨、干燥和通风良好的地方。焊接现场不得有易燃、易爆物品。

（2）交流弧焊机变压器的一次侧电源线长度不应大于 5m，其电源进线处必须设置防护罩。发电机式直流电焊机的换向器应经常检查和维护，应消除可能产生的异常电火花。

（3）电焊机械开关箱中的漏电保护器必须符合《施工现场临时用电安全技术规范》（JGJ 46—2005）第 8.2.10 条的要求，交流电焊机械应配装防二次侧触电保护器。

（4）电焊机械的二次线应采用防水橡胶护套铜芯软电缆，电缆长度不应大于 30m，不得采用金属构件或结构钢筋代替二次线的地线。

（5）使用电焊机械焊接时必须穿戴防护用品。严禁露天冒雨从事电焊作业。

6. 手持式电动工具

（1）空气湿度小于 75％的一般场所可选用Ⅰ类或Ⅱ类手持式电动工具，其金属外壳与 PE 线的连接点不得少于两处。额定漏电动作时间不应大于 0.1s，其负荷线插头应具备专用的保护触头。所用插座和插头在结构上应保持一致，避免导电触头和保护触头混用。

（2）在潮湿场所或金属构架上操作时，必须选用Ⅱ类或由安全隔离变压器供电的Ⅲ类手持式电动工具。金属外壳Ⅱ类手持式电动工具使用时，必须符合《施工现场临时用电安全技术规范》（JGJ 46—2005）第 9.6.1 条要求；其开关箱和控制箱应设置在作业场所外面。在潮湿场所或金属构架上严禁使用Ⅰ类手持式电动工具。

（3）狭窄场所必须选用由安全隔离变压器供电的Ⅲ类手持式电动工具，其开关箱和安全隔离变压器均应设置在狭窄场所外面，并连接 PE 线。漏电保护器的选择应符合《施工现场临时用电安全技术规范》（JGJ 46—2005）第 8.2.10 条使用于潮湿或有腐蚀介质场所漏电保护器的要求。操作过程中，应有人在外面监护。

（4）手持式电动工具的负荷线应采用耐气候型的橡胶护套铜芯软电缆，并不得有接头。

（5）手持式电动工具的外壳、手柄、插头、开关、负荷线等必须完好无损，使用前必须做绝缘检查和空载检查，在绝缘合格、空载运转正常后方可使用。绝缘电阻不应小于表 3-21 规定的数值。

手持式电动工具绝缘电阻限值 　　　　　　　　　　　　　　　　表 3-21

测量部位	绝缘电阻（MΩ）		
	Ⅰ类	Ⅱ类	Ⅲ类
带电零件与外壳之间	2	7	1

注：绝缘电阻用 500V 兆欧表测量。

（6）使用手持式电动工具时，必须按规定穿、戴绝缘防护用品。

7. 其他电动建筑机械

（1）混凝土搅拌机、插入式振动器、平板振动器、地面抹光机、水磨石机、钢筋加工机械、木工机械、盾构机械、水泵等设备的漏电保护应符合《施工现场临时用电安全技术规范》（JGJ 46—2005）第 8.2.10 条要求。

（2）混凝土搅拌机、插入式振动器、平板振动器、地面抹光机、水磨石机、钢筋加工机械、木工机械、盾构机械的负荷线必须采用耐气候型橡皮护套铜芯软电缆，并不得有任何破损和接头。

水泵的负荷线必须采用防水橡胶护套铜芯软电缆，严禁有任何破损和接头，并不得承受任何外力。

盾构机械的负荷线必须固定牢固，距地高度不得小于 2.5m。

（3）对混凝土搅拌机、钢筋加工机械、木工机械、盾构机械等设备进行清理、检查、维修时，必须首先将其开关箱分闸断电，呈现可见电源分断点，并关门上锁。

3.4.8 照明

1. 一般规定

（1）在坑、洞、井内作业、夜间施工或厂房、道路、仓库、办公室、食堂、宿舍、料具堆放场及自然采光差的场所,应设一般照明、局部照明或混合照明。

在一个工作场所内,不得只设局部照明。

停电后,操作人员需及时撤离的施工现场,必须装设自备电源的应急照明。

(2) 现场照明应采用高光效、长寿命的照明光源。对需大面积照明的场所,应采用高压汞灯或混光用的卤钨灯等。

(3) 照明器的选择必须按下列环境条件确定:

1) 正常湿度的一般场所,选用密闭型防水照明器。

2) 潮湿或特别潮湿的场所,选用密闭型防水照明器或配有防水灯头的开启式照明器。

3) 含有大量尘埃但无爆炸和火灾危险的场所,选用防尘型照明器。

4) 有爆炸和火灾危险的场所,按危险场所等级选用防爆型照明器。

5) 存在较强振动的场所,选用防振型照明器。

6) 有酸碱等强腐蚀介质的场所,采用耐酸碱型照明器。

(4) 照明器具和器材的质量应符合国家现行有关强制性标准的规定,不得使用绝缘老化或破损的器具和器材。

(5) 无自然采光的地下大空间施工场所,应编制单项照明用电方案。

2. 照明供电

(1) 一般场所宜选用额定电压为 220V 的照明器。

(2) 下列特殊场所应使用安全特低电压照明器:

1) 隧道、人防工程、高温、有导电灰尘、比较潮湿或灯具离地面高度低于 2.5m 等场所的照明,电源电压不应大于 36V。

2) 潮湿和易触及带电体场所的照明,电源电压不得大于 24V。

3) 特别潮湿的场所、导电良好的地面、锅炉或金属容器内的照明,电源电压不得大于 12V。

(3) 使用行灯应符合下列要求:

1) 电源电压不大于 36V。

2) 灯体与手柄应坚固、绝缘良好并耐热耐潮湿。

3) 灯头与灯体结合牢固,灯头无开关。

4) 灯泡外部有金属保护网。

5) 金属网、反光罩、悬吊挂钩固定在灯具的绝缘部位上。

(4) 远离电源的小面积工作场地、道路照明、警卫照明或额定电压为 12V～36V 照明的场所,其电压允许偏移值为额定电压值的 -10%～5%;其余场所电压允许偏移值为额定电压值的 ±5%。

(5) 照明变压器必须使用双绕组型安全隔离变压器,严禁使用自耦变压器。

(6) 照明系统宜使三相负荷平衡,其中每一个单相回路上,灯具和插座数量不宜超过 25 个,负荷电流不宜超过 15A。

(7) 携带式变压器的一次侧电源线应采用橡皮护套或塑料护套软电缆,中间不得有接头,长度不宜超过 3m,其中绿/黄双色线只可作 PE 线使用,电源插销应有保护触头。

(8) 工作零线截面应按下列规定选择:

1）单相二线及二相二线线路中，零线截面与相线截面相同。

2）三相四线制线路中，当照明器为白炽灯时，零线截面不小于相线截面的 50%；当照明器为气体放电灯时，零线截面按最大负载的电流选择。

3）在逐相切断的三相照明电路中，零线截面与最大负载相线截面相同。

3. 照明装置

（1）照明灯具的金属外壳必须与 PE 线相连接，照明开关箱内必须装设隔离开关、短路与过载保护器和漏电保护器。

（2）室外 220V 灯具距地面不得低于 3m，室内 220V 灯具距地面不得低于 2.5m。

普通灯具与易燃物距离不宜小于 300mm；聚光灯、碘钨灯等高热灯具与易燃物距离不宜小于 500mm，且不得直接照射易燃物。达不到规定安全距离时，应采取隔热措施。

（3）路灯的每个灯具应单独装设熔断器保护。灯头线应做防水弯。

（4）荧光灯管应采用管座固定或用吊链悬挂。荧光灯的镇流器不得安装在易燃的结构物上。

（5）碘钨灯及钠、铊、铟等金属卤化物灯具的安装高度宜在 3m 以上，灯线应固定在杆线上，不得靠近灯具表面。

（6）投光灯的底座应安装牢固，应按需要的光轴方向将枢轴拧紧固定。

（7）螺口灯头及其接线应符合下列要求：

1）灯头的绝缘外壳无损伤、无漏电。

2）相线接在与中心触头相连的一端，零线接在与螺纹口相连的一端。

（8）灯具内的接线必须牢固。灯具外的接线必须做可靠的防水绝缘包扎。

（9）暂设工程的照明灯具宜采用拉线开关控制。开关安装位置宜符合下列要求：

1）拉线开关距地面高度为 2m～3m，与出、入口的水平距离为 0.15m～0.2m。拉线的出口向下。

2）其他开关距地面高度为 1.3m，与出、入口的水平距离为 0.15m～0.2m。

（10）灯具的相线必须经开关控制，不得将相线直接引入灯具。

（11）对夜间影响飞机或车辆通行的在建工程及机械设备，必须设置醒目的红色信号灯，其电源应设在施工现场总电源开关的前侧，并应设置外电线路停止供电时的应急自备电源。

3.5 起重吊装安全

3.5.1 起重机械和索具设备

1. 起重机械

（1）凡新购、大修、改造、新安装及使用、停用时间超过规定的起重机械，均应按有关规定进行技术检验，合格后方可使用。

（2）起重机在每班开始作业时，应先试吊，确认制动器灵敏可靠后，方可进行作业。作业时不得擅自离岗和保养机车。

（3）起重机的选择应满足起重量、起重高度、工作半径的要求，同时起重臂的最小杆长应满足跨越障碍物进行起吊时的操作要求。

（4）自行式起重机的使用应符合下列规定：

1）起重机工作时的停放位置应按施工方案与沟渠、基坑保持安全距离，且作业时不得停放在斜坡上。

2）作业前应将支腿全部伸出，并应支垫牢固。调整支腿应在无载荷时进行，并将起重臂全部缩回转至正前或正后，方可调整。作业过程中发现支腿沉陷或其他不正常情况时，应立即放下吊物，进行调整后，方可继续作业。

3）启动时应先将主离合器分离，待运转正常后再合上主离合器进行空载运转，确认正常后，方可开始作业。

4）工作时起重臂的仰角不得超过其额定值；当无相应资料时，最大仰角不得超过78°，最小仰角不得小于45°。

5）起重机变幅应缓慢平稳，严禁快速起落。起重臂未停稳前，严禁变换挡位和同时进行两种动作。

6）当起吊荷载达到或接近最大额定荷载时，严禁下落起重臂。

7）汽车式起重机进行吊装作业时，行走用的驾驶室内不得有人，吊物不得超越驾驶室上方，并严禁带载行驶。

8）伸缩式起重臂的伸缩，应符合下列规定：

①起重臂的伸缩，应在起吊前进行。当起吊过程中需伸缩时，起吊荷载不得大于其额定值的50%。

②起重臂伸出后的上节起重臂长度不得大于下节起重臂长度，且起重臂伸出后的仰角不得小于使用说明中相应的规定值。

③在伸起重臂同时下降吊钩时，应满足使用说明中动、定滑轮组间的最小安全距离规定。

9）起重机制动器的制动鼓表面磨损达到2.0mm或制动带磨损超过原厚度50%时，应予更换。

10）起重机的变幅指示器、力矩限制器和限位开关等安全保护装置，应齐全完整、灵活可靠，严禁随意调整、拆除，不得以限位装置代替操作机构。

11）作业完毕或下班前，应按规定将操作杆置于空挡位置，起重臂应全部缩回原位，转至顺风方向，并应降至40°～60°之间，收紧钢丝绳，挂好吊钩或将吊钩落地，然后将各制动器和保险装置固定，关闭发动机，驾驶室加锁后，方可离开。

（5）塔式起重机的使用应符合国家现行标准《塔式起重机安全规程》（GB 5144—2006）、《建筑施工塔式起重机安装、使用、拆卸安全技术规程》（JGJ 196—2010）及《建筑机械使用安全技术规程》（JGJ 33—2012）中的相关规定。

（6）拔杆式起重机的制作安装应符合下列规定：

1）拔杆式起重机应进行专门设计和制作，经严格的测试、试运转和技术鉴定合格后，方可投入使用。

2）安装时的地基、基础、缆风绳和地锚等设施，应经计算确定。缆风绳与地面的夹角应在30°～45°之间。缆风绳不得与供电线路接触，在靠近电线处，应装设由绝缘材料制作的护线架。

(7) 拔杆式起重机的使用应符合下列规定：

1) 在整个吊装过程中，应派专人看守地锚。每进行一段工作或大雨后，应对拔杆、缆风绳、索具、地锚和卷扬机等进行详细检查，发现有摆动、损坏等情况时，应立即处理解决。

2) 拔杆式起重机移动时，其底座应垫以足够的承重枕木排和滚杠，并将起重臂收紧，处于移动方向的前方，倾斜不得超过 10°，移动时拔杆不得向后倾斜，收放缆风绳应配合一致。

2. 绳索

(1) 吊装作业中使用的白棕绳应符合下列规定：

1) 应由剑麻的茎纤维搓成，并不得涂油。其规格和破断拉力应符合产品说明书的规定。

2) 只可用作受力不大的缆风绳和溜绳等。白棕绳的驱动力只能是人力，不得用机械动力驱动。

3) 穿绕白棕绳的滑轮直径，应大于白棕绳直径的 10 倍。麻绳有结时，不得穿过滑车狭小之处。长期在滑车使用的白棕绳，应定期改变穿绳方向。

4) 整卷白棕绳应根据需要长度切断绳头，切断前应用铁丝或麻绳将切断口扎紧。

5) 使用中发生的扭结应立即抖直。当有局部损伤时，应切去损伤部分。

6) 当绳长度不够时，应采用编接接长。

7) 捆绑有棱角的物件时，应垫木板或麻袋等物。

8) 使用中不得在粗糙的构件上或地下拖拉，并应防止砂、石屑嵌入。

9) 编接绳头绳套时，编接前每股头上应用绳扎紧，编接后相互搭接长度：绳套不得小于白棕绳直径的 15 倍；绳头不得小于 30 倍。

10) 白棕绳在使用时不得超过其容许拉力，容许拉力应按下式计算：

$$[F_z] = \frac{F_z}{K} \tag{3-1}$$

式中　　$[F_z]$——白棕绳的容许拉力（kN）；

F_z——白棕绳的破断拉力（kN）；

K——白棕绳的安全系数，按表 3-22 采用。

白棕绳的安全系数　　　　　　　　　　表 3-22

用　途	安全系数	用　途	安全系数
一般小型构件（过梁、空心板及5kN 重以下等构件）	≥6	作捆绑吊索	≥12
5kN～10kN 重吊装作业	10	作缆风绳	≥6

(2) 采用纤维绳索、聚酯复丝绳索应符合现行国家标准《纤维绳索　通用要求》（GB/T 21328—2007）、《聚酯复丝绳索》（GB/T 11787—2007）和《绳索　有关物理和机械性能的测定》（GB/T 8834—2006）的相关规定。

(3) 吊装作业中钢丝绳的使用、检验、破断拉力值和报废等应符合现行国家标准《重要用途钢丝绳》（GB 8918—2006）、《一般用途钢丝绳》（GB/T 20118—2006）和《起重机钢丝绳保养、维护、安装、检验和报废》（GB/T 5972—2009）中的相关规定。

3. 吊索

（1）钢丝绳吊索应符合下列规定：

1）钢丝绳吊索应符合现行国家标准《一般用途钢丝绳吊索特性和技术条件》（GB/T 16762—2009）、插编索扣应符合现行国家标准《钢丝绳吊索插编索扣》（GB/T 16271—2009）中所规定的一般用途钢丝绳吊索特性和技术条件等的规定。

2）吊索宜采用 6×37 型钢丝绳制作成环式或 8 股头式（图 3-17），其长度和直径应根据吊物的几何尺寸、重量和所用的吊装工具、吊装方法确定。使用时可采用单根、双根、四根或多根悬吊形式。

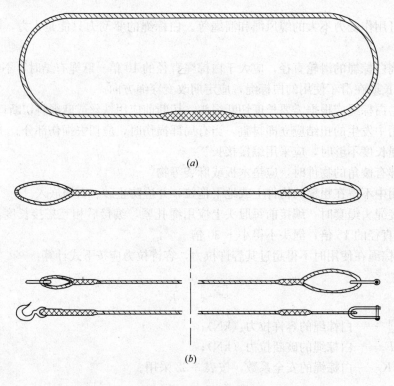

(a)

(b)

图 3-17　吊索

（a）环状吊索；（b）8 股头吊索

3）吊索的绳环或两端的绳套可采用压接接头，压接接头的长度不应小于钢丝绳直径的 20 倍，且不应小于 300mm。8 股头吊索两端的绳套可根据工作需要装上桃形环、卡环或吊钩等吊索附件。

4）当利用吊索上的吊钩、卡环钩挂重物上的起重吊环时，吊索的安全系数不应小于 6；当用吊索直接捆绑重物，且吊索与重物棱角间已采取妥善的保护措施时，吊索的安全系数应取 6～8；当起吊重、大或精密的重物时，除应采取妥善保护措施外，吊索的安全系数应取 10。

5）吊索与所吊构件间的水平夹角宜大于 45°。计算拉力时可按表 3-23、表 3-24 选用。

吊索拉力简易计算值表 表 3-23

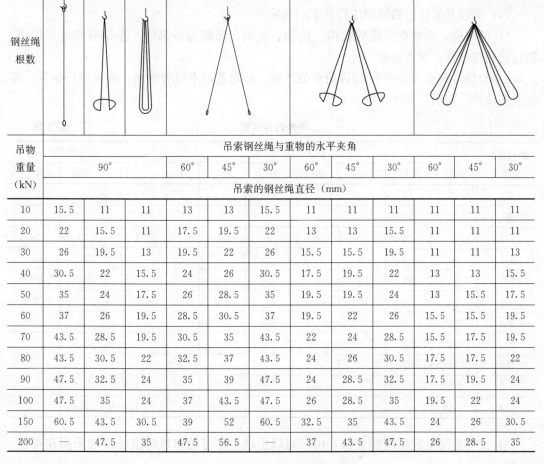

简图	夹角 α	吊索拉力 F	水平压力 H
	30°	1.00G	0.87G
	35°	0.87G	0.71G
	40°	0.78G	0.60G
	45°	0.71G	0.50G
	50°	0.65G	0.42G
	55°	0.61G	0.35G
	60°	0.58G	0.29G
	65°	0.56G	0.24G
	70°	0.53G	0.18G
	75°	0.52G	0.13G
	80°	0.51G	0.09G

注：G——构件重力。

吊索选择对应值表 表 3-24

钢丝绳根数	1	2	4	2			4			8		
吊物重量（kN）	吊索钢丝绳与重物的水平夹角											
	90°	60°	45°	60°	45°	30°	60°	45°	30°	60°	45°	30°
	吊索的钢丝绳直径（mm）											
10	15.5	11	11	13	13	15.5	11	11	11	11	11	11
20	22	15.5	11	17.5	19.5	22	13	13	15.5	11	11	11
30	26	19.5	13	19.5	22	26	15.5	15.5	19.5	11	11	13
40	30.5	22	15.5	24	26	30.5	17.5	19.5	22	13	13	15.5
50	35	24	17.5	26	28.5	35	19.5	19.5	24	13	15.5	17.5
60	37	26	19.5	28.5	30.5	37	19.5	22	26	15.5	15.5	19.5
70	43.5	28.5	19.5	30.5	35	43.5	22	24	28.5	15.5	17.5	19.5
80	43.5	30.5	22	32.5	37	43.5	24	26	30.5	17.5	17.5	22
90	47.5	32.5	24	35	39	47.5	24	28.5	32.5	17.5	19.5	24
100	47.5	35	24	37	43.5	47.5	26	28.5	35	19.5	22	24
150	60.5	43.5	30.5	39	52	60.5	32.5	35	43.5	24	26	30.5
200	—	47.5	35	47.5	56.5	—	37	43.5	47.5	26	28.5	35

（2）吊索附件应符合下列规定：

1）套环应符合现行国家标准《钢丝绳用普通套环》（GB/T 5974.1—2006）和《钢丝绳用重型套环》（GB/T 5974.2—2006）的规定。

2）使用套环时，其起吊的承载能力，应将套环的承载能力与表 3-25 中降低后的钢丝绳承载能力相比较，采用小值。

使用套环时的钢丝绳强度降低率　　　　　　　　　　　表 3-25

钢丝绳直径（mm）	绕过套环后强度降低率（%）	钢丝绳直径（mm）	绕过套环后强度降低率（%）
10～16	5	32～38	20
19～28	15	42～50	25

3）吊钩应有制造厂的合格证明书，表面应光滑，不得有裂纹、刻痕、剥裂、锐角等现象。吊钩每次使用前应检查一次，不合格者应停止使用。

4）活动卡环在绑扎时，起吊后销子的尾部应朝下，吊索在受力后应压紧销子，其容许荷载应按出厂说明书采用。

（3）横吊梁应采用 Q235 或 Q345 钢材，应经过设计计算，计算方法应按《建筑施工起重吊装工程安全技术规范》（JGJ 276—2012）附录 B 进行，并应按设计进行制作。

4. 起重吊装设备

（1）滑轮和滑轮组的使用应符合下列规定：

1）使用前，应检查滑轮的轮槽、轮轴、夹板、吊钩等各部件，不得有裂缝和损伤，滑轮转动应灵活，润滑良好。

2）滑轮应按表 3-26 中的容许荷载值使用。对起重量不明的滑轮，应先进行估算，并经负载试验合格后，方可使用。

滑轮容许荷载　　　　　　　　　　　表 3-26

滑轮直径（mm）	容许荷载（kN）								钢丝绳直径（mm）	
	单门	双门	三门	四门	五门	六门	七门	八门	适用	最大
70	5	10	—						5.7	7.7
85	10	20	30	—					7.7	11
115	20	30	50	80					11	14
135	30	50	80	100					12.5	15.5
165	50	80	100	160	200				15.5	18.5
185	—	100	160	200	—	320	—		17	20
210	80	—	200		320				20	23.5
245	100	160	—	320		500	—		23.5	25
280	—	200			500		800		26.5	28
320	160		500			800		1000	30.5	32.5
360	200				800	1000		1400	32.5	35

3）滑轮组绳索宜采用顺穿法，由三对以上动、定滑轮组成的滑轮组应采用花穿法。

滑轮组穿绕后，应开动卷扬机慢慢将钢丝绳收紧和试吊，检查有无卡绳、磨绳的地方，绳间摩擦及其他部分应运转良好，如有问题，应立即修正。

4）滑轮的吊钩或吊环应与起吊构件的重心在同一垂直线上。

5）滑轮使用前后应刷洗干净，擦油保养，轮轴应经常加油润滑，严禁锈蚀和磨损。

6）对重要的吊装作业、较高处作业或在起重作业量较大时，不宜用钩型滑轮，应使用吊环、链环或吊梁型滑轮。

7）滑轮组的上下定、动滑轮之间安全距离不应小于1.5m。

8）对暂不使用的滑轮，应存放在干燥少尘的库房内，下面垫以木板，并应每3个月检查保养一次。

9）滑轮和滑轮组的跑头拉力、牵引行程和速度应符合下列规定：

①滑轮组的跑头拉力应按下式计算：

$$F = \alpha Q \tag{3-2}$$

式中　F——跑头拉力（kN）；

　　　α——滑轮组的省力系数，其值可按表3-27选用；

　　　Q——计算荷载（kN），等于吊重乘以动力系数1.5。

省力系数（α）　　　　　　　　　　　　表3-27

工作绳索数	滑轮个数（定动滑轮之和）	导向滑轮数						
		0	1	2	3	4	5	6
1	0	1.000	1.040	1.082	1.125	1.170	1.217	1.265
2	1	0.507	0.527	0.549	0.571	0.594	0.617	0.642
3	2	0.346	0.360	0.375	0.390	0.405	0.421	0.438
4	3	0.265	0.276	0.287	0.298	0.310	0.323	0.335
5	4	0.215	0.225	0.234	0.243	0.253	0.263	0.274
6	5	0.187	0.191	0.199	0.207	0.215	0.224	0.330
7	6	0.160	0.165	0.173	0.180	0.187	0.195	0.203
8	7	0.143	0.149	0.155	0.161	0.167	0.174	0.181
9	8	0.129	0.134	0.140	0.145	0.151	0.157	0.163
10	9	0.119	0.124	0.129	0.134	0.139	0.145	0.151
11	10	0.110	0.114	0.119	0.124	0.129	0.134	0.139
12	11	0.102	0.106	0.111	0.115	0.119	0.124	0.129
13	12	0.096	0.099	0.104	0.108	0.112	0.117	0.121
14	13	0.091	0.094	0.098	0.102	0.106	0.111	0.115
15	14	0.087	0.090	0.083	0.091	0.100	0.102	0.108
16	15	0.084	0.086	0.090	0.093	0.095	0.100	0.104

②滑轮跑头牵引行程和速度应按下列公式计算：

$$u = mh \tag{3-3}$$

$$v = mv_1 \tag{3-4}$$

式中　u——跑头牵引行程（m）；

　　　m——滑轮组工作绳数；

　　　h——吊件的上升行程（m）；

v——跑头的牵引速度（m/s）；

v_1——吊件的上升速度（m/s）。

（2）卷扬机的使用应符合下列规定：

1）手动卷扬机不得用于大型构件吊装，大型构件的吊装应采用电动卷扬机。

2）卷扬机的基础应平稳牢固，用于锚固的地锚应可靠，防止发生倾覆和滑动。

3）卷扬机使用前，应对各部分详细检查，确保棘轮装置和制动器完好，变速齿轮沿轴转动，啮合正确，无杂音和润滑良好，发现问题，严禁使用。

4）卷扬机应安装在吊装区外，水平距离应大于构件的安装高度，并搭设防护棚，保证操作人员能清楚地看见指挥人员的信号。当构件被吊到安装位置时，操作人员的视线仰角应小于 30°。

5）导向滑轮严禁使用开口拉板式滑轮。滑轮到卷筒中心的距离，对带槽卷筒应大于卷筒宽度的 15 倍；对无槽卷筒应大于 20 倍，当钢丝绳处在卷筒中间位置时，应与卷筒的轴心线垂直。

6）钢丝绳在卷筒上应逐圈靠紧，排列整齐，严禁互相错叠、离缝和挤压。钢丝绳缠满后，卷筒凸缘应高出 2 倍及以上钢丝绳直径，钢丝绳全部放出时，钢丝绳在卷筒上保留的安全圈不应少于 5 圈。

7）在制动操纵杆的行程范围内不得有障碍物。作业过程中，操作人员不得离开卷扬机，严禁在运转中用手或脚去拉、踩钢丝绳，严禁跨越卷扬机钢丝绳。

8）卷扬机的电气线路应经常检查，电机应运转良好，电磁抱闸和接地应安全有效，不得有漏电现象。

（3）电动卷扬机的牵引力和钢丝绳速度应符合下列规定：

1）卷筒上的钢丝绳牵引力应按下列公式计算：

$$F = 1.02 \times \frac{P_H \eta}{v} \tag{3-5}$$

$$\eta = \eta_0 \times \eta_1 \times \eta_2 \times \cdots \times \eta_n \tag{3-6}$$

式中　　　F——牵引力（kN）；

P_H——电动机的功率（kW）；

v——钢丝绳速度（m/s）；

η——总效率；

η_0——卷筒效率，当卷筒装在滑动轴承上时，取 $\eta_0 = 0.94$；当装在滚动轴承上时，取 $\eta_0 = 0.96$；

$\eta_1, \eta_2, \cdots \eta_n$——传动机构效率，按表 3-28 选用。

传动机构的效率　　　　　　　　　　　　　　表 3-28

传动机构			效　率
卷筒	滑动轴承		0.94～0.96
	滚动轴承		0.96～0.98
一对圆柱齿轮传动	开式传动	滑动轴承	0.93～0.95
		滚动轴承	0.95～0.96
	闭式传动 稀油润滑	滑动轴承	0.95～0.96
		滚动轴承	0.96～0.98

2) 钢丝绳速度应按下列公式计算:

$$v = \pi D \omega \tag{3-7}$$

$$\omega = \frac{\omega_H i}{60} \tag{3-8}$$

$$i = \frac{n_Z}{n_B} \tag{3-9}$$

式中 v——钢丝绳速度（m/s）;

$\quad\quad D$——卷筒直径（m）;

$\quad\quad \omega$——卷筒转速（r/s）;

$\quad\quad \omega_H$——电动机转速（r/s）;

$\quad\quad i$——传动比;

$\quad\quad n_Z$——所有主动轮齿数的乘积;

$\quad\quad n_B$——所有被动轮齿数的乘积。

（4）捯链的使用应符合下列规定:

1) 使用前应进行检查, 捯链的吊钩、链条、轮轴、链盘等应无锈蚀、裂纹、损伤, 传动部分应灵活正常。

2) 起吊构件至起重链条受力后, 应仔细检查, 确保齿轮啮合良好, 自锁装置有效后, 方可继续作业。

3) 应均匀和缓地拉动链条, 并应与轮盘方向一致, 不得斜向拽动。

4) 捯链起重量或起吊构件的重量不明时, 只可一人拉动链条, 一人拉不动应查明原因, 此时严禁两人或多人齐拉。

5) 齿轮部分应经常加油润滑, 棘爪、棘爪弹簧和棘轮应经常检查, 防止制动失灵。

6) 倒链使用完毕后应拆卸清洗干净, 上好润滑油, 装好后套上塑料罩挂好。

（5）手扳葫芦应符合下列规定:

1) 只可用于吊装中收紧缆风绳和升降吊篮使用。

2) 使用前, 应仔细检查确认自锁夹钳装置夹紧钢丝绳后能往复做直线运动, 不满足要求, 严禁使用。使用时, 待其受力后应检查确认运转自如, 无问题后, 方可继续作业。

3) 用于吊篮时, 宜在每根钢丝绳处拴一根保险绳, 并将保险绳的另一端固定在可靠的结构上。

4) 使用完毕后, 应拆卸、清洗、上油、安装复原, 妥善保管。

（6）千斤顶的使用应符合下列规定:

1) 使用前后应拆洗干净, 损坏和不符合要求的零件应更换。安装好后应检查各部位配件运转的灵活性, 对油压千斤顶应检查阀门、活塞、皮碗的完好程度, 油液干净程度和稠度应符合要求, 若在负温情况下使用, 油液应不变稠、不结冻。

2) 千斤顶的选择, 应符合下列规定:

①千斤顶的额定起重量应大于起重构件的重量, 起升高度应满足要求, 其最小高度应与安装净空相适应。

②采用多台千斤顶联合顶升时, 应选用同一型号的千斤顶, 并应保持同步, 每台的额定起重量不得小于所分担重量的1.2倍。

3）千斤顶应放在平整坚实的地面上，底座下应垫以枕木或钢板。与被顶升构件的光滑面接触时，应加垫硬木板防滑。

4）设顶处应传力可靠，载荷的传力中心应与千斤顶轴线一致，严禁载荷偏斜。

5）顶升时，应先轻微顶起后停住，检查千斤顶承力、地基、垫木、枕木垛有无异常或千斤顶歪斜，出现异常，应及时处理后方可继续工作。

6）顶升过程中，不得随意加长千斤顶手柄或强力硬压，每次顶升高度不得超过活塞上的标志，且顶升高度不得超过螺丝杆或活塞高度的 3/4。

7）构件顶起后，应随起随搭枕木垛和加设临时短木块，其短木块与构件间的距离应随时保持在 50mm 以内。

5. 地锚

（1）立式地锚的构造应符合下列规定：

1）应在枕木、圆木、方木地龙柱的下部后侧和中部前侧设置挡木，并贴紧土壁，坑内应回填土石并夯实，表面略高于自然地坪。

2）地坑深度应大于 1.5m，地龙柱应露出地面 0.4m～1.0m，并略向后倾斜。

3）使用枕木或方木做地龙柱时，应使截面的长边与受力方向一致，作用的荷载宜与地龙柱垂直。

4）单柱立式地锚承载力不够时，可在受力方向后侧增设一个或两个单柱立式地锚，并用绳索连接，使其共同受力。

5）各种立式地锚的构造参数及计算方法应符合《建筑施工起重吊装工程安全技术规范》（JGJ 276—2012）附录 D 的规定。

（2）桩式地锚的构造应符合下列规定：

1）应采用直径 180mm～330mm 的松木或杉木做地锚桩，略向后倾斜打入地层中，并应在其前方距地面 0.4m～0.9m 深处，紧贴桩身埋置 1m 长的挡木一根。

2）桩入土深度不应小于 1.5m，地锚的钢丝绳应拴在距地面不大于 300mm 处。

3）荷载较大时，可将两根或两根以上的桩用绳索与木板将其连在一起使用。

4）各种桩式地锚的构造参数及计算方法应符合《建筑施工起重吊装工程安全技术规范》（JGJ 276—2012）附录 D 的规定。

（3）卧式地锚的构造应符合下列规定：

1）钢丝绳应根据作用荷载大小，系结在横置木中部或两侧，并应采用土石回填夯实。

2）木料尺寸和数量应根据作用荷载的大小和土壤的承载力经过计算确定。

3）木料横置埋入深度宜为 1.5m～3.5m。当作用荷载超过 75kN 时，应在横置木料顶部加压板；当作用荷载超过 150kN 时，应在横置木料前增设挡板立柱和挡板。

4）当卧式地锚作用荷载较大时，地锚的钢丝绳应采用钢拉杆代替。

5）卧式地锚的构造参数及计算方法应符合《建筑施工起重吊装工程安全技术规范》（JGJ 276—2012）附录 D 的规定。

（4）各式地锚的使用应符合下列规定：

1）地锚采用的木料应使用剥皮落叶松、杉木。严禁使用油松、杨木、柳木、桦木、椴木和腐朽、多节的木料。

2）绑扎地锚钢丝绳的绳环应牢固可靠，横卧木四角应采用长 500mm 的角钢加固，并应在角钢外再用长 300mm 的半圆钢管保护。

3）钢丝绳的方向应与地锚受力方向一致。

4）地锚使用前应进行试拉，合格后方可使用。埋设不明的地锚未经试拉不得使用。

5）地锚使用时应指定专人检查、看守，如发现变形应立即处理或加固。

3.5.2 混凝土结构吊装

1. 一般规定

（1）构件的运输应符合下列规定：

1）构件运输应严格执行所制定的运输技术措施。

2）运输道路应平整，有足够的承载力、宽度和转弯半径。

3）高宽比较大的构件的运输，应采用支承框架、固定架、支撑或用捯链等予以固定，不得悬吊或堆放运输。支承架应进行设计计算，应稳定、可靠和装卸方便。

4）当大型构件采用半拖或平板车运输时，构件支承处应设转向装置。

5）运输时，各构件应拴牢于车厢上。

（2）构件的堆放应符合下列规定：

1）构件堆放场地应压实平整，周围应设排水沟。

2）构件应按设计支承位置堆放平稳，底部应设置垫木。对不规则的柱、梁、板，应专门分析确定支承和加垫方法。

3）屋架、薄腹梁等重心较高的构件，应直立放置，除设支承垫木外，应在其两侧设置支撑使其稳定，支撑不得少于 2 道。

4）重叠堆放的构件应采用垫木隔开，上下垫木应在同一垂线上。堆放高度梁、柱不宜超过 2 层；大型屋面板不宜超过 6 层。堆垛间应留 2m 宽的通道。

5）装配式大板应采用插放法或背靠法堆放，堆放架应经设计计算确定。

（3）构件翻身应符合下列规定：

1）柱翻身时，应确保本身能承受自重产生的正负弯矩值。其两端距端面 1/5～1/6 柱长处应垫方木或枕木垛。

2）屋架或薄腹梁翻身时应验算抗裂度，不够时应予加固。当屋架或薄腹梁高度超过 1.7m 时，应在表面加绑木、竹或钢管横杆增加屋架平面刚度，并在屋架两端设置方木或枕木垛，其上表面应与屋架底面齐平，且屋架间不得有粘结现象。翻身时，应做到一次扶直或将屋架转到与地面夹角达到 70°后，方可刹车。

（4）构件拼装应符合下列规定：

1）当采用平拼时，应防止在翻身过程中发生损坏和变形；当采用立拼时，应采取可靠的稳定措施。当大跨度构件进行高空立拼时，应搭设带操作台的拼装支架。

2）当组合屋架采用立拼时，应在拼架上设置安全挡木。

（5）吊点设置和构件绑扎应符合下列规定：

1）当构件无设计吊环（点）时，应通过计算确定绑扎点的位置。绑扎方法应可靠，且摘钩应简便安全。

2）当绑扎竖直吊升的构件时，应符合下列规定：

① 绑扎点位置应略高于构件重心。

② 在柱不翻身或吊升中不会产生裂缝时，可采用斜吊绑扎法。

③ 天窗架宜采用四点绑扎。

3）当绑扎水平吊升的构件时，应符合下列规定：

① 绑扎点应按设计规定设置。无规定时，最外吊点应在距构件两端 1/5～1/6 构件全长处进行对称绑扎。

② 各支吊索内力的合力作用点应处在构件重心线上。

③ 屋架绑扎点宜在节点上或靠近节点。

4）绑扎应平稳、牢固，绑扎钢丝绳与物体间的水平夹角应为：构件起吊时不得小于 45°；构件扶直时不得小于 60°。

（6）构件起吊前，其强度应符合设计规定，并应将其上的模板、灰浆残渣、垃圾碎块等全部清除干净。

（7）楼板、屋面板吊装后，对相互间或其上留有的空隙和洞口，应设置盖板或围护，并应符合现行行业标准《建筑施工高处作业安全技术规范》（JGJ 80—1991）的规定。

（8）多跨单层厂房宜先吊主跨，后吊辅助跨；先吊高跨，后吊低跨。多层厂房宜先吊中间，后吊两侧，再吊角部，且应对称进行。

（9）作业前应清除吊装范围内的障碍物。

2. 单层工业厂房结构吊装

（1）柱的吊装应符合下列规定：

1）柱的起吊方法应符合施工组织设计规定。

2）柱就位后，应将柱底落实，每个柱面应采用不少于两个钢楔楔紧，但严禁将楔子重叠放置。初步校正垂直后，打紧楔子进行临时固定。对重型柱或细长柱以及多风或风大地区，在柱上部应采取稳妥的临时固定措施，确认牢固可靠后，方可指挥脱钩。

3）校正柱时，严禁将楔子拔出，在校正好一个方向后，应稍打紧两面相对的四个楔子，方可校正另一个方向。待完全校正好后，除将所有楔子按规定打紧外，还应采用石块将柱底脚与杯底四周全部楔紧。采用缆风或斜撑校正柱时，应在杯口第二次浇筑的混凝土强度达到设计强度的 75％时，方可拆除缆风或斜撑。

4）杯口内应采用强度高一级的细石混凝土浇筑固定。采用木楔或钢楔作临时固定时，应分二次浇筑，第一次灌至楔子下端，待达到设计强度 30％以上，方可拔出楔子。再二次浇筑至基础顶；当使用混凝土楔子时，可一次浇筑至基础顶面。混凝土强度应作试块检验，冬期施工时，应采取冬期施工措施。

（2）梁的吊装应符合下列规定：

1）梁的吊装应在柱永久固定和柱间支撑安装后进行。吊车梁的吊装，应在基础杯口二次浇筑的混凝土达到设计强度 50％以上，方可进行。

2）重型吊车梁应边吊边校，然后再进行统一校正。

3）梁高和底宽之比大于 4 时，应采用支撑撑牢或用 8 号钢丝将梁捆于稳定的构件上后，方可摘钩。

4）吊车梁的校正应在梁吊装完，也可在屋面构件校正并最后固定后进行。校正完毕后，应立即焊接固定。

（3）屋架吊装应符合下列规定：

1）进行屋架或屋面梁垂直度校正时，在跨中，校正人员应沿屋架上弦绑设的栏杆行走，栏杆高度不得低于1.2m；在两端，应站在悬挂于柱顶上的吊篮上进行，严禁站在柱顶操作。垂直度校正完毕并进行可靠固定后，方可摘钩。

2）吊装第一榀屋架和天窗架时，应在其上弦杆拴缆风绳作临时固定。缆风绳应采用两侧布置，每边不得少于2根。当跨度大于18m时，宜增加缆风绳数，间距不得大于6m。

（4）天窗架与屋面板分别吊装时，天窗架应在该榀屋架上的屋面板吊装完毕后进行，并经临时固定和校正后，方可脱钩焊接固定。

（5）校正完毕后应按设计要求进行永久性的接头固定。

（6）屋架和天窗架上的屋面板吊装，应从两边向屋脊对称进行，且不得用撬杠沿板的纵向撬动。就位后应采用铁片垫实脱钩，并应立即电焊固定，应至少保证3点焊牢。

（7）托架吊装就位校正后，应立即支模浇灌接头混凝土进行固定。

（8）支撑系统应先安装垂直支撑，后安装水平支撑；先安装中部支撑，后安装两端支撑，并与屋架、天窗架和屋面板的吊装交替进行。

3. 多层框架结构吊装

（1）框架柱吊装应符合下列规定：

1）上节柱的安装应在下节柱的梁和柱间支撑安装焊接完毕、下节柱接头混凝上达到设计强度的75％及以上后，方可进行。

2）多机抬吊多层H型框架柱时，递送作业的起重机应使用横吊梁起吊。

3）柱就位后应随即进行临时固定和校正。榫式接头的，应对称施焊四角钢筋接头后方可松钩；钢板接头的，应各边分层对称施焊2/3的长度后方可脱钩；H型柱则应对称焊好四角钢筋后方可脱钩。

4）重型或较长件的临时固定，应在柱间加设水平管式支撑或设缆风绳。

5）吊装中用于保护接头钢筋的钢管或垫木应捆扎牢固。

（2）楼层梁的吊装应符合下列规定：

1）吊装明牛腿式接头的楼层梁时，应在梁端和柱牛腿上预埋的钢板焊接后方可脱钩。

2）吊装齿槽式接头的楼层梁时，应将梁端的上部接头焊好两根后方可脱钩。

（3）楼层板的吊装应符合下列规定：

1）吊装两块以上的双T形板时，应将每块的吊索直接挂在起重机吊钩上。

2）板重在5kN以下的小型空心板或槽形板，可采用平吊或兜吊，但板的两端应保证水平。

3）吊装楼层板时，严禁采用叠压式，并严禁在板上站人、放置小车等重物或工具。

4. 墙板结构吊装

（1）装配式大板结构吊装应符合下列规定：

1）吊装大板时，宜从中间开始向两端进行，并应按先横墙后纵墙，先内墙后外墙，最后隔断墙的顺序逐间封闭吊装。

2）吊装时应保证坐浆密实均匀。

3）当采用横吊梁或吊索时，起吊应垂直平稳，吊索与水平线的夹角不宜小于60°。

4）大板宜随吊随校正。就位后偏差过大时，应将大板重新吊起就位。

5）外墙板应在焊接固定后方可脱钩，内墙和隔墙板可在临时固定可靠后脱钩。

6）校正完后，应立即焊接预埋筋，待同一层墙板吊装和校正完后，应随即浇筑墙板之间立缝作最后固定。

7）圈梁混凝土强度应达到 75％及以上，方可吊装楼层板。

（2）框架挂板吊装应符合下列规定：

1）挂板的运输和吊装不得用钢丝绳兜吊，并严禁用钢丝捆扎。

2）挂板吊装就位后，应与主体结构临时或永久固定后方可脱钩。

（3）工业建筑墙板吊装应符合下列规定：

1）各种规格墙板均应具有出厂合格证。

2）吊装时应预埋吊环，立吊时应有预留孔。无吊环和预留孔时，吊索捆绑点距板端不应大于 1/5 板长。吊索与水平面夹角不应小于 60°。

3）就位和校正后应做可靠的临时固定或永久固定后方可脱钩。

3.5.3 钢结构吊装

1. 一般规定

（1）钢构件应按规定的吊装顺序配套供应，装卸时，装卸机械不得靠近基坑行走。

（2）钢构件的堆放场地应平整，构件应放平、放稳，避免变形。

（3）柱底灌浆应在柱校正完或底层第一节钢框架校正完，并紧固地脚螺栓后进行。

（4）作业前应检查操作平台、脚手架和防风设施。

（5）柱、梁安装完毕后，在未设置浇筑楼板用的压型钢板时，应在钢梁上铺设适量吊装和接头连接作业时用的带扶手的走道板。压型钢板应随铺随焊。

（6）吊装程序应符合施工组织设计的规定。缆风绳或溜绳的设置应明确，对不规则构件的吊装，其吊点位置，捆绑、安装、校正和固定方法应明确。

2. 钢结构厂房吊装

（1）钢柱吊装应符合下列规定：

1）钢柱起吊至柱脚离地脚螺栓或杯口 300mm～400mm 后，应对准螺栓或杯口缓慢就位，经初校后，立即进行临时固定，然后方可脱钩。

2）柱校正后，应立即紧固地脚螺栓，将承重垫板点焊固定，并随即对柱脚进行永久固定。

（2）吊车梁吊装应符合下列规定：

1）吊车梁吊装应在钢柱固定后、混凝土强度达到 75％以上和柱间支撑安装完后进行。吊车梁的校正应在屋盖吊装完成并固定后方可进行。

2）吊车梁支承面下的空隙应采用楔形铁片塞紧，应确保支承紧贴面不小于 70％。

（3）钢屋架吊装应符合下列规定：

1）应根据确定的绑扎点对钢屋架的吊装进行验算，不满足时应进行临时加固。

2）屋架吊装就位后，应在校正和可靠的临时固定后方可摘钩，并按设计要求进行永久固定。

（4）天窗架宜采用预先与屋架拼装的方法进行一次吊装。

3. 高层钢结构吊装

（1）钢柱吊装应符合下列规定：

1）安装前，应在钢柱上将登高扶梯和操作挂篮或平台等固定好。

2）起吊时，柱根部不得着地拖拉。

3）吊装时，柱应垂直，严禁碰撞已安装好的构件。

4）就位时，应待临时固定可靠后方可脱钩。

（2）钢梁吊装应符合下列规定：

1）吊装前应按规定装好扶手杆和扶手安全绳。

2）吊装应采用两点吊。水平桁架的吊点位置，应保证起吊后桁架水平，并应加设安全绳。

3）梁校正完毕，应及时进行临时固定。

（3）剪力墙板吊装应符合下列规定：

1）当先吊装框架后吊装墙板时，临时搁置应采取可靠的支撑措施。

2）墙板与上部框架梁组合后吊装时，就位后应立即进行侧面和底部的连接。

（4）框架的整体校正，应在主要流水区段吊装完成后进行。

4. 轻型钢结构和门式刚架吊装

（1）轻型钢结构的吊装应符合下列规定：

1）轻型钢结构的组装需在坚实平整的拼装台上进行。组装接头的连接板应平整。

2）屋盖系统吊装应按屋架→屋架垂直支撑→檩条、檩条拉杆→屋架间水平支撑→轻型屋面板的顺序进行。

3）吊装时，檩条的拉杆应预先张紧，屋架上弦水平支撑应在屋架与檩条安装完毕后拉紧。

4）屋盖系统构件安装完后，应对全部焊缝接头进行检查，对点焊和漏焊的进行补焊或修正后，方可安装轻型屋面板。

（2）门式刚架吊装应符合下列规定：

1）轻型门式刚架可采用一点绑扎，但吊点应通过构件重心，中型和重型门式刚架应采用两点或三点绑扎。

2）门式刚架就位后的临时固定，除在基础杯口打入 8 个楔子楔紧外，悬臂端应采用工具式支撑架在两面支撑牢固。在支撑架顶与悬臂端底部之间，应采用千斤顶或对角楔垫实，并在门式刚架间作可靠的临时固定后方可脱钩。

3）支撑架应经过设计计算，且应便于移动并有足够的操作平台。

4）第一榀门式刚架应采用缆风或支撑作临时固定，以后各榀可用缆风、支撑或屋架校正器作临时固定。

5）已校正好的门式刚架应及时装好柱间永久支撑。当柱间支撑设计少于两道时，应另增设两道以上的临时柱间支撑，并应沿纵向均匀分布。

6）基础杯口二次灌浆的混凝土强度应达到 75％及以上方可吊装屋面板。

3.5.4　网架吊装

1. 一般规定

（1）吊装作业应按施工组织设计的规定执行。

（2）施工现场的钢管焊接工，应经过焊接球节点与钢管连接的全位置焊接工艺评定和焊工考试合格后，方可上岗。

（3）吊装方法应根据网架受力和构造特点，在保证质量、安全、进度的要求下，结合当地施工技术条件综合确定。

（4）吊装的吊点位置和数量的选择，应符合下列规定：

1）应与网架结构使用的受力状况一致或经过验算杆件满足受力要求；

2）吊点处的最大反力应小于起重设备的负荷能力；

3）各起重设备的负荷宜接近。

（5）吊装方法选定后，应分别对网架施工阶段吊点的反力、杆件内力和挠度、支承柱的稳定性和风荷载作用下网架的水平推力等项进行验算，必要时应采取加固措施。

（6）验算荷载应包括吊装阶段结构自重和各种施工荷载。吊装阶段的动力系数应为：提升或顶升时，取 1.1；拔杆吊装时，取 1.2；履带式或汽车式起重机吊装时，取 1.3。

（7）在施工前应进行试拼及试吊，确认无问题后方可正式吊装。

（8）当网架采用在施工现场拼装时，小拼应先在专门的拼装架上进行。高空总拼应采用预拼装或其他保证精度措施，总拼的各个支承点应防止出现不均匀下沉。

2. 高空散装法安装

（1）当采用悬挑法施工时，应在拼成可承受自重的结构体系后，方可逐步扩展。

（2）当搭设拼装支架时，支架上支撑点的位置应设在网架下弦的节点处。支架应验算其承载力和稳定性，必要时应试压，并应采取措施防止支柱下沉。

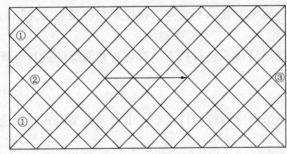

图 3-18　网架的安装顺序
①～③为安装顺序

（3）拼装应从建筑物一端以两个三角形同时进行，两个三角形相交后，按人字形逐榀向前推进，最后在另一端正中闭合（图 3-18）。

（4）第一榀网架块体就位后，应在下弦中竖杆下方用方木上放千斤顶支顶，同时在上弦和相邻柱间应绑两根杉杆作临时固定。其他各块就位后，采用螺栓与已固定的网架块体固定，同时下弦应采用方木上放千斤顶顶住。

（5）每榀网架块体应用经纬仪校正其轴线偏差；标高偏差应采用下弦节点处的千斤顶校正。

（6）网架块体安装过程中，连接块体的高强度螺栓应随安装随紧固。

（7）网架块体全部安装完毕并经全面质量检查合格后，方可拆除千斤顶和支杆。千斤顶应有组织地逐次下落，每次下落时，网架中央、中部和四周千斤顶的下降比例宜为 2∶1.5∶1。

3. 分条、分块安装

（1）当网架分条或分块在高空连成整体时，其组成单元应具有足够刚度，并应能保证自身的几何不变性，否则应采取临时加固措施。

（2）在条与条或块与块的合拢处，可采用临时螺栓等固定措施。

（3）当设置独立的支撑点或拼装支架时，应符合 2. 中（2）的要求。

（4）合拢时，应先采用千斤顶将网架单元顶到设计标高，方可连接。

（5）网架单元应减少中间运输，运输时应采取措施防止变形。

4. 高空滑移法安装

（1）应利用已建结构作为高空拼装平台。当无建筑物可供利用时，应在滑移端设置宽度大于两个节间的拼装平台。滑移时应在两端滑轨外侧搭设走道。

（2）当网架的平移跨度大于50m时，宜在跨中增设一条平移轨道。

（3）网架平移用的轨道接头处应焊牢，轨道标高允许偏差应为10mm。网架上的导轮与导轨之间应预留10mm间隙。

（4）网架两侧应采用相同的滑轮及滑轮组；两侧的卷扬机应选用同型号、同规格产品，并应采用同类型、同规格的钢丝绳，并在卷筒上预留同样的钢丝绳圈数。

（5）网架滑移时，两侧应同步前进。当同步差达30mm时，应停机调整。

（6）网架全部就位后，应采用千斤顶将网架支座抬起，抽去轨道后落下，并将网架支座与梁面预埋钢板焊接牢靠。

（7）网架的滑移和拼装应进行下列验算：

1）当跨度中间无支点时的杆件内力和跨中挠度值；

2）当跨度中间有支点时的杆件内力、支点反力及挠度值。

5. 整体吊装法

（1）网架整体吊装可根据施工条件和要求，采用单根或多根拔杆起吊，也可采用一台或多台起重机起吊就位。

（2）网架整体吊装时，应保证各吊点起升及下降的同步性。相邻两拔杆间或相邻两吊点组的合力点间的相对高差，不得大于其距离的1/400和100mm，亦可通过验算确定。

（3）当采用多根拔杆或多台起重机吊装网架时，应将每根拔杆每台起重机额定负荷乘以0.75的折减系数。当采用四台起重机将吊点连通成两组或三根拔杆吊装时，折减系数应取0.85。

（4）网架拼装和就位时的任何部位离支承柱及柱上的牛腿等突出部位或拔杆的净距不得小于100mm。

（5）由于网架错位需要，对个别杆件可暂不组装，但应取得设计单位的同意。

（6）拔杆、缆风绳、索具、地锚、基础的选择及起重滑轮组的穿法等应进行验算，必要时应进行试验检验。

（7）当采用多根拔杆吊装时，拔杆安装应垂直，缆风绳的初始拉力应为吊装时的60%，在拔杆起重平面内可采用单向铰接头。当采用单根拔杆吊装时，底座应采用球形万向接头。

（8）拔杆在最不利荷载组合下，其支承基础对地基土的压力不得超过其允许承载力。

（9）起吊时应根据现场实际情况设总指挥1人，分指挥数人，作业人员应听从指挥，操作步调应一致。应在网架上搭设脚手架通道锁扣摘扣。

（10）网架吊装完毕，应经检查无误后方可摘钩，同时应立即进行焊接固定。

6. 整体提升、顶升法安装

（1）网架的整体提升法应符合下列规定：

1）应根据网架支座中心校正提升机安装位置。

2）网架支座设计标高相同时，各台提升装置吊挂横梁的顶面标高应一致；设计标高不同时，各台提升装置吊挂横梁的顶面标高差和各相应网架支座设计标高差应一致；其各点允许偏差应为5mm。

3）各台提升装置同顺序号吊杆的长度应一致，其允许偏差应为5mm。

4）提升设备应按其额定负荷能力乘以折减系数使用。穿心式液压千斤顶的折减系数取0.5；电动螺杆升板机的折减系数取0.7；其他设备应通过试验确定。

5）网架提升应同步。

6）整体提升法的下部支承柱应进行稳定性验算。

（2）网架的整体顶升法应符合下列规定：

1）顶升用的支承柱或临时支架上的缀板间距应为千斤顶行程的整数倍，其标高允许偏差应为5mm，不满足时应采用钢板垫平。

2）千斤顶应按其额定负荷能力乘以折减系数使用。丝杆千斤顶的折减系数取0.6，液压千斤顶的折减系数取0.7。

3）顶升时各顶升点的允许升差为相邻两个顶升用的支承结构间距的1/1000，且不得大于30mm；若一个顶升用的支承结构上有两个或两个以上的千斤顶时，则取千斤顶间距的1/200，且不得大于10mm。

4）千斤顶或千斤顶的合力中心应与柱轴线对准。千斤顶本身应垂直。

5）顶升前和过程中，网架支座中心对柱基轴线的水平允许偏移为柱截面短边尺寸的1/50及柱高的1/500。

6）顶升用的支承柱或支承结构应进行稳定性验算。

4 分项工程安全技术措施

4.1 地基基础工程安全技术措施

4.1.1 土石方工程

（1）基坑开挖时，两人操作间距应大于 3.0m，不得对头挖土。挖土面积较大时，每人工作面不应小于 6m²。挖土应由上而下，分层分段按顺序进行，严禁先挖坡脚或逆坡挖土，或采用底部掏空塌土方法挖土。

（2）挖土方不得在危岩、孤石的下边或贴近未加固的危险建筑物的下面进行。

（3）基坑开挖应严格按要求放坡，若设计无要求时，可按表 4-1 规定放坡。

临时性挖方边坡值 表 4-1

土的类别		边坡值（高∶宽）
砂土（不包括细砂、粉砂）		1∶1.25～1∶1.50
一般性黏土	硬	1∶0.75～1∶1.00
	硬、塑	1∶1.00～1∶1.25
	软	1∶1.50 或更缓
碎石类土	充填坚硬、硬塑黏性土	1∶0.50～1∶1.00
	充填砂土	1∶1.00～1∶1.50

注：1. 如用降水或其他加固措施，可不受本表限制，但应计算复核。

　　2. 开挖深度，对软土不应超过 4m，对硬土不应超过 8m。

（4）机械多台阶同时开挖，应验算边坡的稳定，挖土机离边坡应有一定的安全距离，以防塌方，造成翻机事故。

（5）操作时应随时注意土壁的变动情况，如发现有裂纹或部分坍塌现象，应及时进行支撑或放坡，并注意支撑的稳固和土壁的变化。当采取不放坡开挖，应设置临时支护，各种支护应根据土质及基坑深度经计算确定。

（6）在有支撑的基坑槽中使用机械挖土时，应防止碰坏支撑。在坑槽边使用机械挖土时，应计算支撑强度，必要时应加强支撑。

（7）基坑槽和管沟回填土时，下方不得有人，所使用的打夯机等要检查电气线路，防止漏电、触电，停机时要关闭电闸。

（8）拆除护壁支撑时，应按照回填顺序，从下而上逐步拆除，更换支撑时，必须先安装新的，再拆除旧的。

（9）爆破施工前，应做好安全爆破的准备工作，划好安全距离，设置警戒哨。闪电鸣雷时，禁止装药、接线，施工操作时严格按安全操作规程办事。

（10）炮眼深度超过 4m 时，必须用两个雷管起爆，如深度超过 10m，则不得用火花起爆，若爆破时发现拒爆，必须先查清原因后再进行处理。

4.1.2 沉井工程

1. 施工前安全操作检查

（1）施工前，做好地质勘察和调查研究，掌握地质和地下埋设物情况，清除 3m 深以内的地下障碍物、电缆、管线等，以保证职业健康安全操作。

（2）操作人员应熟悉成槽机械设备性能和工艺要求，严格执行各专用设备使用规定和操作规程。

（3）沉井施工前，应查清沉井部位水文、地质及地下障碍物情况，摸清邻近建筑物、地下管道等设施情况，采取有效措施，防止施工中出现异常情况，影响正常、安全施工。

2. 沉井安全施工

（1）严格遵循沉井垫架拆除和土方开挖程序，防止发生突然性下沉、严重倾斜现象，导致发生人身事故。

（2）沉井上部应设安全平台，周围设栏杆；井内上下层立体交叉作业，应设安全网、安全挡板，避开在出土的垂直下方作业；井下作业应戴安全帽，穿胶皮鞋。

（3）沉井内爆破基底孤石时，操作人员应撤离沉井，机械设备要进行保护性护盖，当烟气排出后，清点炮数无误后始准下井清查。

3. 成槽安全施工

（1）成槽施工中要严格控制泥浆密度、防止漏浆、泥浆液面下降、地面水流入槽内、地下水位上升过快，使泥浆变质等情况发生，促使槽壁面坍塌，而造成多头钻机埋在槽内，或造成地面下陷导致机架倾覆。

（2）钻机成孔时，如被塌方或孤石卡住，应边缓慢旋转一边提钻，不得强行拔出以免损坏钻机和机架，造成职业健康安全事故。

（3）所有成槽机械设备必须有专人操作，实行专人专机，严格执行交接班制度和机具保养制度，发现故障和异常现象时，应及时排除，并由有关专业人员进行维修和处理。

4.1.3 地基处理工程

（1）灰土垫层、灰土桩等施工，粉化石灰和石灰过筛，应戴口罩、风镜、手套、套袖等防护用品，并站在上风头。向坑（槽、孔）内夯填灰土前，应先检查电线绝缘是否良好，开关、接地线应符合要求，夯打时严禁夯击电线。

（2）夯实地基起重机应支垫平稳，遇软弱地基，须用路基板或长枕木支垫。提升夯锤前应卡牢回转刹车，以防夯锤起吊后吊机转动失稳，发生倾翻事故。

（3）夯实地基时，现场操作人员要戴安全帽。夯锤起吊后，吊臂和夯锤下 15m 范围内不得站人，非工作人员应远离夯击点 30m 以外，以防夯击时飞石伤人。

（4）深层搅拌机的入土切削和提升搅拌，一旦发生卡钻或停钻现象，应切断电源，将搅拌机强制提起之后，才能起动电动机。

（5）已成的孔尚未夯填填料之前，应加盖板，以免人员或物件掉入孔内。

（6）当使用交流电源时，应特别注意各用电设施的接地防护装置。施工现场附近有高压线通过时，必须根据线路的电压、机具的高度，详细测定其安全距离，防止高压放电而发生触电事故。夜班作业应有足够的照明以及备用安全电源。

4.1.4 桩基工程

1. 打（沉）桩

（1）打桩前，应对邻近施工范围内的原有建筑物、地下管线等进行检查，对有影响的工程，应采取有效的加固防护措施或隔振措施，施工时加强观测，以确保施工安全。

（2）打桩机行走道路必须平整、坚实，必要时铺设道砟，经压路机碾压密实。

（3）打（沉）桩前应先全面检查机械各个部件及润滑情况，钢丝绳是否完好，发现问题及时解决。检查后要进行试运转，严禁带病工作。

（4）打（沉）桩机架安设应铺垫平稳、牢固。吊桩就位时，桩必须达到100%强度，起吊点必须符合设计要求。

（5）打桩时桩头垫料严禁用手拨正，不得在桩锤未打到桩顶就起锤或过早刹车，以免损坏桩机设备。

（6）在夜间施工时，必须有足够的照明设施。

2. 灌注桩

（1）施工前，应认真查清邻近建筑物情况，采取有效的防振措施。

（2）灌注桩成孔机械操作时应保持垂直平稳，防止成孔时突然倾倒或冲（桩）锤突然下落，造成设备损坏或人员伤亡。

（3）冲击锤（落锤）操作时，距锤6m范围内不得进行其他作业或有人员行走，非工作人员不得进入施工区域内。

（4）灌注桩在已成孔尚未灌注混凝土前，应用盖板封严或设置护栏，以防掉土或人员坠入孔内，造成重大人身安全事故。

（5）进行高空作业时，应系好安全带，混凝土灌注时，装、拆导管人员必须戴安全帽。

3. 人工挖孔桩

（1）井口应有专人操作垂直运输设备，井内照明、通信、通风设施应齐全。

（2）应随时与井底人员联系，不得任意离开岗位。

（3）挖孔施工人员下入桩孔内必须戴安全帽，连续工作不宜超过4h。

（4）挖出的弃土应及时运至堆土场堆放。

4.1.5 地下防水工程

（1）现场施工负责人和施工员牢固树立安全促进生产、生产必须安全的思想，切实做好预防工作。所有施工人员必须经安全培训，考核合格方可上岗。

（2）施工员在下达施工计划的同时，还应下达具体的安全措施，每天出工前，施工员要针对当天的施工情况，布置施工安全工作，并讲明安全注意事项。

（3）落实安全施工责任制度、安全施工交底制度、安全施工教育制度、施工机具设备安全管理制度等。并落实到岗位，责任到人。

（4）防水混凝土施工期间应以漏电保护、防机械事故和人身保护为安全工作重点，切实做好防护措施。

（5）遵章守纪，杜绝违章指挥和作业，现场设立安全措施及有针对性的安全宣传牌、标语和安全警示标志。

（6）进入施工现场必须佩戴安全帽，作业人员衣着工作服，禁止穿硬底鞋、高跟鞋作业，高空作业人员应系好安全带，禁止酒后操作、吸烟和打架斗殴。

（7）特殊工种需持证上岗。

（8）由于卷材中某些组成材料和胶粘剂具有一定的毒性和易燃性。因此，在材料保管、运输、施工过程中，要注意防火和预防职业中毒、烫伤事故发生。

（9）涂料配料和施工现场应有安全及防火措施，所有施工人员都必须严格遵守操作要求。

（10）施工过程中做好基坑和地下结构的临边防护，防止抛物、滑坡出现坠落事故。

（11）涂料在贮存、使用全过程应注意防火。

（12）高温天气施工，要有防暑降温措施。

（13）施工中废弃物质要及时清理，外运至指定地点，避免污染环境。

4.2　主体结构工程安全技术措施

4.2.1　混凝土工程

1. 模板工程

（1）模板安装

1）支模过程中应遵守安全操作规程，如遇途中停歇，应将就位的支顶、模板连接稳固，不得空架浮搁。

2）模板及其支撑系统在安装过程中，必须设置临时固定设施，严防倾覆。

3）拼装完毕的大块模板或整体模板，吊装前应确定吊点位置，先进行试吊，确认无误后，方可正式吊运安装。

4）安装整块柱模板时，不得将其支在柱子钢筋上代替临时支撑。

5）支设高度在3m以上的柱模板，四周应设斜撑，并应设操作平台，低于3m的可用马凳操作。

6）支设悬挑形式的模板时，应有稳定的立足点。支设临空构筑物模板时，应搭设支架。模板上有预留洞时，应在安装后将洞盖没。

7）在支模时，操作人员不得站在支撑上，而应设置立人板，以便操作人员站立。立人板应用50mm×200mm的木板为宜，并适当绑扎固定，不得用钢模板、50mm×100mm的木板。

8）承重焊接钢筋骨架和模板一起安装时，模板必须固定在承重焊接钢筋骨架的节点上。

9）当层间高度大于5m时，若采用多层支架支模，则在两层支架立柱间应铺设垫板且平整，上下层支柱要垂直，并应在同一垂直线上。

10）当模板高度大于 5m 以上时，应搭脚手架，设防护栏，禁止上下在同一垂直面操作。

11）特殊情况下在临边、洞口作业时，如无可靠的安全设施，必须系好安全带并扣好保险钩，高挂低用。经医生确认不宜高处作业人员，不得进行高处作业。

12）在模板上施工时，堆物（钢筋、模板、木方等）不宜过多，不准集中在一处堆放。

13）模板安装就位后，要采取防止触电的保护措施，施工楼层上的电箱必须设漏电保护装置，防止漏电伤人。

（2）模板拆除

1）高处、复杂结构模板的装拆，事先应有可靠的安全措施。

2）拆楼层外边模板时，应有防高空坠落及防止模板向外倒跌的措施。

3）在模板拆装区域周围，应设置围栏，并挂明显的标志牌，禁止非作业人员入内。

4）拆模起吊前，应检查对拉螺栓是否拆净，在确无遗漏并保证模板与墙体完全脱离后方准起吊。

5）模板拆除后，在清扫和涂刷隔离剂时，模板要临时固定好，板面相对停放，之间应留出 50cm～60cm 宽的人行通道，模板上方要用拉杆固定。

6）拆模后模板或木方上的钉子，应及时拔除或敲平，防止钉子扎脚。

7）模板所用的脱模剂在施工现场不得乱扔，以防止影响环境质量。

8）拆模时，临时脚手架必须牢固，不得用拆下的模板作脚手架。

9）组合钢模板拆除时，上下应有人接应，模板随拆随运走，严禁从高处抛掷下。

10）拆基础及地下工程模板时，应先检查基坑土壁状况，如有不安全因素时，必须采取安全措施后，方可作业。拆除的模板和支撑件不得在基坑上口 1m 以内堆放，应随拆随运走。

11）拆模必须一次性拆清，不得留有无撑模板。混凝土板有预留孔洞时，拆模后，应随时在其周围做好安全护栏，或用板将孔洞盖住。防止作业人员因扶空、踏空而坠落。

12）拆模间歇时，应将已活动的模板、拉杆、支撑等固定牢固，防止其突然掉落伤人。

13）拆模时，应逐块拆卸，不得成片松动、撬落或拉倒，严禁作业人员在同一垂直面上同时操作。

14）拆 4m 以上模板时，应搭脚手架或工作台，并设防护栏杆，严禁站在悬臂结构上敲拆底模。

15）两人抬运模板时，应相互配合，协同工作。传递模板、工具，应用运输工具或绳索系牢后升降，不得乱抛。

（3）滑模与爬模

1）滑模装置的电路、设备均应接零接地，手持电动工具设漏电保护器，平台下照明采用 36V 低压照明，动力电源的配电箱按规定配置。主干线采用钢管穿线，跨越线路采用流体管穿线，平台上不允许乱拉电线。

2）滑模平台上设置一定数量的灭火器，施工用水管可代用作消防用水管使用。操作平台上严禁吸烟。

3）各类机械操作人员应按机械操作技术规程操作、检查和维修，确保机械安全，吊装索具应按规定经常进行检查，防止吊物伤人，任何机械均不允许非机械操作人员操作。

4）滑模装置拆除要严格按拆除方法和拆除顺序进行。在割除支承杆前，提升架必须加临时支护，防止倾倒伤人，支承杆割除后，及时在台上拔除，防止吊运过程中掉下伤人。

5）滑模平台上的物料不得集中堆放，一次吊运钢筋数量不得超过平台上的允许承载能力，并应分布均匀。

6）为防止扰民，振动器宜采用低噪声新型平板振动器。

7）爬模施工为高处作业，必须按照《建筑施工高处作业安全技术规范》（JGJ 80—1991）要求进行。

8）每项爬模工程在编制施工组织设计时，要制订具体的安全、防火措施。

9）设专职安全员、防火员跟班负责安全防火工作，广泛宣传安全第一的思想，认真进行安全教育、安全交底，提高全员的安全防火措施。

10）经常检查爬模装置的各项安全设施，特别是安全网、栏杆、挑架、吊架、脚手板、关键部位的紧固螺栓等。检查施工的各种洞口防护，检查电器、设备、照明安全用电的各项措施。

2. 钢筋工程

（1）钢筋调直、切断、弯曲、除锈、冷拉等各道工序的加工机械必须遵守国家现行标准《建筑机械使用安全技术规程》（JGJ 33—2012）的规定，保证职业健康安全装置齐全有效，动力线路用钢管从地坪下引入，机壳要有保护零线。

（2）施工现场用电必须符合国家现行标准《施工现场临时用电安全技术规范》（JGJ 46—2005）的规定。

（3）制作成型钢筋时，场地要平整，工作台要稳固，照明灯具必须加网罩。

（4）钢筋加工场地必须设专人看管，非工作人员不得擅自进入钢筋加工场地。

（5）加工好的钢筋现场堆放应平稳、分散，防止倾倒、塌落伤人。

（6）各种加工机械在作业人员下班后一定要拉闸断电。

（7）搬运钢筋时，应防止钢筋碰撞障碍物，防止在搬运中碰撞电线，发生触电事故。

（8）多人运送钢筋时，起、落、转、停动作要一致，人工上下传递不得在同一垂直线上。

（9）对从事钢筋挤压连接和钢筋直螺纹连接施工的有关人员应培训、考核、持证上岗，并经常进行职业健康安全教育，防止发生人身和设备职业健康安全事故。

（10）在高处进行挤压操作，必须遵守国家现行标准《建筑施工高处作业安全技术规范》（JGJ 80—1991）的规定。

（11）在建筑物内的钢筋要分散堆放，安装钢筋，高空绑扎时，不得将钢筋集中堆放在模板或脚手架上。

（12）在高空、深坑绑扎钢筋和安装骨架，必须搭设脚手架和马道。

（13）绑扎圈梁、挑檐、外墙、边柱钢筋时，应搭设外脚手架或悬挑架，并按规定挂好安全网。脚手架的搭设必须由专业架子工搭设且符合职业健康安全技术操作规程。

（14）绑扎 3m 以上的柱钢筋必须搭设操作平台，不得站在钢箍上绑扎。已绑扎的柱骨架应用临时支撑拉牢，以防倾倒。

（15）绑扎筒式结构（如烟囱、水池等），不得站在钢筋骨架上操作或上下。

（16）雨、雪、风力六级以上（含六级）天气不得露天作业。雨雪后应清除积水、积雪后方可作业。

3. 预应力工程

（1）配备符合规定的设备，并随时注意检查，及时更换不符合安全要求的设备。

（2）对电工、焊工、张拉工等特种作业工人必须经过培训考试合格取证，持证上岗。操作机械设备要严格遵守各机械的操作规程，严格按使用说明书操作，并按规定配备防护用具。

（3）成盘预应力筋开盘时应采取措施，防止尾端弹出伤人。严格防止与电源搭接，电源不得裸露。

（4）在预应力筋张拉轴线的前方和高处作业时，结构边缘与设备之间不得站人。

（5）油泵使用前应进行常规检查，重点是安全阀在设定油压下不能自动开通。

（6）输油路做到"三不用"，即输油管破损不用，接口损伤不用，接口螺母不扭紧、不到位不用。不准带压检修油路。

（7）使用油泵不得超过额定油压，千斤顶不得超过规定张拉最大行程。油泵和千斤顶的连接必须到位。

（8）预应力筋下料盘切割时防止钢丝、钢绞线弹出伤人，砂轮锯片破碎伤人。

（9）对脚手架、安全网、张拉设备等，现场施工负责人应组织技术人员、安全人员及施工班组共同检查，合格后方可使用。

（10）采用锥锚式千斤顶张拉钢丝束时，先使千斤顶张拉缸进油，压力表针有启动时再打楔块。

（11）两端张拉的预应力筋，两端正对预应力筋部位应采取措施进行防护。

（12）预应力筋张拉时，操作人员应站在张拉设备的作用力方向的两侧，严禁站在建筑物边缘与张拉设备之间，以防在张拉过程中，有可能来不及躲避偶然发生的事故而造成伤亡。

4. 混凝土工程

（1）采用手推车运输混凝土时，不得争先抢道，装车不应过满。卸车时应有挡车措施，不得用力过猛或撒把，以防车把伤人。

（2）使用井架提升混凝土时，应设制动装置，升降应有明确信号，操作人员未离开提升台时，不得发升降信号。提升台内停放手推车要平衡，车把不得伸出台外，车轮前后应挡牢。

（3）混凝土浇筑前，应对振动器进行试运转，振动器操作人员应穿绝缘靴、戴绝缘手套。振动器不能挂在钢筋上，湿手不能接触电源开关。

（4）混凝土运输、浇筑部位应有安全防护栏杆、操作平台。

（5）现场施工负责人应为机械作业提供道路、水电、机棚或停机场地等必备的条件，并消除对机械作业有妨碍或不安全的因素。夜间作业应设置充足的照明。

（6）机械进入作业地点后，施工技术人员应向操作人员进行施工任务和安全技术措施交底。操作人员应熟悉作业环境和施工条件，听从指挥，遵守现场安全规则。

（7）操作人员在作业过程中，应集中精力正确操作，注意机械工况，不得擅自离开工作岗位或将机械交给其他无证人员操作。严禁无关人员进入作业区或操作室内。

（8）使用机械与安全生产发生矛盾时，必须首先服从安全要求。

4.2.2　砌体工程

1. 砌筑砂浆工程

（1）砂浆搅拌机械必须符合《建筑机械使用安全技术规程》（JGJ 33—2012）及《施工现场临时用电安全技术规范》（JGJ 46—2005）的有关规定，施工中应定期对其进行检查、维修，保证机械使用安全。

（2）落地砂浆应及时回收，回收时不得夹有杂物，并应及时运至拌合地点。

2. 砌块砌体工程

（1）吊放砌块前应检查吊索及钢丝绳可靠程度，不灵活或性能不符合要求的严禁使用。

（2）堆放在楼层上的砌块重量，不得超过楼板允许承载力。

（3）所使用的机械设备必须性能良好、安全可靠，同时设有限位保险装置。

（4）机械设备用电必须符合"三相五线制"及三级保护的规定。

（5）操作人员必须戴好安全帽，佩带劳动保护用品等。

（6）作业层的周围必须进行封闭围护，同时设置防护栏及张挂安全网。

（7）砌体中的落地灰及碎砌块应及时清理成堆，装车或装袋运输，严禁从楼上或架子上抛下。

（8）楼层内的预留孔洞、电梯口、楼梯口等，必须进行防护，采取栏杆搭设的方法进行围护，预留洞口采取加盖的方法进行围护。

（9）吊装砌块和构件时应注意重心位置，禁止用起重拔杆拖运砌块，不得起吊有破裂、脱落、危险的砌块。

（10）起重拔杆回转时，严禁将砌块停留在操作人员上空或在空中整修、加工砌块。

（11）安装砌块时，不准站在墙上操作和在墙上设置受力支撑、缆绳等，在施工过程中，对稳定性较差的窗间墙、独立柱应加稳定支撑。

（12）因刮风，使砌块和构件在空中摆动不能停稳时，应停止吊装工作。

3. 石砌体工程

（1）操作人员应戴安全帽和帆布手套。

（2）搬运石块应检查搬运工具及绳索是否牢固，抬石应用双绳。

（3）砌筑时，脚手架上堆石不宜过多，应随砌随运。

（4）在架子上凿石应注意打凿方向，避免飞石伤人。

（5）用锤打石时，应先检查铁锤有无破裂，锤柄是否牢固。打锤要按照石纹走向落锤，锤口要平，落锤要准，同时要看清附近情况有无危险，然后落锤，以免伤人。

（6）墙身砌体高度超过地坪 1.2m 以上时，应搭设脚手架。

（7）石块不得往下掷。运石上下时，脚手板要钉装牢固，并钉装防滑条及扶手栏杆。

（8）堆放材料必须离开槽、坑、沟边沿 1m 以外，堆放高度不得高于 0.5m。往槽、坑、沟内运石料及其他物质时，应用溜槽或吊运，下方严禁有人停留。

（9）不准在墙顶或脚手架上修改石材，以免振动墙体影响质量或石片掉下伤人。

（10）砌石用的脚手架和防护栏板应经检查验收，方可使用，施工中不得随意拆除或改动。

4. 填充墙砌体工程

（1）砌体施工脚手架要搭设牢固。

（2）严禁站在墙上做划线、吊线、清扫墙面、支设模板等施工作业。

（3）外墙施工时，必须有外墙防护及施工脚手架，墙与脚手架间的间隙应封闭，防高空坠物，伤人。

（4）在脚手架上，堆放普通砖不得超过 2 层。

（5）操作时精神要集中，不得嬉笑打闹，以防意外事故发生。

（6）现场实行封闭化施工，有效控制噪声、扬尘、废物、废水等排放。

4.2.3 钢结构工程

1. 钢零件及钢部件加工

（1）所有材料、构件的堆放必须平整稳固，应放在不妨碍交通和吊装的地方，边角余料应及时清除。

（2）机械和工作台等设备的布置应便于职业健康安全操作，通道宽度不得小于 1m。

（3）一切机械、砂轮、电动工具、气电焊等设备都必须设有职业健康安全防护装置。

（4）凡是受力构件用电焊点固后，在焊接时不准在点焊处起弧，以防熔化塌落。

（5）对电气设备和电动工具，必须保证绝缘良好，露天电气开关要设防雨箱并加锁。

（6）焊接、合金钢、切割锰钢、有色金属部件时，应采取防毒措施。接触焊件，必要时应用橡胶绝缘板或干燥的木板隔离，并隔离容器内的照明灯具。

（7）焊接、切割、气刨前，应清除现场的易燃易爆物品。离开操作现场前，应切断电源，锁好闸箱。

（8）在现场进行射线探伤时，周围应设警戒区，并挂"危险"标志牌，现场操作人员应背离射线 10m 以外。在 30°投射角范围内，一切人员要远离 50m 以上。

（9）构件就位时应用撬棍拨正，不得用手扳或站在不稳固的构件上操作。严禁在构件下面操作。

（10）用撬杠拨正物件时，必须手压撬杠，禁止骑在撬杠上，不得将撬杠放在肋下，以免回弹伤人。在高空使用撬杠不能向下使劲过猛。

（11）带电体与地面、带电体之间，带电体与其他设备和设施之间，均需要保持一定的职业健康安全距离。起重吊装的索具、重物等与导线的距离不得小于 1.5m（电压在 4kV 及其以下）。

（12）保证电气设备绝缘良好。在使用电气设备时，首先应该检查是否有保护接地，接好保护接地后再进行操作。另外，电线的外皮、电焊钳的手柄，以及一些电动工具都要保证有良好的绝缘。

（13）用尖头板子拨正配合螺栓孔时，必须插入一定深度方能撬动构件，如发现螺栓孔不符合要求时，不得用手指塞入检查。

（14）工地或车间的用电设备，一定要按要求设置熔断器、断路器、漏电开关等器件。熔断器的熔丝熔断后，必须查明原因，由电工更换，不得随意加大熔丝断面或用铜丝代替。

（15）手持电动工具，应加装漏电开关，在金属容器内施工必须采用安全电压。

（16）推拉闸刀开关时，应带好干燥的皮手套，以防推拉开关时被电火花灼伤。

（17）使用电气设备时，操作人员必须穿胶底鞋和戴胶皮手套，以防触电。

（18）工作中，当有人触电时，不要赤手接触触电者，应该迅速切断电源，然后立即组织抢救。

2. 钢结构焊接工程

（1）电焊机要设单独的开关，开关应放在防雨的闸箱内，拉合闸时应戴手套侧向操作。

（2）焊钳与把线必须绝缘良好，连接牢固，在潮湿地点工人应站在绝缘胶板或木板上。

（3）焊接预热工件时，应有石棉布或挡板等隔热措施。

（4）把线、地线禁止与钢丝绳接触，更不得用钢丝绳或机电设备代替零线。所有地线接头，必须连接牢固。

（5）更换场地移动把线时，应切断电源，并不得手持把线爬梯登高。

（6）多台焊机在一起集中施焊时，焊接平台或焊件必须接地，并应有隔光板。

（7）清除焊渣、采用电弧气刨清根时，应戴防护眼镜或面罩，以防止铁渣飞溅伤人。

（8）雷雨天气时，应停止露天焊接工作。

（9）施焊场地周围应清除易燃易爆物品，或进行覆盖、隔离。

（10）在易燃易爆气体或液体扩散区施焊时，应经有关部门检试许可后，方可施焊。

（11）工作结束，应切断焊机电源，并检查操作地点，确认无起火危险后，方可离开。

3. 钢结构安装工程

（1）防止坠物伤人

1）高空往地面运输物件时，应用绳捆好吊下。吊装时，不得随意抛掷材料物件、工具，防止滑脱伤人或意外事故。不得在构件上堆放或悬挂零星物件。零星材料和物件必须用吊笼或钢丝绳保险绳捆扎牢固，才能吊运和传递。

2）构件绑扎必须绑牢固，起吊点应通过构件的重心位置，吊升时应平稳，避免振动或摆动。

3）起吊构件时，速度不应太快，不得在高空停留过久，严禁猛升猛降，以防构件脱落。

4）构件就位后临时固定前，不得松钩、解开吊装装索具。构件固定后，应检查连接牢固和稳定情况，当连接确实安全可靠，方可拆除临时固定工具和进行下步吊装。

5）设置吊装禁区，禁止与吊装作业无关的人员入内。地面操作人员，应尽量避免在高空作业正下方停留、通过。

6）风雪天、霜雾天和雨期吊装，高空作业应采取必要的防滑措施，如在脚手板、走道、屋面铺麻袋或草垫，夜间作业应有充分照明。

（2）防止高空坠落

1）吊装人员需戴安全帽，高空作业人员应系好安全带，穿防滑鞋，带工具袋。

2）吊装工作区应有明显标志，并设专人警戒，与吊装无关人员严禁入内。起重机工作时，起重臂杆旋转半径范围内，严禁站人。

3）运输吊装构件时，严禁在被运输、吊装的构件上站人指挥和放置材料、工具。

4）高空作业施工人员应站在轻便梯子或操作平台上工作。吊装屋架应在上弦设临时职业健康安全防护栏杆或采取其他职业健康安全措施。

5）登高用梯子吊篮，临时操作台应绑扎牢靠，梯子与地面夹角以 60°～70°为宜，操作台跳板应铺平绑扎，严禁出现挑头板。

（3）防止起重机倾翻

1）起重机行驶的道路，必须平整、坚实、可靠，停放地点必须平坦。

2）起重吊装指挥人员和起重机驾驶人员必须经考试合格持证上岗。

3）吊装时，指挥人员应位于操作人员视力能及的地点，并能清楚地看到吊装的全过程。起重机驾驶人员必须熟悉信号，并按指挥人员的各种信号进行操作，并不得擅自离开工作岗位，遵守现场秩序，服从命令听指挥。指挥信号应事先统一规定，发出的信号要鲜明、准确。

4）当所要起吊的重物不在起重机起重臂顶的正下方时，禁止起吊。

5）在风力等于或大于六级时，禁止在露天进行起重机移动和吊装作业。

6）起重机停止工作时，应刹住回转和行走机构，关闭和锁好司机室门。吊钩上不得悬挂构件，以免摆动伤人和造成吊车失稳。

（4）防止吊装结构失稳

1）构件吊装应按规定的吊装工艺和程序进行，未经计算和可靠的技术措施，不得随意改变或颠倒工艺程序安装结构构件。

2）构件吊装就位，应经初校和临时固定或连接可靠后方可卸钩，最后固定后始可拆除临时固定工具，高宽比很大的单个构件，未经临时或最后固定组成一稳定单元体系前，应设斜撑拉（撑）固。

3）多层结构吊装或分节柱吊装，应吊装完一层（或一节柱）后，将下层（下节）灌浆固定后，方可安装上层或上一节柱。

4）构件固定后不得随意撬动或移动位置。

4. 压型金属板工程

（1）压型钢板施工时两端要同时拿起，轻拿轻放，避免滑动或翘头，施工剪切下来的料头要放置稳妥，随时收集，避免坠落。非施工人员禁止进入施工楼层，避免焊接弧光灼伤眼睛或晃眼造成摔伤，焊接辅助施工人员应戴墨镜配合施工。

（2）施工时下一楼层应有专人监控，防止非工作人员进入施工区和焊接火花坠落造成失火。

（3）施工中工人不可聚集，以免集中荷载过大，造成板面损坏。

（4）施工的工人不得在屋面奔跑、抽烟、打闹和乱扔垃圾。

（5）当天吊至屋面上的板材应安装完毕，如果有未安装完的板材应做临时固定，以免被风刮下，发生事故。

（6）现场切割过程中，切割机械的底面不宜与彩板面直接接触，最好垫以薄三合板材。

（7）早上屋面易有露水，坡屋面上彩板面滑，应特别注意防护措施。

（8）吊装中不要将彩板与脚手架、柱子、砖墙等碰撞和摩擦。

（9）不得将其他材料散落在屋面上，或污染板材。

（10）操作工人携带的工具等应放在工具袋中，如放在屋面上应放在专用的布或其他片材上。

（11）在屋面上施工的工人应穿胶底不带钉子的鞋。

（12）板面铁屑清理，板面在切割和钻孔中会产生铁屑，这些铁屑必须及时清除，不可过夜。此外，其他切除的彩板头、铝合金拉铆钉上拉断的铁杆等应及时清理。

（13）在用密封胶封堵缝时，应将附着面擦干净，以使密封胶在彩板上有良好的结合面。

（14）电动工具的连接插座应加防雨措施，避免造成事故。

5. 钢结构涂装工程

（1）配制硫酸溶液时，应将硫酸注入水中，严禁将水注入硫酸中；配制硫酸乙酯时，应将硫酸慢慢注入酒精中，并充分搅拌，温度不得超过 60℃，以防酸液飞溅伤人。

（2）配制使用乙醇、苯、丙酮等易燃材料的施工现场，应严禁烟火和使用电炉等明火设备，并应配置消防器材。

（3）防腐涂料的溶剂，常易挥发出易燃易爆的蒸气，当达到一定浓度后，遇火易引起燃烧或爆炸。因此，在施工时应加强通风降低积聚浓度。

（4）涂漆施工场地要有良好的通风，如在通风条件不好的环境涂漆时，必须安装通风设备。

（5）因操作不当，涂料溅到皮肤上时，可用木屑加肥皂水擦洗；最好不用汽油或强溶剂擦洗，以免引起皮肤发炎。

（6）使用机械除锈工具清除锈层、工业粉尘、旧漆膜时，为避免眼睛受伤，要戴上防护眼镜和防尘口罩，以防呼吸道被感染。

（7）在涂装对人体有害的漆料（如红丹的铅中毒、天然大漆的漆毒、挥发型漆的溶剂中毒等）时，应带上防毒口罩、封闭式眼罩等保护用品。

（8）在喷涂硝基漆或其他挥发型易燃性较大的涂料时，严格遵守防火规则，严禁使用明火，以免失火或引起爆炸。

（9）高空作业和双层作业时要戴安全帽；要仔细检查跳板、脚手杆子、吊篮、云梯、绳索、安全网等施工用具有无损坏、捆扎牢不牢、有无腐蚀或搭接不良等隐患；每次使用之前均应在平地上做起重试验，以防造成事故。

（10）不允许把盛装涂料、溶剂或用剩的漆罐开口放置。浸染涂料或溶剂的破布及废棉纱等物，必须及时清除；涂漆环境或配料房要保持清洁，出入通畅。

（11）施工场所的电线，要按防爆等级的规定安装；电动机的启动装置与配电设备，应该是防爆式的，要防止漆雾飞溅在照明灯泡上。

（12）操作人员涂漆施工时，如感觉头痛、心悸或恶心，应立即离开施工现场，到通风良好、空气新鲜的地方，如仍然感到不适，应速去医院检查治疗。

4.3　地面及装饰装修工程安全技术措施

4.3.1　地面工程

（1）屋面施工作业前，无高女儿墙的屋面的周围边沿和预留孔洞处，必须按"洞口、临边"防护规定进行职业健康安全防护。施工中由临边向内施工，严禁由内向外施工。

（2）屋面材料垂直运输或吊运中应严格遵守相应的职业健康安全操作规程。

（3）对易燃材料，必须贮存在专用仓库或专用场地，应设专人进行管理。

（4）库房及现场施工隔气层、保温层时，严禁吸烟和使用明火，并配备消防器材和灭火设施。

（5）施工现场操作人员必须戴好安全帽，防水层和保温层施工人员禁止穿硬底和带钉子的鞋。

（6）在屋面上施工作业时作业人员应面对檐口，由檐口往里施工，以防不慎坠落。

（7）清扫垃圾及砂浆拌合物过程中要避免灰尘飞扬；对建筑垃圾，特别是有毒有害物质，应按时定期地清理到指定地点，不得随意堆放。

（8）屋面施工作业时，绝对禁止从高处向下乱扔杂物，以防砸伤他人。

（9）雨雪、大风天气应停止作业，待屋面干燥风停后，方可继续工作。

4.3.2　饰面板（砖）工程

（1）外墙贴面砖施工前先要由专业架子工搭设装修用外脚手架，经验收合格后才能使用。

（2）操作人员进入施工现场必须戴好安全帽。

（3）上架子作业前必须检查脚手板搭放是否安全可靠，确认无误后方可上架进行作业。

（4）上架工作，禁止穿硬底鞋、拖鞋、高跟鞋，且架子上的人不得集中在一块，严禁从上往下抛掷杂物。

（5）脚手架的操作面上不可堆积过量的面砖和砂浆。

（6）施工现场临时用电线路必须按临时用电规范布设，严禁乱接乱拉，远距离电缆线不得随地乱拉，必须架空固定。

（7）电器设备应有接地、接零保护，现场维护电工应持证上岗，非维护电工不得乱接电源。

（8）小型电动工具，必须安装"漏电保护"装置，使用时应经试运转合格后方可操作。

（9）电源、电压须与电动机具的铭牌电压相符，电动机具移动应先断电后移动，下班或使用完毕必须拉闸断电。

（10）施工现场严禁扬尘作业，清理打扫时必须洒少量水湿润后方可打扫，并注意对成品的保护，废料及垃圾必须及时清理干净，装袋运至指定堆放地点，堆放垃圾处必须进行围挡。

（11）切割石材的临时用水，必须有完善的污水排放措施。

（12）用滑轮和绳索提拉水泥砂浆时，滑轮一定要固定好，绳索要结实可靠，防止绳索断裂坠物伤人。

（13）对施工中噪声大的机具，尽量安排在白天及夜晚22点前操作，严禁噪声扰民。

4.3.3 涂装工程

（1）作业高度超过2m应按规定搭设脚手架。施工前要进行检查是否牢固。

（2）油漆施工前应集中工人进行职业健康安全教育，并进行书面交底。

（3）墙面刷涂料当高度超过1.5m时，要搭设马凳或操作平台。

（4）施工现场严禁设油漆材料仓库，场外的油漆仓库应有足够的消防设施，且设有严禁烟火标语。

（5）涂刷作业时操作工人应佩戴相应的保护设施。如防毒面具、口罩、手套等，以免危害工人的肺、皮肤等。

（6）严禁在民用建筑工程室内用有机溶剂清洗施工用具。

（7）油漆使用后，应及时封闭存放，废料应及时清出室内，施工时室内应保持良好通风。

（8）民用建筑工程室内装修中，进行饰面人造木板拼接施工时，除芯板为A类外，应对其断面及无饰面部位进行密封处理。

（9）遇有上下立体交叉作业时，作业人员不得在同一垂直方向上操作。

（10）油漆窗子时，严禁站或骑在窗槛上操作，以防槛断人落。刷封檐板时应利用外装修架或搭设挑架进行。刷外开窗扇漆时，应将安全带挂在牢靠的地方。

（11）现场清扫设专人洒水，不得有扬尘污染。打磨粉尘用潮布擦净。

（12）涂刷作业过程中，操作人员如感头痛、恶心、心闷或心悸时，应立即停止作业到户外换取新鲜空气。

（13）每天收工后应尽量不剩油漆材料，剩余油漆不准乱倒，应收集后集中处理。

4.3.4 油漆工程

（1）进入现场，必须戴好安全帽，扣好帽带，并正确使用个人劳动防护用具。

（2）凡不符合高处作业的人员，一律禁止高处作业。并严禁酒后高处作业。

（3）施工场地应有良好的通风条件，如在通风条件不好的场地施工时必须安装通风设备，方能施工。

（4）悬空作业处应有牢靠的立足处，并必须视具体情况，配置防护网、栏杆或其他安全设施。

（5）严格正确使用劳动保护用品。遵守高处作业规定，工具必须入袋，物件严禁高处抛掷。

（6）在用钢丝刷、板锉、气动、电动工具清除铁锈、铁鳞时，为避免眼睛沾污和受伤，应戴上防护眼镜。

（7）高空作业需系安全带。

（8）在涂刷红丹防锈漆及含铅颜料的涂装时，应注意防止铅中毒，操作时要戴口罩。

（9）在喷涂硝基漆或其他挥发性、易燃性熔剂稀释的涂料时，严禁使用明火。

（10）在涂刷或喷涂对人体有害的涂装时，需戴上防护口罩，如对眼睛有害，需戴上密闭式眼镜进行保护。

（11）为了避免静电集聚引起事故，对罐体涂漆或喷涂设备应安装接地线装置。

（12）涂刷大面积场地时，（室内）照明和电气设备必须按防火等级规定进行安装。

（13）操作人员在施工时如感觉头痛、心悸或恶心时，应立即离开工作地点，到通风良好处换换空气。如仍不舒服，应去保健站治疗。

（14）在配料或提取易燃品时严禁吸烟，浸擦过清漆、清油、油的棉纱、擦手布不能随便乱丢，应投入有盖金属容器内及时处理。

（15）不得在同一脚手板上交叉工作。

（16）使用的人字梯不准有断档，拉绳必须结牢并不得站在最上一层操作，不要站在高梯上移位，在光滑地面操作时，梯子脚下要绑布或其他防滑物。

（17）涂装仓库严禁明火入内，必须配备相应的灭火机。不准装设小太阳灯。

（18）各类涂装和其他易燃、有毒材料，应存放在专用库房内，不得与其他材料混放。挥发性油料应装入密闭容器内，妥善保管。

（19）库房应通风良好，不准住人，并设置消防器材和"严禁烟火"明显标志。库房与其他建筑应保持一定的安全距离。

（20）用喷砂除锈，喷嘴接头要牢固，不准对人。喷嘴堵塞，应停机消除压力后，才可进行修理或更换。

（21）使用煤油、汽油、松香水、丙酮等调配油料，应先戴好防护用品，严禁火种。

（22）刷外开窗扇，必须将安全带挂在牢固的地方。刷封檐板、水落管等应搭设脚手架或吊架。在大于 25°的铁皮屋面上刷油，应设置活动板梯、防护栏杆和安全网。

（23）使用喷灯，加油不得过满，打气不应过足，使用的时间不宜过长，点火时火嘴不准对人。

4.3.5 门窗安装工程

（1）进入现场必须戴安全帽。严禁穿拖鞋、高跟鞋、带钉易滑的鞋进入现场。

（2）安装玻璃门用的梯子应牢靠，不应缺档，梯子放置不宜过陡，其与地面夹角以 60°～70°为宜。严禁两人同时站在一个梯子上作业。

（3）裁划玻璃要小心，并在规定的场所进行。边角余料要集中堆放，并及时处理，不得乱丢乱扔，以防扎伤他人。

（4）作业人员在搬运玻璃时应戴手套，或用布、纸垫住将玻璃与手及身体裸露部分隔开，以防被玻璃划伤。

（5）在高凳上作业的人要站在中间，不能站在端头，防止跌落。

（6）材料要堆放平稳，工具要随手放入工具袋内。上下传递工具物件时，严禁抛掷。

（7）要经常检查机电器具有无漏电现象，一经发现立即修理，决不能勉强使用。

（8）安装窗扇玻璃时要按顺序依次进行，不得在垂直方向的上下两层同时作业，以避免玻璃破碎掉落伤人。

（9）天窗及高层房屋安装玻璃时，施工点的下面及附近严禁行人通过，以防玻璃及工具落伤人。

（10）门窗等安装好的玻璃应平整、牢固，不得有松动现象，并在安装完后，应随即将风钩挂好或插上插销，以防风吹窗扇碰碎玻璃掉落伤人。

（11）安装完后所剩下的残余破碎玻璃应及时清扫和集中堆放，并要尽快处理，以避免玻璃碎屑扎伤人

4.3.6 轻质隔墙与玻璃工程

1. 轻质隔墙工程

（1）施工现场必须结合实际情况设置隔墙材料贮藏间，并派专人看管，禁止他人随意挪用。

（2）隔墙安装前必须先清理好操作现场，特别是地面，保证搬运通道畅通，防止搬运人员绊倒和撞到他人。

（3）施工现场必须工完场清。设专人洒水、打扫，不能扬尘污染环境。

（4）现场操作人员必须戴好安全帽，搬运时可戴手套，防止刮伤。

（5）推拉式活动隔墙安装后，应该推拉平稳、灵活、无噪声，不得有弹跳卡阻现象。

（6）板材隔墙和骨架隔墙安装后，应该平整、牢固，不得有倾斜、摇晃现象。

（7）玻璃隔断安装后应平整、牢固，密封胶与玻璃、玻璃槽口的边缘应粘接牢固，不得有松动现象。

（8）搬运时设专人在旁边监护，非安装人员不得在搬运通道和安装现场停留。

2. 玻璃安装工程

（1）进入施工现场应戴好安全帽。搬运玻璃时，应戴上手套，玻璃应立放紧靠。高空装配及揩擦玻璃时，必须穿软底鞋，系好安全带，以保安全操作。

（2）截割玻璃，应在指定场所进行。截下的玻璃条及碎块，不得随意乱抛，应集中收集在木箱中。大批量玻璃截割时，要有固定的工作室。

（3）安装门窗或隔断玻璃时，不得将梯子靠在门窗扇上或玻璃框上操作。脚手架、脚手板、吊篮、长梯、高凳等，应认真检查是否牢固，绑扎有无松动，梯脚有无防滑护套，人字梯中间有无拉绳，符合要求后方可用以进行操作。

（4）安装玻璃时应带工具袋。木门窗玻璃安装时，严禁将钉子含在口内进行操作。同一垂直面上不得上下交叉作业。玻璃未固定前，不得歇工或休息，以防工具或玻璃掉落伤人。

（5）在高处安装玻璃，应将玻璃放置平稳，垂直下方禁止通行。安装屋顶采光玻璃，应铺设脚手板或其他安全措施。

（6）门窗玻璃安装后，应随手挂好风钩或插上插销锁住窗扇，防止刮风损坏玻璃，并将多余玻璃、材料、工具清理入库。

（7）玻璃安装时，操作人员应对门窗口及窗台抹灰和其他装饰项目加以保护。门窗玻璃安装完毕后，应有专人看管维护，检查门窗关启情况。

（8）拆除外脚手架、悬挑脚手架和活动吊篮架时，应有预防玻璃被污染及破损的保护措施。

（9）大块玻璃安装完毕后，应在1.6m左右高处，粘贴彩色醒目标志，以免误撞损坏

玻璃。对于面积较大、价格昂贵的特种玻璃，应有妥善保护措施。

（10）安装完后所剩下的残余破碎玻璃应及时清扫和集中堆放，并要尽快处理，以避免玻璃碎屑扎伤人。

4.3.7 抹灰工程

1. 室外抹灰工程要求

（1）高处作业时，应检查脚手架是否牢固，特别是在大风及雨后作业。

（2）在架子上工作，工具和材料要放置稳当，不许随便乱扔。

（3）对脚手板不牢和跷头板等及时处理，要铺有足够的宽度，以保证手推车运砂浆时的安全。严格控制脚手架施工荷载。

（4）用塔吊上料时，要有专人指挥，遇6级以上大风时暂停作业。

（5）砂浆机应有专人操作维修、保养，电器设备的绝缘良好并接地。

（6）不准随意拆除、斩断脚手架软硬拉结，不准随意拆除脚手架上的安全设施，如妨碍施工应经施工负责人批准后，方能拆除妨碍部位。

2. 室内抹灰工程要求

（1）室内抹灰使用的木凳、金属支架应搭设牢固，脚手板高度不大于2m，架子上堆放材料不得过于集中，存放砂浆的灰斗、灰桶等要放稳。

（2）搭设脚手不得有跷头板，严禁脚手板支搭在门窗、暖气管道上。

（3）操作前应检查架子、高凳等是否牢固，不准用2×4、2×8木料（2m以上跨度）、钢模板等作为立人板。

（4）搅拌与抹灰时，防止灰浆溅入眼内。

（5）在室内推运输小车时，特别是在过道中拐弯时要注意小车挤手。

4.3.8 吊顶与幕墙工程

1. 幕墙工程安全技术

（1）施工前，项目经理、技术负责人要对工长和安全员进行技术交底，工长和安全员要对全体施工人员进行技术交底和职业健康安全教育。每道工序都要做好施工记录和质量自检。

（2）进入现场必须佩戴安全帽，高空作业必须系好安全带，携带工具袋，严禁穿拖鞋、凉鞋进入工地。

（3）禁止在外脚手架上攀爬，必须由通道上下。

（4）所有施工机具在施工前必须进行严格检查，如手持吸盘须检查吸附质量和持续吸附时间试验，电动工具需做绝缘电压试验。

（5）现场电焊时，在焊接下方应设接火斗，防止电火花溅落引起火灾或烧伤其他建筑成品。

（6）幕墙施工下方禁止人员通行和施工。

（7）电源箱必须安装漏电保护装置，手持电动工具的操作人员应戴绝缘手套。

（8）在高层石材板幕墙安装与上部结构施工交叉作业时，结构施工层下方应架设防护网；在离地面3m高处，应搭设挑出6m的水平安全网。

（9）在六级以上大风、大雾、雷雨、下雪天气严禁高空作业。

2. 吊顶工程安全技术

（1）无论是高大工业厂房的吊顶还是普通住宅房间的吊顶均属于高处作业，因此作业人员要严格遵守高处作业的有关规定，严防发生高处坠落事故。

（2）吊顶的房间或部位要由专业架子工搭设满堂脚手架，脚手架的临边处设两道防护栏杆和一道挡脚板，吊顶人员站在脚手架操作面上作业，操作面必须满铺脚手板。

（3）吊顶的主、副龙骨与结构面要连接牢固，防止吊顶脱落伤人。吊顶下方不得有其他人员来回行走，以防掉物伤人。

（4）作业人员要穿防滑鞋，行走及材料的运输要走马道，严禁从架管爬上爬下。

（5）作业人员使用的工具要放在工具袋内，不要乱丢乱扔，同时高空作业人员禁止从上向下投掷物体，以防砸伤他人。

（6）作业人员使用的电动工具要符合安全用电要求，如需用电焊的地方必须由专业电焊工施工。

4.3.9 裱糊、软包与细部工程

1. 裱糊与软包工程

（1）选择材料时，必须选择符合国家规定的材料。

（2）对软包面料及填塞料的阻燃性能严格把关，达不到防火要求时，不予使用。

（3）材料应堆放整齐、平稳，并应注意防火。

（4）软包布附近尽量避免使用碘钨灯或其他高温照明设备，不得动用明火，避免损坏。

（5）夜间临时用的移动照明灯，必须用安全电压。机械操作人员必须培训持证上岗，现场一切机械设备，非操作人员一律禁止动用。

2. 细部工程

（1）施工现场严禁烟火，必须符合防火要求。

（2）施工时严禁用手攀窗框、窗扇和窗撑。操作时应系好安全带，严禁把安全带挂在窗撑上。

（3）安装前应设置简易防护栏杆，防止施工时意外摔伤。

（4）操作时应注意对门窗玻璃的保护，以免发生意外。

（5）安装后的橱柜必须牢固，确保使用安全。

（6）栏杆和扶手安装时应注意下面楼层的人员，适当时将梯井封好，以免坠物砸伤下面的作业人员。

4.4 拆除工程安全技术措施

4.4.1 人工拆除

1. 定义

依靠手工加上一些非动力性工具如风镐、钢钎、榔头、倒链、钢丝绳等，对建（构）

筑物实施解体和破碎的作业方法。

2. 特点

（1）作业人员必须亲临拆除点操作，因此不可避免地要进行高空作业、临边作业，因此其危险性大，是拆除施工方法中危险最大的一种作业方法。

（2）劳动强度大、拆除速度慢。

（3）受天气影响大。刮风、下雨、结冰、下霜、打雷、大雾等天气条件均不可登高作业。

（4）可以精雕细刻，易于保留部分建筑物。

3. 适用范围

拆除一些砖木结构、混合结构以及上述结构的分离和部分保留拆除项目。

4. 人工拆除技术及安全措施

（1）人工拆除的拆除顺序

建筑物的拆除顺序原则上按建造顺序的逆向进行，即先造的后拆，后造的先拆，具体可以归纳成"自上而下，先次后主"。所谓"自上而下"是指从上往下层层拆除，"先次后主"是指在同一层面上的拆除顺序，先拆次要的构件，后拆主要的构件。所谓次要构件就是不承重的构件，如阳台、屋檐、外楼梯、广告牌和内部的门、窗等，以及在拆除过程中原为承重构件去掉荷载后的构件。所谓主要构件就是承重构件，或者在拆除过程中暂时还承重的构件。

（2）不同结构的人工拆除技术和注意事项

由于房屋的结构不同，拆除方法也各有差异，下面主要叙述砖木结构、框架结构（或者混合结构）的拆除技术和注意事项。

1）坡屋面的砖木结构房屋

① 揭瓦

a. 小瓦揭法。小瓦通常是纵向搭接、横向正反相间铺在屋面板上或屋面砖上。拆除时先拆屋脊瓦（搭接形式），再拆屋面瓦，从上向下，一片一片叠起来，传接至地面堆放整齐。小瓦揭法的注意事项如下：

（a）拆除时人要斜坐在屋面板上向前拆以防打滑。当屋面坡度大于30°时要系安全带，安全带要固定在屋脊梁上；或者搭脚手架拆除。脚手架须请有资质的专业单位搭设，拉攀牢固，经验收合格后方可使用，并随建筑物拆除进度及时同步拆除。

（b）检查屋面板有无腐烂。对腐烂的屋面板，人要坐在对应梁的位置上操作，防止屋面板断裂、掉落。

b. 平瓦揭法。平瓦通常是纵向搭接铺压在屋面板上或直接挂在瓦条上。对于前一种铺法的平瓦，拆除方法和注意事项同小瓦。后一种铺法虽然拆法大体相同，但注意事项如下：

（a）安全带要系在梁上，不可系在挂瓦条上，拆除时人不可站在瓦上揭瓦，一定要斜坐在檩条对应梁的位置上。

（b）揭瓦时房内不得有人，以防碎片伤人。

c. 石棉瓦揭法。石棉瓦通常是纵横搭接铺在屋面板上，特殊简易房，石棉瓦直接固定在钢架上，而钢架的跨度与石棉瓦的长度相当。对这种结构的石棉瓦的拆除注意事项如下：

（a）不可站在石棉瓦上拆固定钉，应在室内搭好脚手架，人站在脚手架上拆固定钉。然后用手顶起石棉瓦叠在下一块上，依次往下叠，在最后一块上回收。

（b）瓦可通过室内传下，拆瓦、传瓦必须有统一指挥，以防伤人。

② 屋面板拆除

拆屋面板时人应站在屋面板上，先用直头撬杠撬开一个缺口，再用弯头带起钉槽的撬杠，从缺口处向后撬，待板撬松后，拔掉铁钉，将板从室内传下。屋面板拆除的注意事项如下：

a. 撬板时人要站在对应桁条的位置上。

b. 对于坡度大于 30°的陡屋面，拆除时要系安全带或搭设脚手架。

③ 桁条拆除

桁条与支撑体的连接通常有三种：

a. 直接搁在承重墙上；

b. 搁在人字梁上；

c. 搁在支撑立柱上。

拆除桁条时用撬杠将两头固定钉撬掉，两头系上绳子，慢慢下放至下层楼面上作进一步处理。

④ 人字梁拆除

拆除桁条前在人字梁的顶端系两根可两面拉的绳子，桁条拆除后，将绳两面拉紧，用撬杠或气割枪将两端的固定钉拆除，使其自由，再拉一边绳、松另一边绳，使人字梁向一边倾斜，直至倒置，然后在两端系上绳子，慢慢放至下层楼面上作进一步解体或者整体运走。

2）框架结构（或砖混结构）的房屋

① 屋面板拆除

屋面板分预制板和现浇板两种。

a. 预制板拆除方法。预制板通常直接搁在梁上或承重墙上，它与梁或墙体之间没有纵横方向的连接，一旦预制板折断，就会下落。因此，拆除时在预制板的中间位置打一条横向切槽，将预制板拦腰切断，让预制板自由下落即可。其注意事项如下：

（a）开槽要用风镐，由前向后退打，保证人站在没有破坏的预制板上。

（b）打断一块及时下放一块，因有粉刷层的关系，单靠预制板的重量有时不足以克服粉刷层与预制板之间的粘结力而自由下落，这时需用锤子将打断的预制板粉刷层敲松即可下落。

b. 现浇板拆除方法。现浇板是由纵横正交单层钢筋混凝土组成，板厚为 12mm 左右，它与梁或圈梁之间有钢筋连接组成整体。拆除时用风镐或锤子将混凝土打碎即可，不需考虑拆除顺序和方法。

② 梁的拆除

梁分承重梁和连系梁（圈梁）两种，当屋面板（楼板）拆除后，连系梁不再承重了，属于次要构件，可以拆除。拆除时用风镐将梁的两端各打开一个缺口，露出所有纵向钢筋，然后气割一端钢筋使其自然下垂，再割另一端钢筋使其脱离主梁，放至下层楼面作进一步处理。

承重梁（主梁）拆除方法大体上同连系梁。但因承重梁通常较大，不可直接气割钢筋让其自由下落，必须用吊具吊住大梁后，方可气割两端钢筋，然后吊至下层楼面或地面作进一步解体。

③墙体拆除

墙分砖墙和混凝土墙两种。

a. 砖墙拆除办法。用锤子或撬杠将砖块打（撬）松，自上而下作粉碎性拆除，对于边墙除了自上而下外还应由外向内作粉碎性拆除。

b. 混凝土端拆除方法。用风镐沿梁、柱将墙的左、上、右三面开通槽，再沿地板面墙的背面打掉钢筋保护层，露出纵向钢筋，系好拉绳，气割钢筋，将墙拉倒，再破碎。拆除过程中的注意事项如下：

（a）拆墙时室内要搭可移动的脚手架或脚手凳，临人行道的外墙要搭外脚手架并加密网封闭，人流稠密的地方还要加搭过街防护棚。

（b）气割钢筋顺序为先割沿地面一侧的纵向钢筋，其次为上方沿梁的纵向钢筋，最后是两侧的横向钢筋。

（c）不得采用掏掘或推倒的方法拆除墙体。

（d）严禁站在墙体或被拆梁上作业。

（e）楼板上严禁多人聚集或堆放材料。

④立柱拆除

立柱拆除采用先拉倒再解体破碎的方法。打掉立柱根部背面的钢筋保护层，剔凿露出纵向钢筋，在立柱顶端使用手动倒链向内定向牵引，采用气焊切割柱子三面钢筋，保留牵引方向正面的钢筋。气割钢筋，向内拉倒立柱，进一步破碎。其注意事项如下：

a. 立柱倾倒方向应选在下层梁或墙的位置上。

b. 撞击点应设置缓冲防振措施。

⑤清理层面垃圾

楼层内的施工垃圾，应采用封闭的垃圾道或垃圾袋运下，不得向下抛掷。

垃圾井道的要求如下：

a. 垃圾井道的口径大小，对现浇板结构层面，道口直径为1.2m～1.5m；对预制结构屋面，打掉两块预制板，上下对齐。

b. 垃圾井道数量，原则上每跨不得多于1只，对进深很大的建筑可适当增加，但要分布合理。

c. 井道周围要作密封性防护，防止灰尘飞扬。

4.4.2　机械拆除

1. 定义

指使用大型机械如挖掘机、镐头机、重锤机等为主，人工为辅相配合的对建筑物、构筑物实施解体和破碎的施工方法。

2. 特点

（1）施工人员无需直接接触拆除点，无需高空作业，危险性小。

（2）劳动强度低，拆除速度快，工期短。

（3）作业时扬尘较大，必须采取湿式作业法。

（4）对需要部分保留的建筑物不可直接拆除，必须先用人工分离后方可拆除。

3. 适用范围

拆除混合结构、框架结构、板式结构等高度不超过 30m 的建筑物、构筑物及各类基础和地下构筑物。

4. 机械拆除施工的技术及安全措施

（1）机械拆除的拆除顺序

解体→破碎→翻渣→归堆待运。

（2）拆除方法

根据被拆建筑物、构筑物高度不同又分为镐头机拆除和重锤机拆除两种方法。

1）镐头机拆除方法：镐头机可拆除高度不超过 15m 的建（构）筑物。

① 拆除顺序：自上而下、逐层、逐跨拆除。

② 工作面选择：框架结构房选择与承重梁平行的面作施工面；混合结构房选择与承重墙平行的面作施工面。

③ 停机位置选择：设备机身距建筑物垂直距离约 3m～5m，机身行走方向与承重梁（墙）平行，大臂与承重梁（端）呈 45°～60°。

④ 打击点选择：打击顶层立柱的中下部，让顶板、承重梁自然下塌，打断一根立柱后向后退，再打下一根，直至最后。对于承重墙要打顶层的上部，防止碎块下落砸坏设备。

⑤ 清理工作面：用挖掘机将解体的碎块运至后方空地作进一步破碎，空出镐头机作业通道，进行下一跨作业。

2）重锤机拆除方法：重锤机通常用 50t 吊机改装而成，锤重 3t，拔杆高 30m～52m，有效作业高度可达 30m，锤体侧向设置可快速释放的拉绳，因此，重锤机既可以纵向打击楼板，又可以横向撞击立柱、墙体，是一个比较好的拆除设备。

① 拆除顺序：从上向下层层拆除，拆除一跨后清除悬挂物，移动机身再拆下一跨。

② 工作面选择：同镐头机。

③ 打击点选择：侧向打击顶层承重立柱（墙），使顶板、梁自然下塌。拆除一层以后，放低重锤以同样方法拆下一层。

④ 拔杆长度选择：最高打击点高度加 15m～18m，但最短不得短于 30m。

⑤ 停机位置选择：对于 50t 吊机，锤重为 3t，停机位置距打击点所在的拆除面的距离最大为 26m。机身垂直拆除面。

⑥ 清理悬挂物：用重锤侧向撞击悬挂物使其破碎，或将重锤改成吊篮，人站在吊篮内气割悬挂物，让其自由落下。

⑦ 清理工作面：拆除一跨以后，用挖土机清理工作面，移动机身拆除下一跨。

（3）机械拆除的注意事项

1）当采用机械拆除建筑时，应从上至下，逐层分段进行；应先拆除非承重结构，再拆除承重结构。拆除框架结构建筑，必须按楼板、次梁、主梁、柱子的顺序进行施工。对只进行部分拆除的建筑，必须先将保留部分加固，再进行分离拆除。

2）施工中必须由专人负责监测被拆除建筑的结构状态，做好记录。当发现有不稳定状态的趋势时，必须停止作业，采取有效措施，消除隐患。

3）拆除施工时，应按照施工组织设计选定的机械设备及吊装方案进行施工，严禁超载作业或任意扩大使用范围。供机械设备使用的场地必须保证足够的承载力。作业中机械不得同时回转、行走。

4）进行高处拆除作业时，以较大尺寸的构件或沉重的材料，必须采用起重机具及时吊下。拆卸下来的各种材料应及时清理，分类堆放在指定场所，严禁向下抛掷。

5）采用双机抬吊作业时，每台起重机载荷不得超过允许载荷的 80%，且应对第一吊进行试吊作业，施工中必须保持两台起重机同步作业。

6）拆除吊装作业的起重机司机，必须严格执行操作规程。信号指挥人员必须按照现行国家标准《起重吊运指挥信号》（GB 5082—1985）的规定作业。

7）拆除钢屋架时，必须采用绳索将其拴牢，待起重机吊稳后，方可进行气焊切割作业。吊运过程中，应采用辅助措施使被吊物处于稳定状态。

8）拆除桥梁时应先拆除桥面的附属设施及挂件、护栏等。

4.4.3 爆破拆除

1. 定义

利用炸药在爆炸瞬间产生高温高压气体对外做功，借此来解体和破碎建（构）筑物的方法。

2. 特点

（1）由于爆破前施工人员不进行有损建筑物整体结构和稳定性的操作，所以人身安全最有保障。

（2）由于爆破拆除是一次性解体，所以扬尘、扰民较少。

3. 适用范围

拆除混合结构、框架结构、钢混结构等各类超高建筑物及各类基础和地下构筑物。

4. 爆破拆除施工的技术及安全措施

爆破拆除属于特殊行业，从事爆破拆除的企业，不但需要精湛的技术，还必须有严格的管理和严密的组织。

（1）爆破拆除企业的注册

从事爆破拆除的企业，必须经当地公安主管部门审查、批准，发给火工品使用许可证后，方可到工商管理部门登记注册。

（2）爆破拆除企业的分级

公安管理部门根据爆破拆除企业的技术力量，将企业分为 A、B 两级资质。

A 级爆破拆除企业，必须具有从事爆破作业三年以上的两名高级职称和四名中级职称的技术人员。

B 级爆破拆除企业，必须具有从事爆破作业三年以上的一名高级职称和两名中级职称的技术人员。

（3）爆破拆除的原则

1）爆破拆除设计、施工，火工品运输、保管、使用必须遵守国家制定的《爆破安全规程》（GB 6722—2003）。

2）从事爆破拆除方案设计、审核的技术人员，必须经过公安部组织的技术培训，经考试合格，发给中华人民共和国爆破工程技术人员安全作业证。安全作业证分高级和中级两种，分别对应高级职称和中级职称。持证设计、审核。

3）爆破拆除设计方案必须经所在地区公安管理部门和拆房安全管理部门审批、备案方可实施。

4）爆破作业人员，火工品保管员、押运员必须经过当地公安管理部门组织的技术培训，并经考试合格后分别发给"爆破员证"、"火工品保管员证"、"火工品押运员证"，持证上岗。

5）爆破拆除施工必须在确保周围建筑物、构筑物、管线、设备仪器和人身安全的前提下进行。

（4）爆破作业程序

1）编写施工组织设计

根据结构图纸（或实地查看）、周围环境、解体要求，确定倒塌方式和防护措施。

根据结构参数和布筋情况，决定爆破参数和布孔参数。

2）组织爆前施工

按设计的布孔参数钻孔，按倒塌方式拆除非承重结构，由技术员和施工负责人二级验收。

3）组织装药接线

① 由爆破负责人根据设计的单孔药量组织制作药包，并将药包编号。

② 对号装药、堵塞。

③ 根据设计的起爆网络接线联网。

④ 由项目经理、设计负责人、爆破负责人联合检查验收。

4）安全防护

由施工负责人指挥工人根据防护设计进行防护，由设计负责人检查验收。

5）警戒起爆

① 由安全员根据设计的警戒点、警戒内容组织警戒人员。

② 由项目经理指挥，安全员协助清场，警戒人员到位。

③ 零前 5min 发预备警报，开始警戒，起爆员接雷管，各警戒点汇报警戒情况。

④ 零前 1min 发起爆警报、起爆器充电。

⑤ 零时发令起爆。

6）检查爆破效果

由爆破负责人率领爆破员对爆破部位进行检查，发现哑炮立即按《爆破安全规程》（GB 6722—2003）规定的方法和程序排除哑炮，待确定无哑炮后，解除警报。

7）破碎清运

用镐头机对解体不充分的梁、柱作进一步破碎，回收旧材料，垃圾归堆待运。

（5）爆破拆除应重点注意的问题

从施工全过程来讲，爆破拆除是最安全的，但在爆破瞬间有三个不安全因素，必须在设计、施工中作严密的控制方能确保安全。

1）爆破飞散物（称飞石）的防护。飞散物是爆破拆除中不可避免的东西，为了确保安全需要采取以下措施：

① 在爆破部位、危险的方向上对建筑物进行多层复合防护，把飞石控制在允许范围内。

② 对危险区域实行警戒，保证在飞石飞行范围内没有人和重要设备。

2) 爆破震动的防护。爆破在瞬间产生近十万大气压的冲击，根据作用反作用的原理，必然要对地表产生震动，控制不当，严重时可能影响地面爆点附近某些建筑物的安全，尤其是地下构筑物的安全。控制措施如下：

① 分散爆点以减少震动。

② 分段延时起爆，使一次起爆药量控制在允许范围内。

③ 隔离起爆，先用少量药炸开一个缺口，使以后起爆的药量不与地面接触，以此隔震。

3) 爆破扬尘的控制。爆破瞬间使大量建筑物解体，高压气流的冲击，在破碎面上产生大量的粉尘，控制扬尘的措施是：

① 爆前对待爆建筑物用水冲洗，清除表面浮尘。

② 爆破区域内设置若干"水炮"同时起爆，形成弥漫整个空间的水雾，吸收大部分粉尘。

③ 在上风方向设置空压水枪，起爆时打开水枪开关，造成局部人造雨，消除因解体塌落时产生的部分粉尘。

（6）爆破拆除的注意事项

1) 爆破拆除工程应根据周围环境作业条件、拆除对象、建筑类别、爆破规模，按照现行国家标准《爆破安全规程》（GB 6722—2003）将工程分为 A、B、C 三级，并采取相应的安全技术措施。爆破拆除工程应做出安全评估并经当地有关部门审核批准后方可实施。

2) 从事爆破拆除工程的施工单位，必须持有工程所在地法定部门核发的《爆炸物品使用许可证》，承担相应等级的爆破拆除工程。爆破拆除设计人员应具有承担爆炸拆除作业范围和相应级别的爆破工程技术人员作业证。从事爆破拆除施工的作业人员应持证上岗。

3) 爆破器材必须向工程所在地法定部门申请《爆炸物品购买许可证》，到指定的供应点购买，爆破器材严禁赠送、转让、转卖、转借。

4) 运输爆破器材时，必须向工程所在地法定部门申请领取《爆炸物品运输许可证》，派专职押运员押送，按照规定路线运输。

5) 爆破器材临时保管地点，必须经当地法定部门批准。严禁同室保管与爆破器材无关的物品。

6) 爆破拆除的预拆除施工应确保建筑安全和稳定。预拆除施工可采用机械和人工方法拆除非承重的墙体或不影响结构稳定的构件。

7) 对烟囱，水塔类构筑物采用定向爆破拆除工程时，爆破拆除设计应控制建筑倒塌时的触地振动。必要时应在倒塌范围铺设缓冲材料或开挖防振沟。

8) 为保护临近建筑和设施的安全，爆破震动强度应符合现行国家标准《爆破安全规程》（GB 6722—2003）的有关规定。建筑基础爆破拆除时，应限制一次同时使用的药量。

9）爆破拆除施工时，应对爆破部位进行覆盖和遮挡，覆盖材料和遮挡设施应牢固可靠。

10）爆破拆除应采用电力起爆网路和非电导爆管起爆网路。电力起爆网路的电阻和起爆电源功率，应满足设计要求；非电导爆管起爆应采用复式交叉封闭网路。爆破拆除不得采用导爆索网路或导火索起爆方法。

装药前，应对爆破器材进行性能检测。试验爆破和起爆网路模拟试验应在安全场所进行。

11）爆破拆除工程的实施应在工程所在地有关部门领导下成立爆破指挥部，应按照施工组织设计确定的安全距离设置警戒。

12）爆破拆除工程的实施，必须按照现行国家标准《爆破安全规程》（GB 6722—2003）的规定执行。

5 建筑机械使用安全

5.1 建筑起重机械

起重吊装是指在建筑施工中，采用相应的机械和设备来完成结构吊装和设备吊装，其作业属高处危险作业，技术条件多变，施工技术也比较复杂。起重吊装机械也可以进行材料运输工作。

5.1.1 一般规定

（1）建筑起重机械进入施工现场应具备特种设备制造许可证、产品合格证、特种设备制造监督检验证明、备案证明、安装使用说明书和自检合格证明。

（2）建筑起重机械有下列情形之一时，不得出租和使用：

1）属国家明令淘汰或禁止使用的品种、型号。

2）超过安全技术标准或制造厂规定的使用。

3）没有完整安全技术档案。

4）没有齐全有效的安全保护装置。

（3）建筑起重机械的安全技术档案应包括下列内容：

1）购销合同、特种设备制造许可证、产品合格证、特种设备制造监督检验证明、安装使用说明书、备案证明等原始资料。

2）定期检验报告、定期自行检查记录、定期维护保养记录、维修和技术改造记录、运行故障和生产安全事故记录、累积运转记录等运行资料。

3）历次安装验收资料。

（4）建筑起重机械装拆方案的编制、审批和建筑起重机械首次使用、升节、附墙等验收应按现行有关规定执行。

（5）建筑起重机械的装拆应由具有起重设备安装工程承包资质的单位施工，操作和维修人员应持证上岗。

（6）建筑起重机械的内燃机、电动机和电气、液压装置部分，应按《建筑机械使用安全技术规程》（JGJ 33—2012）第3.2节、第3.4节、第3.6节和附录C的规定执行。

（7）选用建筑起重机械时，其主要性能参数、利用等级、载荷状态、工作级别等应与建筑工程相匹配。

（8）施工现场应提供符合起重机械作业要求的通道和电源等工作场地和作业环境。基础与地基承载能力应满足起重机械的安全使用要求。

（9）操作人员在作业前应对行驶道路、架空电线、建（构）筑物等现场环境以及起吊重物进行全面了解。

（10）建筑起重机械应装有音响清晰的信号装置。在起重臂吊钩、平衡重等转动物体上应有鲜明的色彩标志。

（11）建筑起重机械的变幅限位器、力矩限制器、起重量限制器、防坠安全器、钢丝绳防脱装置、防脱钩装置以及各种行程限位开关等安全保护装置，必须齐全有效，严禁随意调整或拆除。严禁利用限制器和限位装置代替操纵机构。

（12）建筑起重机械安装工、司机、信号司索工作业时应密切配合，按规定的指挥信号执行。当信号不清或错误时，操作人员应拒绝执行。

（13）施工现场应采用旗语、口哨、对讲机等有效的联络措施确保通信畅通。

（14）在风速达到 9.0m/s 及以上或大雨、大雪、大雾等恶劣天气时，严禁进行建筑起重机械的安装拆卸作业。

（15）在风速达到 12.0m/s 及以上或大雨、大雪、大雾等恶劣天气时，应停止露天的起重吊装作业。重新作业前，应先试吊，并应确认各种安全装设灵敏可靠后进行作业。

（16）操作人员进行起重机械回转、变幅、行走和吊钩升降等动作前，应发出音响信号示意。

（17）建筑起重机械作业时，应在臂长的水平投影覆盖范围外设置警戒区域，并应有监护措施；起重臂和重物下方不得有人停留、工作或通过。不得用吊车、物料提升机载运人员。

（18）不得使用建筑起重机械进行斜拉、斜吊和起吊埋设在地下或凝固在地面上的重物以及其他不明重量的物体。

（19）起吊重物应绑扎平稳、牢固，不得在重物上再堆放或悬挂零星物件。易散落物件应使用吊笼吊运。标有绑扎位置的物件，应按标记绑扎后吊运。吊索的水平夹角宜为 45°～60°，不得小于 30°，吊索与物件棱角之间应加保护垫料。

（20）起吊载荷达到起重机械额定起重量的 90% 及以上时应先将重物吊离地面不大于 200mm，检查起重机械的稳定性和制动可靠性，并应在确认重物绑扎牢固平稳后再继续起吊。对大体积或易晃动的重物应拴拉绳。

（21）重物的吊运速度应平稳、均匀，不得突然制动。回转未停稳前，不得反向操作。

（22）建筑起重机械作业时，在遇突发故障或突然停电时，应立即把所有控制器拨到零位，并及时关闭发动机或断开电源总开关，然后进行检修。起吊物不得长时间悬挂在空中，应采取措施将重物降落到安全位置。

（23）起重机械的任何部位与架空输电导线的安全距离应符合现行行业标准《施工现场临时用电安全技术规范》（JGJ 46—2005）的规定。

（24）建筑起重机械使用的钢丝绳，应有钢丝绳制造厂提供的质量合格证明文件。

（25）建筑起重机械使用的钢丝绳，其结构形式、强度、规格等应符合起重机使用说明书的要求。钢丝绳与卷筒应连接牢固，放出钢丝绳时，卷筒上应至少保留三圈，收放钢丝绳时应防止钢丝绳损坏、扭结、弯折和乱绳。

（26）钢丝绳采用编结固接时，编结部分的长度不得小于钢丝绳直径的 20 倍，并不应小于 300mm，其编结部分应用细钢丝捆扎。当采用绳卡固接时，与钢丝绳直径匹配的绳卡数量应符合表 5-1 的规定，绳卡间距应为 6～7 倍钢丝绳直径，最后一个绳卡距绳头的长度不得小于 140mm。绳卡滑鞍（夹板）应在钢丝绳承载时受力的一侧，U 形螺栓应在钢丝绳的尾端，不得正反交错。绳卡初次固定后，应待钢丝绳受力后再次紧固，并宜拧紧到使尾端钢丝绳受压处直径高度压扁 1/3。作业中应经常检查紧固情况。

与绳径匹配的绳卡数

表 5-1

钢丝绳公称直径（mm）	≤18	>18～26	>26～36	>36～44	>44～60
最少绳卡数（个）	3	4	5	6	7

（27）每班作业前，应检查钢丝绳及钢丝绳的连接部位。钢丝绳报废标准按现行国家标准《起重机　钢丝绳　保养、维护、安装、检验和报废》（GB/T 5972—2009）的规定执行。

（28）在转动的卷筒上缠绕钢丝绳时，不得用手拉或脚踩引导钢丝绳，不得给正在运转的钢丝绳涂抹润滑脂。

（29）建筑起重机械报废及超龄使用应符合国家现行有关规定。

（30）建筑起重机械的吊钩和吊环严禁补焊。当出现下列情况之一时应更换：

1）表面有裂纹、破口。

2）危险断面及钩颈永久变形。

3）挂绳处断面磨损超过高度 10%。

4）吊钩衬套磨损超过原厚度 50%。

5）销轴磨损超过其直径的 5%。

（31）建筑起重机械使用时，每班都应对制动器进行检查。当制动器的零件出现下列情况之一时，应作报废处理：

1）裂纹。

2）制动器摩擦片厚度磨损达原厚度 50%。

3）弹簧出现塑性变形。

4）小轴或轴孔直径磨损达原直径的 5%。

（32）建筑起重机械制动轮的制动摩擦面不应有妨碍制动性能的缺陷或沾染油污。制动轮出现下列情况之一时，应作报废处理：

1）裂纹。

2）起升、变幅机构的制动轮，轮缘厚度磨损大于原厚度的 40%。

3）其他机构的制动轮，轮缘厚度磨损大于原厚度的 50%。

4）轮面凹凸不平度达 1.5mm～2.0mm（小直径取小值，大直径取大值）。

5.1.2　履带式起重机

（1）起重机应在平坦坚实的地面上作业、行走和停放。作业时，坡度不得大于 3°，起重机械应与沟渠、基坑保持安全距离。

（2）起重机械启动前重点检查下列项目，并应符合相应要求：

1）各安全防护装置及各指示仪表应齐全完好；

2）钢丝绳及连接部位应符合规定；

3）燃油、润滑油、液压油、冷却水等应添加充足；

4）各连接件不得松动；

5）在回转空间范围内不得有障碍物。

（3）起重机启动前应将主离合器分离，各操纵杆放在空挡位置。应按《建筑机械使用安全技术规程》（JGJ 33—2012）第3.2节规定启动内燃机。

（4）内燃机启动后，应检查各仪表指示值，应在运转正常后接合主离合器，空载运转时，应按顺序检查各工作机构及其制动器，应在确认正常后作业。

（5）作业时，起重臂的最大仰角不得超过使用说明书的规定。当无资料可查时，不得超过78°。

（6）起重机变幅应缓慢平稳，在起重臂未停稳前不得变换挡位。

（7）起重机械工作时，在行走、起升、回转及变幅四种动作中，应只允许不超过两种动作的复合操作。当负荷超过该工况额定负荷的90%及以上时，应慢速升降重物，严禁超过两种动作的复合操作和下降起重臂。

（8）在重物升起过程中，操作人员应把脚放在制动踏板上，控制起升高度，防止吊钩冒顶。当重物悬停空中时，即使制动踏板被固定，仍应脚踩在制动踏板上。

（9）采用双机抬吊作业时，应选用起重性能相似的起重机进行。抬吊时应统一指挥，动作应配合协调，载荷应分配合理，起吊重量不得超过两台起重机在该工况下允许起重量总和的75%，单机的起吊载荷不得超过允许载荷的80%。在吊装过程中，两台起重机的吊钩滑轮组应保持垂直状态。

（10）起重机械行走时，转弯不应过急；当转弯半径过小时，应分次转弯。

（11）起重机械不宜长距离负载行驶。起重机械负载时应缓慢行驶，起重量不得超过相应工况额定起重量的70%，起重臂应位于行驶方向正前方，载荷离地面高度不得大于500mm，并应拴好拉绳。

（12）起重机上、下坡道时应无载行走，上坡时应将起重臂仰角适当放小，下坡时应将起重臂仰角适当放大。下坡严禁空挡滑行。在坡道上严禁带载回转。

（13）作业结束后，起重臂应转至顺风方向，并应降至40°～60°之间，吊钩应提升到接近顶端的位置，关停内燃机，并应将各操纵杆放在空挡位置，各制动器应加保险固定，操纵室和机棚应关门加锁。

（14）起重机械转移工地时，应采用火车或平板拖车运输，所用跳板的坡度不得大于15°；起重机装上车后，应将回转、行走、变幅等机构制动，应采用木楔楔紧履带两端，并应绑扎牢固；吊钩不得悬空摆动。

（15）起重机自行转移时，应卸去配重，拆短起重臂，主动轮应在后面，机身、起重臂、吊钩等必须处于制动位置，并应加保险固定。

（16）起重机通过桥梁、水坝、排水沟等构筑物时，应先查明允许载荷后再通过。必要时应采取加固措施。通过铁路、地下水管、电缆等设施时，应铺设垫板保护，机械在上面不得转弯。

5.1.3 汽车、轮胎式起重机

（1）起重机械工作的场地应保持平坦坚实，符合起重时的受力要求；起重机械应与沟渠、基坑保持安全距离。

（2）起重机启动前应重点检查下列项目，并应符合相应要求：

1）各安全保护装置和指示仪表应齐全完好。

2）钢丝绳及连接部位应符合规定。

3）燃油、润滑油、液压油及冷却水应添加充足。

4）各连接件不得松动。

5）轮胎气压应符合规定。

6）起重臂应可靠搁置在支架上。

（3）起重机械启动前，应将各操纵杆放在空挡位置，手制动器应锁死，并应按照《建筑机械使用安全技术规程》（JGJ 33—2012）第 3.2 节有关规定启动内燃机。应在怠速运转 3min～5min 后进行中高速运转，并应在检查各仪表指示值，确认运转正常后接合液压泵，液压达到规定值，油温超过 30℃时，方可作业。

（4）作业前，应全部伸出支腿，调整机体使回转支撑面的倾斜度在无载荷时不大于 1/1000（水准居中）。支腿的定位销必须插上。底盘为弹性悬挂的起重机，插支腿前应先收紧稳定器。

（5）作业中不得扳动支腿操纵阀。调整支腿时应在无载荷时进行，应先将起重臂转至正前方或正后方之后，再调整支腿。

（6）起重作业前，应根据所吊重物的重量和起升高度，并应按起重性能曲线，调整起重臂长度和仰角；应估计吊索长度和重物本身的高度，留出适当起吊空间。

（7）起重臂顺序伸缩时，应按使用说明书进行，在伸臂的同时应下降吊钩。当制动器发出警报时，应立即停止伸臂。

（8）汽车式起重机变幅角度不得小于各长度所规定的仰角。

（9）汽车式起重机起吊作业时，汽车驾驶室内不得有人，重物不得超越汽车驾驶室上方，且不得在车的前方起吊。

（10）起吊重物达到额定起重量的 50% 及以上时，应使用低速挡。

（11）作业中发现起重机倾斜、支腿不稳等异常现象时，应在保证作业人员安全的情况下，将重物降至安全的位置。

（12）当重物在空中需停留较长时间时，应将起升卷筒制动锁住，操作人员不得离开操作室。

（13）起吊重物达到额定起重量的 90% 以上时，严禁向下变幅，同时严禁进行两种及以上的操作动作。

（14）起重机械带载回转时，操作应平稳，应避免急剧回转或急停，换向应在停稳后进行。

（15）起重机械带载行走时，道路应平坦坚实，载荷应符合使用说明书的规定，重物离地面不得超过 500mm，并应拴好拉绳，缓慢行驶。

（16）作业后，应先将起重臂全部缩回放在支架上，再收回支腿。吊钩应使用钢丝绳挂牢；车架尾部两撑杆应分别撑在尾部下方的支座内，并应采用螺母固定；阻止机身旋转的销式制动器应插入销孔，并应将取力器操纵手柄放在脱开位置，最后应锁住起重操作室门。

（17）起重机械行驶前，应检查确认各支腿收存牢固，轮胎气压应符合规定。行驶时，发动机水温应在 80℃～90℃范围内，当水温未达到 80℃时，不得高速行驶。

（18）起重机械应保持中速行驶，不得紧急制动，过铁道口或起伏路面时应减速，下坡时严禁空挡滑行，倒车时应有人监护指挥。

（19）行驶时，底盘走台上不得有人员站立或蹲坐，不得堆放物件。

5.1.4 塔式起重机

（1）行走式塔式起重机的轨道基础应符合下列要求：

1）路基承载能力应满足塔式起重机使用说明书要求。

2）每间隔6m应设轨距拉杆一个，轨距允许偏差应为公称值的1/1000，且不得超过±3mm。

3）在纵横方向上，钢轨顶面的倾斜度不得大于1/1000；塔机安装后，轨道顶面纵、横方向上的倾斜度，对上回转塔机不应大于3/1000；对下回转塔机不应大于5/1000。在轨道全程中，轨道顶面任意两点的高差应小于100mm。

4）钢轨接头间隙不得大于4mm，与另一侧轨道接头错开，错开距离不得小于1.5m，接头处应架在轨枕上，两轨顶高度差不得大于2mm。

5）距轨道终端1m处应设置缓冲止挡器，其高度不应小于行走轮的半径。在轨道上应安装限位开关碰块，安装位置应保证塔机在与缓冲止挡器或与同一轨道上其他塔机相距大于1m处能完全停住，此时电缆线应有足够的富余长度。

6）鱼尾板连接螺栓应紧固，垫板应固定牢靠。

（2）塔式起重机的混凝土基础应符合使用说明书和现行行业标准《塔式起重机混凝土基础工程技术规程》（JGJ/T 187—2009）的规定。

（3）塔式起重机的基础应排水通畅，并应按专项方案与基坑保持安全距离。

（4）塔式起重机应在其基础验收合格后进行安装。

（5）塔式起重机的金属结构、轨道应有可靠的接地装置，接地电阻不得大于4Ω。高位塔式起重机应设置防雷装置。

（6）拆装作业前应进行检查并应符合下列规定：

1）混凝土基础、路基和轨道铺设应符合技术要求。

2）应对所装拆塔式起重机的各机构、结构焊缝、重要部位螺栓、销轴、卷扬机构和钢丝绳、吊钩、吊具、电气设备、线路等进行检查，消除隐患。

3）应对自升塔式起重机顶升液压系统的液压缸和油管、顶升套架结构、导向轮、顶升支撑（爬爪）等进行检查，使其处于完好工况。

4）拆装人员应使用合格的工具、安全带、安全帽。

5）装拆作业中配备的起重机械等辅助机械应状况良好，技术性能应满足装拆作业的安全要求。

6）装拆现场的电源电压、运输道路、作业场地等应具备装拆作业条件。

7）安全监督岗的设置及安全技术措施的贯彻落实应符合要求。

（7）指挥人员应熟悉装拆作业方案，遵守装拆工艺和操作规程，使用明确的指挥信号。参与装拆作业的人员，应听从指挥，如发现指挥信号不清或有错误时，应停止作业。

（8）装拆人员应熟悉装拆工艺，遵守操作规程，当发现异常情况或疑难问题时，应及时向技术负责人汇报，不得自行处理。

（9）装拆顺序、技术要求、安全注意事项应按批准的专项施工方案执行。

（10）塔式起重机高强度螺栓应由专业厂家制造，并应有合格证明。高强度螺栓严禁焊接。安装高强螺栓时，应采用扭矩扳手或专用扳手，并应按装配技术要求预紧。

（11）在装拆作业过程中，当遇天气剧变、突然停电、机械故障等意外情况时，应将已装拆的部件固定牢靠，并经检查确认无隐患后停止作业。

（12）塔式起重机各部位的栏杆、平台、扶杆、护圈等安全防护装置应配置齐全。行走式塔式起重机的大车行走缓冲止挡器和限位开关碰块应安装牢固。

（13）因损坏或其他原因而不能用正常方法拆卸塔式起重机时，应按照技术部门重新批准的拆卸方案进行。

（14）塔式起重机安装过程中，应分阶段检查验收。各机构动作应正确、平稳，制动可靠，各安全装置应灵敏有效。在无载荷情况下，塔身的垂直度允许偏差应为 4/1000。

（15）塔式起重机升降作业时，应符合下列要求：

1）升降作业应有专人指挥，专人操作液压系统，专人拆装螺栓。非作业人员不得登上顶升套架的操作平台。操纵室内应只准一人操作。

2）升降作业应在白天进行。

3）顶升前应预先放松电缆，电缆长度应大于顶升总高度，并应紧固好电缆。下降时应适时收紧电缆。

4）升降作业前，应对液压系统进行检查和试机，应在空载状态下将液压缸活塞杆伸缩 3～4 次，检查无误后，再将液压缸活塞杆通过顶升梁借助顶升套架的支撑，顶起载荷 100mm～150mm，停 10min，观察液压缸载荷是否有下滑现象。

5）升降时，应调整好顶升套架滚轮与塔身标准节的间隙，并应按规定要求使起重臂和平衡臂处于平衡状态，将回转机构制动。当回转台与塔身标准节之间的最后一处连接螺栓（销轴）拆卸困难时，应将最后一处连接螺栓（销轴）对角方向的螺栓重新插入，再采取其他方法进行拆卸。不得用旋转起重臂的方法松动螺栓（销轴）。

6）顶升撑脚（爬爪）就位后，应及时插上安全销，才能继续升降作业。

7）升降作业完毕后，应按规定扭力紧固各连接螺栓，应将液压操纵杆扳到中间位置，并应切断液压升降机构电源。

（16）塔式起重机的附着装置应符合下列规定：

1）附着建筑物的锚固点的承载能力应满足塔式起重机技术要求。附着装置的布置方式应按使用说明书的规定执行。当有变动时，应另行设计。

2）附着杆件与附着支座（锚固点）应采取销轴铰接。

3）安装附着框架和附着杆件时，应用经纬仪测量塔身垂直度，并应利用附着杆件进行调整，在最高锚固点以下垂直度允许偏差为 2/1000。

4）安装附着框架和附着支座时，各道附着装置所在平面与水平面的夹角不得超过 10°。

5）附着框架宜设置在塔身标准节连接处，并应箍紧塔身。

6）塔身顶升到规定附着间距时，应及时增设附着装置。塔身高出附着装置的自由端高度，应符合使用说明书的规定。

7）塔式起重机作业过程中，应经常检查附着装置，发现松动或异常情况时，应立即停止作业，故障未排除，不得继续作业。

8）拆卸塔式起重机时，应随着降落塔身的进程拆卸相应的附着装置。严禁在落塔之前先拆附着装置。

9）附着装置的安装、拆卸、检查和调整应有专人负责。

10）行走式塔式起重机作固定式塔式起重机使用时，应提高轨道基础的承载能力，切断行走机构的电源，并应设置阻挡行走轮移动的支座。

（17）塔式起重机内爬升时应符合下列规定：

1）内爬升作业时，信号联络应通畅。

2）内爬升过程中，严禁进行起重机的起升、回转、变幅等各项动作。

3）塔式起重机爬升到指定楼层后，应立即拔出塔身底座的支承梁或支腿，通过内爬升框架及时固定在结构上，并应顶紧导向装置或用楔块塞紧。

4）内爬升塔式起重机的塔身固定间距应符合使用说明书要求。

5）应对设置内爬升框架的建筑结构进行承载力复核，并应根据计算结果采取相应的加固措施。

（18）雨天后，对行走式塔式起重机，应检查轨距偏差、钢轨顶面的倾斜度、钢轨的平直度、轨道基础的沉降及轨道的通过性能等；对固定式塔式起重机，应检查混凝土基础不均匀沉降。

（19）根据使用说明书的要求，应定期对塔式起重机各工作机构、所有安全装置、制动器的性能及磨损情况、钢丝绳的磨损及绳端固定、液压系统、润滑系统、螺栓销轴连接处等进行检查。

（20）配电箱应设置在距塔式起重机 3m 范围内或轨道中部，且明显可见；电箱中应设置带熔断式断路器及塔式起重机电源总开关；电缆卷筒应灵活有效，不得拖缆。

（21）塔式起重机在无线电台、电视台或其他电磁波发射天线附近施工时，与吊钩接触的作业人员，应戴绝缘手套和穿绝缘鞋，并应在吊钩上挂接临时放电装置。

（22）当同一施工地点有两台以上塔式起重机并可能互相干涉时，应制定群塔作业方案；两台塔式起重机之间的最小架设距离应保证处于低位塔式起重机的起重臂端部与另一台塔式起重机的塔身之间至少有 2m 的距离；处于高位塔式起重机的最低位置的部件（吊钩升至最高点或平衡重的最低部位）与低位塔式起重机中处于最高位置部件之间的垂直距离不应小于 2m。

（23）轨道式塔式起重机作业前，应检查轨道基础平直无沉陷，鱼尾板、连接螺栓及道钉不得松动，并应清除轨道上的障碍物，将夹轨器固定。

（24）塔式起重机启动应符合下列要求：

1）金属结构和工作机构的外观情况应正常。

2）安全保护装置和指示仪表应齐全完好。

3）齿轮箱、液压油箱的油位应符合规定。

4）各部位连接螺栓不得松动。

5）钢丝绳磨损在规定范围内，滑轮穿绕应正确。

6）供电电缆不得破损。

（25）送电前，各控制器手柄应在零位。接通电源后，应检查并确认不得有漏电现象。

（26）作业前，应进行空载运转，试验各工作机构并确认运转正常，不得有噪声及异响，各机构的制动器及安全保护装置应灵敏有效，确认正常后方可作业。

（27）起吊重物时，重物和吊具的总重量不得超过塔式起重机相应幅度下规定的起重量。

（28）应根据起吊重物和现场情况，选择适当的工作速度。操纵各控制器时应从停止点（零点）开始，依次逐级增加速度，不得越挡操作。在变换运转方向时，应将控制器手柄扳到零位，待电动机停止运转后再转向另一方向，不得直接变换运转方向突然变速或制动。

（29）在提升吊钩、起重小车或行走大车运行到限位装置前，应减速缓行到停止位置，并应与限位装置保持一定距离。不得采用限位装置作为停止运行的控制开关。

（30）动臂式塔式起重机的变幅动作应单独进行；允许带载变幅的动臂式塔式起重机，当载荷达到额定起重量的 90％ 及以上时，不得增加幅度。

（31）重物就位时，应采用慢就位工作机构。

（32）重物水平移动时，重物底部应高出障碍物 0.5m 以上。

（33）回转部分不设集电器的塔式起重机，应安装回转限位器，在作业时，不得顺一个方向连续回转 1.5 圈。

（34）当停电或电压下降时，应立即将控制器扳到零位，并切断电源。如吊钩上挂有重物，应重复放松制动器，使重物缓慢地下降到安全位置。

（35）采用涡流制动调速系统的塔式起重机，不得长时间使用低速挡或慢就位速度作业。

（36）遇大风停止作业时，应锁紧夹轨器，将回转机构的制动器完全松开，起重臂应能随风转动。对轻型俯仰变幅塔式起重机，应将起重臂落下并与塔身结构锁紧在一起。

（37）作业中，操作人员临时离开操作室时，应切断电源。

（38）塔式起重机载人专用电梯不得超员，专用电梯断绳保护装置应灵敏有效。塔式起重机作业时，不得开动电梯。电梯停用时，应降至塔身底部位置，不得长时间悬在空中。

（39）在非工作状态时，应松开回转制动器，回转部分应能自由旋转；行走式塔式起重机应停放在轨道中间位置，小车及平衡重应置于非工作状态，吊钩组顶部宜上升到距起重臂底面 2m～3m 处。

（40）停机时，应将每个控制器拨回零位，依次断开各开关，关闭操作室门窗；下机后，应锁紧夹轨器，断开电源总开关，打开高空障碍灯。

（41）检修人员对高空部位的塔身、起重臂、平衡臂等检修时，应系好安全带。

（42）停用的塔式起重机的电动机、电气柜、变阻器箱及制动器等应遮盖严密。

（43）动臂式和末附着塔式起重机及附着以上塔式起重机桁架上不得悬挂标语牌。

5.1.5 桅杆式起重机

（1）桅杆式起重机应按现行国家标准《起重机设计规范》（GB/T 3811—2008）的规定进行设计，确定其使用范围及工作环境。

（2）桅杆式起重机专项方案必须按规定程序审批，并应经专家论证后实施。施工单位必须指定安全技术人员对桅杆式起重机的安装、使用和拆卸进行现场监督和监测。

（3）专项方案应包含下列主要内容：

1）工程概况、施工平面布置。

2）编制依据。

3）施工计划。

4）施工技术参数、工艺流程。

5）施工安全技术措施。

6）劳动力计划。

7）计算书及相关图纸。

（4）桅杆式起重机的卷扬机应符合《建筑机械使用安全技术规程》（JGJ 33—2012）第4.7节的有关规定。

（5）桅杆式起重机的安装和拆卸应划出警戒区，清除周围的障碍物，在专人统一指挥下，应按使用说明书和装拆方案进行。

（6）桅杆式起重机的基础应符合专项方案的要求。

（7）缆风绳的规格、数量及地锚的拉力、埋设深度等应按照起重机性能经过计算确定，缆风绳与地面的夹角不得大于60°，缆绳与桅杆和地锚的连接应牢固。地锚不得使用膨胀螺栓、定滑轮。

（8）缆风绳的架设应避开架空电线。在靠近电线的附近，应设置绝缘材料搭设的护线架。

（9）桅杆式起重机安装后应进行试运转，使用前应组织验收。

（10）提升重物时，吊钩钢丝绳应垂直，操作应平稳；当重物吊起离开支承面时，应检查并确认各机构工作正常后，继续起吊。

（11）在起吊额定起重量的90%及以上重物前，应安排专人检查地锚的牢固程度。起吊时，缆风绳应受力均匀，主杆应保持直立状态。

（12）作业时，桅杆式起重机的回转钢丝绳应处于拉紧状态。回转装置应有安全制动控制器。

（13）桅杆式起重机移动时，应用满足承重要求的枕木排和滚杠垫在底座，并将起重臂收紧处于移动方向的前方。移动时，桅杆不得倾斜，缆风绳的松紧应配合一致。

（14）缆风钢丝绳安全系数不应小于3.5，起升、锚固、吊索钢丝绳安全系数不应小于8。

5.1.6　门式、桥式起重机与电动葫芦

（1）起重机路基和轨道的铺设应符合使用说明书规定，轨道接地电阻不得大于4Ω。

（2）门式起重机的电缆应设有电缆卷筒，配电箱应设置在轨道中部。

（3）用滑线供电的起重机应在滑线的两端标有鲜明的颜色，滑线应设置防护装置，防止人员及吊具钢丝绳与滑线意外接触。

（4）轨道应平直，鱼尾板连接螺栓不得松动，轨道和起重机运行范围内不得有障碍物。

（5）门式、桥式起重机作业前应重点检查下列项目，并应符合相应要求：

1) 机械结构外观应正常，各连接件不得松动。

2) 钢丝绳外表情况应良好，绳卡应牢固。

3) 各安全限位装置应齐全完好。

(6) 操作室内应垫木板或绝缘板，接通电源后应采用试电笔测试金属结构部分，并应确认无漏电现象；上、下操作室应使用专用扶梯。

(7) 作业前，应进行空载试运转，检查并确认各机构运转正常，制动可靠，各限位开关灵敏有效。

(8) 在提升大件时不得用快速，并应拴拉绳防止摆动。

(9) 吊运易燃、易爆、有害等危险品时，应经安全主管部门批准，并应有相应的安全措施。

(10) 吊运路线不得从人员、设备上面通过。空车行走时，吊钩应离地面 2m 以上。

(11) 吊运重物应平稳、慢速，行驶中不得突然变速或倒退。两台起重机同时作业时，应保持 5m 以上距离。不得用一台起重机顶推另一台起重机。

(12) 起重机行走时，两侧驱动轮应保持同步，发现偏移应及时停止作业，调整修理后继续使用。

(13) 作业中，人员不得从一台桥式起重机跨越到另一台桥式起重机。

(14) 操作人员进入桥架前应切断电源。

(15) 门式、桥式起重机的主梁挠度超过规定值时，应修复后使用。

(16) 作业后，门式起重机应停放在停机线上，用夹轨器锁紧；桥式起重机应将小车停放在两条轨道中间，吊钩提升到上部位置。吊钩上不得悬挂重物。

(17) 作业后，应将控制器拨到零位，切断电源，应关闭并锁好操作室门窗。

(18) 电动葫芦使用前应检查机械部分和电气部分，钢丝绳、链条、吊钩、限位器等应完好，电气部分应无漏电，接地装置应良好。

(19) 电动葫芦应设缓冲器，轨道两端应设挡板。

(20) 第一次吊重物时，应在吊离地面 100mm 时停止上升，检查电动葫芦制动情况，确认完好后再正式作业。露天作业时，电动葫芦应设有防雨棚。

(21) 电动葫芦起吊时，手不得握在绳索与物体之间，吊物上升时应防止冲顶。

(22) 电动葫芦吊重物行走时，重物离地不宜超过 1.5m 高。工作间歇不得将重物悬挂在空中。

(23) 电动葫芦作业中发生异味、高温等异常情况时，应立即停机检查时，排除故障后继续使用。

(24) 使用悬挂电缆电气控制开关时，绝缘应良好，滑动应自如，人站立位置的后方应有 2m 的空地，并应能正确操作电钮。

(25) 在起吊中，由于故障造成重物失控下滑时，应采取紧急措施，向无人处下放重物。

(26) 在起吊中不得急速升降。

(27) 电动葫芦在额定载荷制动时，下滑位移量不应大于 80mm。

(28) 作业完毕后，电动葫芦应停放在指定位置，吊钩升起，并切断电源，锁好开关箱。

5.1.7 卷扬机

（1）卷扬机地基与基础应平整、坚实，场地应排水畅通，地锚应设置可靠。卷扬机应搭设防护棚。

（2）操作人员的位置应在安全区域，视线应良好。

（3）卷扬机卷筒中心线与导向滑轮的轴线应垂直，且导向滑轮的轴线应在卷筒中心位置，钢丝绳的出绳偏角应符合表 5-2 的规定。

卷扬机钢丝绳出绳偏角限值 表 5-2

排绳方式	槽面卷筒	光面卷筒	
		自然排绳	排绳器排绳
出绳偏角	≤4°	≤2°	≤4°

（4）作业前，应检查卷扬机与地面的固定、弹性联轴器的连接应牢固，并应检查安全装置、防护设施、电气线路、接零或接地装置、制动装置和钢丝绳等并确认全部合格后再使用。

（5）卷扬机至少应装有一个常闭式制动器。

（6）卷扬机的传动部分及外露的运动件应设防护罩。

（7）卷扬机应在司机操作方便的地方安装能迅速切断总控制电源的紧急断电开关，并不得使用倒顺开关。

（8）钢丝绳卷绕在卷筒上的安全圈数不得少于 3 圈。钢丝绳末端应固定可靠。不得用手拉钢丝绳的方法卷绕钢丝绳。

（9）钢丝绳不得与机架、地面摩擦，通过道路时，应设过路保护装置。

（10）建筑施工现场不得使用摩擦式卷扬机。

（11）卷筒上的钢丝绳应排列整齐，当重叠或斜绕时，应停机重新排列，不得在转动中用手拉脚踩钢丝绳。

（12）作业中，操作人员不得离开卷扬机，物件或吊笼下面不得有人员停留或通过。休息时，应将物件或吊笼降至地面。

（13）作业中如发现异响、制动不灵、制动带或轴承等温度剧烈卜升等异常情况时，应立即停机检查，排除故障后再使用。

（14）作业中停电时，应将控制手柄或按钮置于零位，并应切断电源，将物件或吊笼降至地面。

（15）作业完毕，应将物件或吊笼降至地面，并应切断电源，锁好开关箱。

5.1.8 井架、龙门架物料提升机

（1）进入施工现场的井架、龙门架必须具有下列安全装置：

1）上料口防护棚。

2）层楼安全门、吊篮安全门、首层防护门。

3）断绳保护装置或防坠装置。

4）安全停靠装置。

5）起重量限制器。

6）上、下限位器。

7）紧急断电开关、短路保护、过电流保护、漏电保护。

8）信号装置。

9）缓冲器。

（2）卷扬机应符合 5.1.7 的有关规定。

（3）基础应符合使用说明书要求。缆风绳不得使用钢筋、钢管。

（4）提升机的制动器应灵敏可靠。

（5）运行中吊篮的四角与井架不得互相擦碰，吊篮各构件连接应牢固、可靠。

（6）井架、龙门架物料提升机不得和脚手架连接。

（7）不得使用吊篮载人，吊篮下方不得有人员停留或通过。

（8）作业后，应检查钢丝绳、滑轮、滑轮轴和导轨等，发现异常磨损，应及时修理或更换。

（9）下班前，应将吊篮降到最低位置，各控制开关置于零位，切断电源，锁好开关箱。

5.1.9 施工升降机

（1）施工升降机基础应符合使用说明书要求，当使用说明书无要求时，应经专项设计计算，地基上表面平整度允许偏差为 10mm，场地应排水通畅。

（2）施工升降机导轨架的纵向中心线至建筑物外墙面的距离宜选用使用说明书中提供的较小的安装尺寸。

（3）安装导轨架时，应采用经纬仪在两个方向进行测量校准。其垂直度允许偏差应符合表 5-3 的规定。

施工升降机导轨架垂直度　　　　　　　　　　　　　　　　表 5-3

架设高度 H（m）	$H \leqslant 70$	$70 < H \leqslant 100$	$100 < H \leqslant 150$	$150 < H \leqslant 200$	$H > 200$
垂直度偏差（mm）	$\leqslant 1/1000H$	$\leqslant 70$	$\leqslant 90$	$\leqslant 110$	$\leqslant 130$

（4）导轨架自由高度、导轨架的附墙距离、导轨架的两附墙连接点间距离和最低附墙点高度不得超过使用说明书的规定。

（5）施工升降机应设置专用开关箱，馈电容量应满足升降机直接启动的要求，生产厂家配置的电气箱内应装设短路、过载、错相、断相及零位保护装置。

（6）施工升降机周围应设置稳固的防护围栏。楼层平台通道应平整牢固，出入口应设防护门。全行程不得有危害安全运行的障碍物。

（7）施工升降机安装在建筑物内部井道中时，各楼层门应封闭并应有电气联锁装置。装设在阴暗处或夜班作业的施工升降机，在全行程上应有足够的照明，并应装设明亮的楼层编号标志灯。

（8）施工升降机的防坠安全器应在标定期限内使用，标定期限不应超过一年。使用中不得任意拆检调整防坠安全器。

（9）施工升降机使用前，应进行坠落试验。施工升降机在使用中每隔 3 个月，应进行一次额定载重量的坠落试验，试验程序应按使用说明书规定进行，吊笼坠落试验制动距离应符合现行行业标准《施工升降机齿轮锥鼓形渐进式防坠安全器》（JG 121—2000）的规定。防坠安全器试验后及正常操作中，每发生一次防坠动作，应由专业人员进行复位。

（10）作业前应重点检查下列项目，并应符合相应要求：

1）结构不得有变形，连接螺栓不得松动。

2）齿条与齿轮、导向轮与导轨应接合正常。

3）钢丝绳应固定良好，不得有异常磨损。

4）运行范围内不得有障碍。

5）安全保护装置应灵敏可靠。

（11）启动前，应检查并确认供电系统、接地装置安全有效，控制开关应在零位。电源接通后，应检查并确认电压正常。应试验并确认各限位装置、吊笼、围护门等处的电气联锁装置良好可靠，电气仪表应灵敏有效。作业前应进行试运行，测定各机构制动器的效能。

（12）施工升降机应按使用说明书要求，进行维护保养，并应定期检验制动器的可靠性，制动力矩应达到使用说明书要求。

（13）吊笼内乘人或载物时，应使载荷均匀分布，不得偏重，不得超载运行。

（14）操作人员应按指挥信号操作。作业前应鸣笛示警。在施工升降机未切断总电源开关前，操作人员不得离开操作岗位。

（15）施工升降机运行中发现有异常情况时，应立即停机并采取有效措施将吊笼就近停靠楼层，排除故障后再继续运行。在运行中发现电气失控时，应立即按下急停按钮，在未排除故障前，不得打开急停按钮。

（16）在风速达到 20m/s 及以上大风、大雨、大雾天气以及导轨架、电缆等结冰时，施工升降机应停止运行，并将吊笼降到底层，切断电源。暴风雨等恶劣天气后，应对施工升降机各有关安全装置等进行一次检查，确认正常后运行。

（17）施工升降机运行到最上层或最下层时，不得用行程限位开关作为停止运行的控制开关。

（18）当施工升降机在运行中由于断电或其他原因而中途停止时，可进行手动下降，将电动机尾端制动电磁铁手动释放拉手缓缓向外拉出，使吊笼缓慢地向下滑行。吊笼下滑时，不得超过额定运行速度，手动下降应由专业维修人员进行操纵。

（19）当需在吊笼的外面进行检修时，另外一个吊笼应停机配合，检修时应切断电源，并应有专人监护。

（20）作业后，应将吊笼降到底层，各控制开关拨到零位，切断电源，锁好开关箱，闭锁吊笼门和围护门。

5.2　土石方机械

土石方工程必须根据土石方工程面广量大、施工条件复杂等特点，尽可能采用机械化与半机械化的施工方法，以减轻劳动强度，提高劳动生产率。土石方施工机械减轻了工人繁重的体力劳动，大大加快了施工进度。

5.2.1 一般规定

（1）土石方机械的内燃机、电动机和液压装置的使用，应符合《建筑机械使用安全技术规程》（JGJ 33—2012）第3.2节、第3.4节和附录C的规定。

（2）机械进入现场前，应查明行驶路线上的桥梁、涵洞的上部净空和下部承载能力，确保机械安全通过。

（3）机械通过桥梁时，应采用低速挡慢行，在桥面上不得转向或制动。

（4）作业前，必须查明施工场地内明、暗铺设的各类管线等设施，并应采用明显记号标识。严禁在离地下管线承压管道1m距离以内进行大型机械作业。

（5）作业中，应随时监视机械各部位的运转及仪表指示值，如发现异常，应立即停机检修。

（6）机械运行中，不得接触转动部位。在修理工作装置时，应将工作装置降到最低位置，并应将悬空工作装置垫上垫木。

（7）在电杆附近取土时，对不能取消的拉线、地垄和杆身，应留出土台。土台大小应根据电杆结构、掩埋深度和土质情况由技术人员确定。

（8）机械与架空输电线路的安全距离应符合现行行业标准《施工现场临时用电安全技术规范》（JGJ 46—2005）的规定。

（9）在施工中遇下列情况之一时应立即停工：

1）填挖区土体不稳定，土体有可能坍塌。

2）地面涌水冒浆，机械陷车，或因雨水机械在坡道打滑。

3）遇大雨、雷电、浓雾等恶劣天气。

4）施工标志及防护设施被损坏。

5）工作面安全净空不足。

（10）机械回转作业时，配合人员必须在机械回转半径以外工作。当需在回转半径以内工作时，必须将机械停止回转并制动。

（11）雨期施工时，机械应停放在地势较高的坚实位置。

（12）机械作业不得破坏基坑支护系统。

（13）行驶或作业中的机械，除驾驶室外的任何地方不得有乘员。

5.2.2 单斗挖掘机

（1）单斗挖掘机的作业和行走场地应平整坚实，松软地面应用枕木或垫板垫实，沼泽或淤泥场地应进行路基处理，或更换专用湿地履带。

（2）轮胎式挖掘机使用前应支好支腿，并应保持水平位置，支腿应置于作业面的方向，转向驱动桥置于作业面的后方。履带式挖掘机的驱动轮应置于作业面的后方。采用液压悬挂装置的挖掘机，应锁住两个悬挂液压缸。

（3）作业前应重点检查下列项目，并应符合相应要求：

1）照明、信号及报警装置等应齐全有效。

2）燃油、润滑油、液压油应符合规定。

3）各铰接部分应连接可靠。

4）液压系统不得有泄漏现象。

5）轮胎气压应符合规定。

（4）启动前，应将主离合器分离，各操纵杆放在空挡位置，并应发出信号，确认安全后启动设备。

（5）启动后，应先使液压系统从低速到高速空载循环 10min～20min，不得有吸空等不正常噪声，并应检查各仪表指示值，运转正常后再接合主离合器，再进行空载运转，顺序操纵各工作机构并测试各制动器，确认正常后开始作业。

（6）作业时，挖掘机应保持水平位置，行走机构应制动，履带或轮胎应楔紧。

（7）平整场地时，不得用铲斗进行横扫或用铲斗对地面进行夯实。

（8）挖掘岩石时，应先进行爆破。挖掘冻土时，应采用破冰锤或爆破法使冻上层破碎。不得用铲斗破碎石块、冻土，或用单边斗齿硬啃。

（9）挖掘机最大开挖高度和深度，不应超过机械本身性能规定。在拉铲或反铲作业时，腹带式挖掘机的履带与工作面边缘距离应大于 1.0m，轮胎式挖掘机的轮胎与工作面边缘距离应大于 1.5m。

（10）在坑边进行挖掘作业，当发现有塌方危险时，应立即处理险情，或将挖掘机撤至安全地带。坑边不得留有伞状边沿及松动的大块石。

（11）挖掘机应停稳后再进行挖土作业。当铲斗未离开工作面时，不得作回转、行走等动作。应使用回转制动器进行回转制动，不得用转向离合器反转制动。

（12）作业时，各操纵过程应平稳，不宜紧急制动。铲斗升降不得过猛，下降时，不得撞碰车架或履带。

（13）斗臂在抬高及旧转时，不得碰到坑、沟侧壁或其他物体。

（14）挖掘机向运土车辆装车时，应降低卸落高度，不得偏装或砸坏车厢。回转时，铲斗不得从运输车辆驾驶室顶上越过。

（15）作业中，当液压缸将伸缩到极限位置时，应动作平稳，不得冲撞极限块。

（16）作业中，当需制动时，应将变速阀置于低速位置。

（17）作业中，当发现挖掘力突然变化，应停机检查，不得在未查明原因前调整分配阀的压力。

（18）作业中，不得打开压力表开关，且不得将工况选择阀的操纵手柄放在高速挡位置。

（19）挖掘机应停稳后再反铲作业，斗柄伸出长度应符合规定要求，提斗应平稳。

（20）作业中，履带式挖掘机做短距离行走时，主动轮应在后面，斗臂应在正前方与履带平行，并应制动回转机构，坡道坡度不得超过机械允许的最大坡度。下坡时应慢速行驶。不得在坡道上变速和空挡滑行。

（21）轮胎式挖掘机行驶前，应收回支腿并固定可靠，监控仪表和报警信号灯应处于正常显示状态。轮胎气压应符合规定，工作装置应处于行驶方向，铲斗宜离地面 1m。长距离行驶时应将回转制动板踩下，并应采用固定销锁定回转平台。

（22）挖掘机在坡道上行止时熄火，应立即制动，并应楔住履带或轮胎，重新发动后，再继续行走。

（23）作业后，挖掘机不得停放在高边坡附近或填方区，应停放在坚实、平坦、安全的位置，并应将铲斗收回平放在地面，所有操纵杆置于中位，关闭操作室和机棚。

（24）履带式挖掘机转移工地应采用平板拖车装运。短距离自行转移时，应低速行走。

（25）保养或检修挖掘机时，应将内燃机熄火，并将液压系统卸荷，铲斗落地。

（26）利用铲斗将底盘顶起进行检修时，应使用垫木将抬起的履带或轮胎垫稳，用木楔将落地履带或轮胎楔牢，然后再将液压系统卸荷，否则不得进入底盘下工作。

5.2.3 挖掘装载机

（1）挖掘装载机的挖掘及装载作业应符合《建筑机械使用安全技术规程》（JGJ 33—2012）第5.2节及第5.10节的规定。

（2）挖掘作业前应先将装载斗翻转，使斗口朝地，并使前轮稍离开地面，踏下并锁住制动踏板，然后伸出支腿，使后轮离地并保持水平位置。

（3）挖掘装载机在边坡卸料时，应有专人指挥，挖掘装载机轮胎距边坡缘的距离应大于1.5m。

（4）动臂后端的缓冲块应保持完好；损坏时，应修复后使用。

（5）作业时，应平稳操纵手柄。支臂下降时不宜中途制动。挖掘时不得使用高速挡。

（6）应平稳回转挖掘装载机，并不得用装载斗砸实沟槽的侧面。

（7）挖掘装载机移位时，应将挖掘装置处于中间运输状态，收起支腿，提起提升臂。

（8）装载作业前，应将挖掘装置的回转机构置于中间位置，并应采用拉板固定。

（9）在装载过程中，应使用低速挡。

（10）铲斗提升臂在举升时，不应使用阀的浮动位置。

（11）前四阀用于支腿伸缩和装载的作业与后四阀用于回转和挖掘的作业不得同时进行。

（12）行驶中，不应高速和急转弯。下坡时不得空挡滑行。

（13）行驶时，支腿应完全收回，挖掘装置应固定牢靠，装载装置宜放低，铲斗和斗柄液压活塞杆应保持完全伸张位置。

（14）挖掘装载机停放时间超过1h，应支起支腿，使后轮离地；停放时间超过1d时，应使后轮离地，并应在后悬架下面用垫块支撑。

5.2.4 推土机

（1）推土机在坚硬土壤或多石土壤地带作业时，应先进行爆破或用松土器翻松。在沼泽地带作业时，应更换专用湿地履带板。

（2）不得用推土机推石灰、烟灰等粉尘物料，不得进行碾碎石块的作业。

（3）牵引其他机构设备时，应有专人负责指挥。钢丝绳的连接应牢固可靠。在坡道或长距离牵引时，应采用牵引杆连接。

（4）作业前应重点检查下列项目，并应符合相应要求：

1）各部件不得松动，应连接良好。

2）燃油、润滑油、液压油等应符合规定。

3）各系统管路不得有裂纹或泄漏。

4）各操纵杆和制动踏板的行程、履带的松紧度或轮胎气压应符合要求。

（5）启动前，应将主离合器分离，各操纵杆放在空挡位置，并应按照《建筑机械使用安全技术规程》（JGJ 33—2012）第3.2节的规定启动内燃机，不得用拖、顶方式启动。

（6）启动后应检查各仪表指示值、液压系统，并确认运转正常，当水温达到55℃、机油温度达到45℃时，全载荷作业。

（7）推土机机械四周不得有障碍物，并确认安全后开动，工作时不得有人站在履带或刀片的支架上。

（8）采用主离合器传动的推土机接合应平稳，起步不得过猛，不得使离合器处于半接合状态下运转；液力传动的推土机，应先解除变速杆的锁紧状态，踏下减速器踏板，变速杆应在低挡位，然后缓慢释放减速踏板。

（9）在块石路面行驶时，应将履带张紧。当需要原地旋转或急转弯时，应采用低速挡。当行走机构夹入块石时，应采用正、反向往复行驶使块石排除。

（10）在浅水地带行驶或作业时，应查明水深，冷却风扇叶不得接触水面。下水前和出水后，应对行走装置加注润滑脂。

（11）推土机上、下坡或超过障碍物时应采用低速挡。推土机上坡坡度不得超过25°，下坡坡度不得大于35°，横向坡度不得大于10°。在25°以上的陡坡上不得横向行驶，并不得急转弯。上坡时不得换挡，下坡不得空挡滑行。当需要在陡坡上推土时，应先进行填挖，使机身保持平衡。

（12）在上坡途中，当内燃机突然熄灭，应立即放下铲刀，并锁住制动踏板。在推土机停稳后，将主离合器脱开，把变速杆放到空挡位置，并应用木块将履带或轮胎楔死后，重新启动内燃机。

（13）下坡时，当推土机下行速度大于内燃机传动速度时，转向操纵的方向应与平地行走时操纵的方向相反，并不得使用制动器。

（14）填沟作业驶近边坡时，铲刀不得越出边缘。后退时，应先换挡，后提升铲刀进行倒车。

（15）在深沟、基坑或陡坡地区作业时，应有专人指挥，垂直边坡高度应小于2m。当大于2m时，应放出安全边坡，同时禁止用推土刀侧面推土。

（16）推土或松土作业时，不得超载，各项操作应缓慢平稳，不得损坏铲刀、推土架、松土器等装置。无液力变矩器装置的推土机，在作业中有超载趋势时，应稍微提升刀片或变换低速挡。

（17）不得顶推与地基基础连接的钢筋混凝土桩等建筑物。顶推树木等物体不得倒向推土机及高空架设物。

（18）两台以上推土机在同一地区作业时，前后距离应大于8.0m；左右距离应大于1.5m。在狭窄道路上行驶时，未取得前机同意，后机不得超越。

（19）作业完毕后，宜将推土机开到平坦安全的地方，并应将铲刀、松土器落到地面。在坡道上停机时，应将变速杆挂低速挡，接合主离合器，锁住制动踏板，并将履带或轮胎楔住。

（20）停机时，应先降低内燃机转速，变速杆放在空挡，锁紧液力传动的变速杆，分开主离合器，踏下制动踏板并锁紧，在水温降到75℃以下、油温降到90℃以下后熄火。

（21）推土机长途转移工地时，应采用平板拖车装运。短途行走转移距离不宜超过

10km，并在行走过程中应经常检查和润滑行走装置。

（22）在推土机下面检修时，内燃机应熄火，铲刀应落到地面或垫稳。

5.2.5 拖式铲运机

（1）拖式铲运机牵引使用时应符合《建筑机械使用安全技术规程》（JGJ 33—2012）第5.4节的有关规定。

（2）铲运机作业时，应先采用松土器翻松。铲运作业区内不得有树根、大石块和大量杂草等。

（3）铲运机行驶道路应平整坚实，路面宽度应比铲运机宽度大2m。

（4）启动前，应检查钢丝绳、轮胎气压、铲土斗及卸土板回缩弹簧、拖把万向接头、撑架以及各部滑轮等，并确认处于正常工作状态；液压式铲运机铲斗和拖拉机连接叉座与牵引连接块应锁定，各液压管路应连接可靠。

（5）开动前，应使铲斗离开地面，机械周围不得有障碍物。

（6）作业中，严禁人员上下机械，传递物件，以及在铲斗内、拖把或机架上坐立。

（7）多台铲运机联合作业时，各机之间前后距离应大于10m（铲土时应大于5m），左右距离应大于2m，并应遵守下坡让上坡、空载让重载、支线让干线的原则。

（8）在狭窄地段运行时，未经前机同意，后机不得超越。两机交会或超车时应减速，两机左右间距应大于0.5m。

（9）铲运机上、下坡道时，应低速行驶，不得中途换挡，下坡时不得空挡滑行，行驶的横向坡度不得超过6°，坡宽应大于铲运机宽度2m。

（10）在新填筑的土堤上作业时，离堤坡边缘应大于1m。当需在斜坡横向作业时，应先将斜坡挖填平整，使机身保持平衡。

（11）在坡道上不得进行检修作业。在陡坡上不得转弯、倒车或停车。在坡上熄火时，应将铲斗落地、制动牢靠后再启动。下陡坡时，应将铲斗触地行驶，辅助制动。

（12）铲土时，铲土与机身应保持直线行驶。助铲时应有助铲装置，并应正确开启斗门，不得切土过深。两机动作应协调配合，平稳接触，等速助铲。

（13）在下陡坡铲土时，铲斗装满后，在铲斗后轮未达到缓坡地段前，不得将铲斗提离地面，应防铲斗快速下滑冲击主机。

（14）在不平地段行驶时，应放低铲斗，不得将铲斗提升到高位。

（15）拖拉陷车时，应有专人指挥，前后操作人员应配合协调，确认安全后起步。

（16）作业后，应将铲运机停放在平坦地面，并应将铲斗落在地面上。液压操纵的铲运机应将液压缸缩回，将操纵杆放在中间位置，进行清洁、润滑后，锁好门窗。

（17）非作业行驶时，铲斗应用锁紧链条挂牢在运输行驶位置上，拖式铲运机不得载人或装载易燃、易爆物品。

（18）修理斗门或在铲斗下检修作业时，应将铲斗提起后用销子或锁紧链条固定，再采用垫木将斗身顶住，并应采用木楔楔住轮胎。

5.2.6 自行式铲运机

（1）自行式铲运机的行驶道路应平整坚实，单行道宽度不宜小于5.5m。

（2）多台铲运机联合作业时，前后距离不得小于 20m，左右距离不得小于 2m。

（3）作业前，应检查铲运机的转向和制动系统，并确认灵敏可靠。

（4）铲土，或在利用推土机助铲时，应随时微调转向盘，铲运机应始终保持直线前进。不得在转弯情况下铲土。

（5）下坡时，不得空挡滑行，应踩下制动踏板辅助以内燃机制动，必要时可放下铲斗，以降低下滑速度。

（6）转弯时，应采用较大同转半径低速转向，操纵转向盘不得过猛；当重载行驶或在弯道上、下坡时，应缓慢转向。

（7）不得在大于 15°的横坡上行驶，也不得在横坡上铲土。

（8）沿沟边或填方边坡作业时，轮胎离路肩不得小于 0.7m，并应放低铲斗，降速缓行。

（9）在坡道上不得进行检修作业。遇在坡道上熄火时，应立即制动，下降铲斗，把变速杆放在空挡位置，然后启动内燃机。

（10）穿越泥泞或松软地面时，铲运机应直线行驶，当一侧轮胎打滑时，可踏下差速器锁止踏板。当离开不良地面时，应停止使用差速器锁止踏板。不得在差速器锁止时转弯。

（11）夜间作业时，前后照明应齐全完好，前大灯应能照至 30m；非作业行驶时，应符合《建筑机械使用安全技术规程》（JGJ 33—2012）第 5.5.17 条的规定。

5.2.7 静作用压路机

（1）压路机碾压的工作面，应经过适当平整，对新填的松软土，应先用羊足碾或打夯机逐层碾压或夯实后，再用压路机碾压。

（2）工作地段的纵坡不应超过压路机最大爬坡能力，横坡不应大于 20°。

（3）应根据碾压要求选择机种。当光轮压路机需要增加机重时，可在滚轮内加砂或水。当气温降至 0℃ 及以下时，不得用水增重。

（4）轮胎压路机不宜在大块石基层上作业。

（5）作业前，应检查并确认滚轮的刮泥板应平整良好，各紧固件不得松动；轮胎压路机应检查轮胎气压，确认正常后启动。

（6）启动后，应检查制动性能及转向功能并确认灵敏可靠。开动前，压路机周围不得有障碍物或人员。不得用压路机拖拉任何机械或物件。

（7）碾压时应低速行驶。速度宜控制在 3km/h～4km/h 范围内，在一个碾压行程中不得变速。碾压过程应保持正确的行驶方向，碾压第二行时应与第一行重叠半个滚轮压痕。

（8）变换压路机前进、后退方向，应在滚轮停止运行后进行。不得将换向离合器当作制动器使用。

（9）在新建场地上进行碾压时，应从中间向两侧碾压。碾压时，距场地边缘不应少于 0.5m。

（10）在坑边碾压施工时，应由里侧向外侧碾压，距坑边不应少于 1m。

（11）上下坡时，应事先选好挡位，不得在坡上换挡，下坡时不得空挡滑行。

（12）两台以上压路机同时作业时，前后间距不得小于 3m，在坡道上不得纵队行驶。

（13）在行驶中，不得进行修理或加油。需要在机械底部进行修理时，应将内燃机熄火，刹车制动，并楔住滚轮。

（14）对有差速器锁定装置的三轮压路机，当只有一只轮子打滑时，可使用差速器锁定装置，但不得转弯。

（15）作业后，应将压路机停放在平坦坚实的场地，不得停放在软土路边缘及斜坡上，并不得妨碍交通，并应锁定制动。

（16）严寒季节停机时，宜采用木板将滚轮垫离地面，应防止滚轮与地面冻结。

（17）压路机转移距离较远时，应采用汽车或平板拖车装运。

5.2.8　振动压路机

（1）作业时，压路机应先起步后起振，内燃机应先置于中速，然后再调至高速。

（2）压路机换向时应先停机；压路机变速时应降低内燃机转速。

（3）压路机不得在坚实的地面上进行振动。

（4）压路机碾压松软路基时，应先碾压 1～2 遍后再振动碾压。

（5）压路机碾压时，压路机振动频率应保持一致。

（6）换向离合器、起振离合器和制动器的调整，应在主离合器脱开后进行。

（7）上下坡时或急转弯时不得使用快速挡。铰接式振动压路机在转弯半径较小绕圈碾压时不得使用快速挡。

（8）压路机在高速行驶时不得接合振动。

（9）停机时应先停振，然后将换向机构置于中间位置，变速器置于空挡，最后拉起手制动操纵杆。

（10）振动压路机的使用除应符合本节要求外，还应符合《建筑机械使用安全技术规程》（JGJ 33—2012）第 5.7 节的有关规定。

5.2.9　平地机

（1）起伏较大的地面宜先用推土机推平，再用平地机平整。

（2）平地机作业区内不得有树根、大石块等障碍物。对土质坚实的地面，应先用齿耙翻松。

（3）作业前应按 5.2.2 中（3）的规定进行检查。

（4）平地机不得用于拖拉其他机械。

（5）启动内燃机后，应检查各仪表指示值并应符合要求。

（6）开动平地机时，应鸣笛示意，并确认机械周围不得有障碍物及行人，用低速挡起步后，应测试并确认制动器灵敏有效。

（7）作业时，应先将刮刀下降到接近地面，起步后再下降刮刀铲土。铲土时，应根据铲土阻力大小，随时调整刮刀的切土深度。

（8）刮刀的回转、铲土角的调整及向机外侧斜，应在停机时进行；刮刀左右端的升降动作，可在机械行驶中调整。

（9）刮刀角铲土和齿耙松地时应采用一挡速度行驶；刮土和平整作业时应用二、三挡速度行驶。

（10）土质坚实的地面应先用齿耙翻松，翻松时应缓慢下齿。

（11）使用平地机清除积雪时，应在轮胎上安装防滑链，并应探明工作面的深坑、沟槽位置。

（12）平地机在转弯或调头时，应使用低速挡；在正常行驶时，应使用前轮转向，当场地特别狭小时，可使用前后轮同时转向。

（13）平地机行驶时，应将刮刀和齿耙升到最高位置，并将刮刀斜放，刮刀两端不得超出后轮外侧。行驶速度不得超过使用说明书规定。下坡时，不得空挡滑行。

（14）平地机作业中变矩器的油温不得超过120℃。

（15）作业后，平地机应停放在平坦、安全的场地，刮刀应落在地面上，手制动器应拉紧。

5.2.10　轮胎式装载机

（1）装载机与汽车配合装运作业时，自卸汽车的车厢容积应与装载机铲斗容量相匹配。

（2）装载机作业场地坡度应符合使用说明书的规定。作业区内不得有障碍物及无关人员。

（3）轮胎式装载机作业场地和行驶道路应平坦坚实。在石块场地作业时，应在轮胎上加装保护链条。

（4）作业前应按5.2.2中（3）的规定进行检查。

（5）装载机行驶前。应先鸣声示意，铲斗宜提升离地0.5m。装载机行驶过程中应测试制动器的可靠性。装载机搭乘人员应符合规定。装载机铲斗不得载人。

（6）装载机高速行驶时应采用前轮驱动；低速铲装时，应采用四轮驱动。铲斗装载后升起行驶时，不得急转弯或紧急制动。

（7）装载机下坡时不得空挡滑行。

（8）装载机的装载量应符合使用说明书的规定，装载机铲斗应从正面铲料，铲斗不得单边受力。装载机应低速缓慢举臂翻转铲斗卸料。

（9）装载机操纵手柄换向应平稳。装载机满载时，铲臂应缓慢下降。

（10）在松散不平的场地作业时，应把铲臂放在浮动位置，使铲斗平稳地推进；当推进阻力增大时，可稍微提升铲臂。

（11）当铲臂运行到上下最大限度时，应立即将操纵杆回到空挡位置。

（12）装载机运载物料时，铲臂下铰点宜保持离地面0.5m，并保持平稳行驶。铲斗提升到最高位置时不得运输物料。

（13）铲装或挖掘时，铲斗不应偏载。铲斗装满后，应先举臂，再行走、转向、卸料。铲斗行走过程中不得收斗或举臂。

（14）当铲装阻力较大，出现轮胎打滑时，应立即停止铲装，排除过载后再铲装。

（15）在向汽车装料时，铲斗不得在汽车驾驶室上方越过。如汽车驾驶室顶无防护，驾驶室内不得有人。

（16）向汽车装料，宜降低铲斗高度，减小卸落冲击。汽车装料，不得偏载、超载。

（17）装载机在坡、沟边卸料时，轮胎离边缘应保留安全距离，安全距离宜大于1.5m；铲斗不宜伸出坡、沟边缘。在大于3°的坡面上，载装机不得朝下坡方向俯身卸料。

（18）作业时，装载机变矩器油温不得超过110℃，超过时，应停机降温。

（19）作业后，装载机应停放在安全场地，铲斗应平放在地面上，操纵杆应置于中位，制动应锁定。

（20）装载机转向架未锁闭时，严禁站在前后车架之间进行检修保养。

（21）装载机铲臂升起后，在进行润滑或检修等作业时，应先装好安全销，或先采取其他措施支住铲臂。

（22）停车时，应使内燃机转速逐步降低，不得突然熄火，应防止液压油因惯性冲击而溢出油箱。

5.2.11 蛙式夯实机

（1）蛙式夯实机宜适用于夯实灰土和素土。蛙式夯实机不得冒雨作业。

（2）作业前应重点检查下列项目，并应符合相应要求：

1）漏电保护器应灵敏有效，接零或接地及电缆线接头应绝缘良好。

2）传动皮带应松紧合适，皮带轮与偏心块应安装牢固。

3）转动部分应安装防护装置，并应进行试运转，确认正常。

4）负荷线应采用耐气候型的四芯橡皮护套软电缆。电缆线长不应大于50m。

（3）夯实机启动后，应检查电动机旋转方向，错误时应倒换相线。

（4）作业时，夯实机扶手上的按钮开关和电动机的接线应绝缘良好。当发现有漏电现象时，应立即切断电源，进行检修。

（5）夯实机作业时，应一人扶夯，一人传递电缆线，并应戴绝缘手套和穿绝缘鞋。递线人员应跟随夯机后或两侧调顺电缆线。电缆线不得扭结或缠绕，并应保持3m～4m的余量。

（6）作业时，不得夯击电缆线。

（7）作业时，应保持夯实机平衡，不得用力压扶手。转弯时应用力平稳，不得急转弯。

（8）夯实填高松软土方时，应先在边缘以内100mm～150mm夯实2～3遍后，再夯实边缘。

（9）不得在斜坡上夯行，以防夯头后折。

（10）夯实房心土时，夯板应避开钢筋混凝土基础及地下管道等地下物。

（11）在建筑物内部作业时，夯板或偏心块不得撞击墙壁。

（12）多机作业时，其平行间距不得小于5m，前后间距不得小于10m。

（13）夯实机作业时，夯实机四周2m范围内，不得有非夯实机操作人员。

（14）夯实机电动机温升超过规定时，应停机降温。

（15）作业时，当夯实机有异常响声时，应立即停机检查。

（16）作业后，应切断电源，卷好电缆线，清除夯实机。夯实机保管应防水防潮。

5.2.12 振动冲击夯

(1) 振动冲击夯适用于压实黏性土、砂及砾石等散状物料，不得在水泥路面和其他坚硬地面作业。

(2) 内燃机冲击夯作业前，应检查并确认有足够的润滑油，油门控制器应转动灵活。

(3) 内燃冲击夯启动后，应逐渐加大油门，夯机跳动稳定后开始作业。

(4) 振动冲击夯作业时，应正确掌握夯机，不得倾斜，手把不宜握得过紧，能控制夯机前进速度即可。

(5) 正常作业时，不得使劲往下压手把，以免影响夯机跳起高度。夯实松软土或上坡时，可将手把稍向下压，并应能增加夯机前进速度。

(6) 根据作业要求，内燃冲击夯应通过调整油门的大小，在一定范围内改变夯机振动频率。

(7) 内燃冲击夯不宜在高速下连续作业。

(8) 当短距离转移时，应先将冲击夯手把稍向上抬起，将运转轮装入冲击夯的挂钩内，再压下手把，使重心后倾，再推动手把转移冲击夯。

(9) 振动冲击夯除应符合本节的规定外，还应符合《建筑机械使用安全技术规程》(JGJ 33—2012)第5.11节的规定。

5.2.13 强夯机械

(1) 担任强夯作业的主机，应按照强夯等级的要求经过计算选用。当选用履带式起重机作主机时，应符合《建筑机械使用安全技术规程》(JGJ 33—2012)第4.2节的规定。

(2) 强夯机械的门架、横梁、脱钩器等主要结构和部件的材料及制作质量，应经过严格检查，对不符合设计要求的，不得使用。

(3) 夯机驾驶室挡风玻璃前应增设防护网。

(4) 夯机的作业场地应平整，门架底座与夯机着地部位的场地不平度不得超过100mm。

(5) 夯机在工作状态时，起重臂仰角应符合使用说明书的要求。

(6) 梯形门架支腿不得前后错位，门架支腿在未支稳垫实前，不得提锤。变换夯位后，应重新检查门架支腿，确认稳固可靠，然后再将锤提升100mm～300mm，检查整机的稳定性，确认可靠后作业。

(7) 夯锤下落后，在吊钩尚未降至夯锤吊环附近前，操作人员严禁提前下坑挂钩。从坑中提锤时，严禁挂钩人员站在锤上随锤提升。

(8) 夯锤起吊后，地面操作人员应迅速撤至安全距离以外，非强夯施工人员不得进入夯点30m范围内。

(9) 夯锤升起如超过脱钩高度仍不能自动脱钩时，起重指挥应立即发出停车信号，将夯锤落下，应查明原因并正确处理后继续施工。

(10) 当夯锤留有的通气孔在作业中出现堵塞现象时，应及时清理，并不得在锤下作业。

(11) 当夯坑内有积水或因黏土产生的锤底吸附力增大时，应采取措施排除，不得强行提锤。

（12）转移夯点时，夯锤应由辅机协助转移，门架随夯机移动前，支腿离地面高度不得超过 500mm。

（13）作业后，应将夯锤下降，放在坚实稳固的地面上。在非作业时，不得将锤悬挂在空中。

5.3 运输机械

运输机械具有特定的技术操作要求，司机、指挥、司索等作业人员属特种作业人员，必须经过培训考核取得《特种作业操作证》才能上岗，其他人员不得随便操作。

5.3.1 一般规定

（1）各类运输机械应有完整的机械产品合格证以及相关的技术资料。

（2）启动前应重点检查下列项目，并应符合相应要求：

1）车辆的各总成、零件、附件应按规定装配齐全，不得有脱焊、裂缝等缺陷。螺栓、铆钉连接紧固不得松动、缺损。

2）各润滑装置应齐全并应清洁有效。

3）离合器应结合平稳、工作可靠、操作灵活，踏板行程应符合规定。

4）制动系统各部件应连接可靠，管路畅通。

5）灯光、喇叭、指示仪表等应齐全完整。

6）轮胎气压应符合要求。

7）燃油、润滑油、冷却水等应添加充足。

8）燃油箱应加锁。

9）运输机械不得有漏水、漏油、漏气、漏电现象。

（3）运输机械启动后，应观察各仪表指示值，检查内燃机运转情况，检查转向机构及制动器等性能，并确认正常，当水温达到 40℃以上、制动气压达到安全压力以上时，应低挡起步。起步时，应检查周边环境，并确认安全。

（4）装载的物品应捆绑稳固牢靠，整车重心高度应控制在规定范围内，轮式机具和圆形物件装运时应采取防止滚动的措施。

（5）运输机械不得人货混装，运输过程中，料斗内不得载人。

（6）运输超限物件时，应事先勘察路线，了解空中、地面上、地下障碍以及道路、桥梁等通过能力，并应制定运输方案，应按规定办理通行手续。在规定时间内按规定路线行驶。超限部分白天应插警示旗，夜间应挂警示灯。装卸人员及电工携带工具随行，保证运行安全。

（7）运输机械水温未达到 70℃时，不得高速行驶。行驶中变速应逐级增减挡位，不得强推硬拉。前进和后退交替时，应在运输机械停稳后换挡。

（8）运输机械行驶中，应随时观察仪表的指示情况，当发现机油压力低于规定值，水温过高，有异响、异味等情况时，应立即停车检查，并应排除故障后继续运行。

（9）运输机械运行时不得超速行驶，并应保持安全距离。进入施工现场应沿规定的路线行进。

（10）车辆上、下坡应提前换入低速挡，不得中途换挡。下坡时，应以内燃机变速箱阻力控制车速，必要时，可间歇轻踏制动器。严禁空挡滑行。

（11）在泥泞、冰雪道路上行驶时，应降低车速，并应采取防滑措施。

（12）车辆涉水过河时，应先探明水深、流速和水底情况，水深不得超过排气管或曲轴皮带盘，并应低速直线行驶，不得在中途停车或换挡。涉水后，应缓行一段路程，轻踏制动器使浸水的制动片上的水分蒸发掉。

（13）通过危险地区时，应先停车检查，确认可以通过后，应由有经验人员指挥前进。

（14）运载易燃易爆、剧毒、腐蚀性等危险品时，应使用专用车辆按相应的安全规定运输，并应有专业随车人员。

（15）爆破器材的运输，应符合现行国家法规《爆破安全规程》（GB 6722—2003）的要求。起爆器材与炸药、不同种类的炸药严禁同车运输。车箱底部应铺软垫层，并应有专业押运人员，按指定路线行驶。不得在人口稠密处、交叉路口和桥上（下）停留。车厢应用帆布覆盖并设置明显标志。

（16）装运氧气瓶的车厢不得有油污，氧气瓶严禁与油料或乙炔气瓶装混。氧气瓶上防振胶圈应齐全，运行过程中，氧气瓶不得滚动及相互撞击。

（17）车辆停放时，应将内燃机熄火，拉紧手制动器，关锁车门。在下坡道停放时应挂倒挡，在上坡道停放时应挂一挡，并应使用三角木楔等楔紧轮胎。

（18）平头型驾驶室需前倾时，应清理驾驶室内物件，关紧车门后前倾并锁定。平头型驾驶室复位后，应检查并确认驾驶室已锁定。

（19）在车底进行保养、检修时，应将内燃机熄火、拉紧手制动器并将车轮楔牢。

（20）车辆经修理后需要试车时，应由专业人员驾驶，当需在道路上试车时，应事先报经公安、公路等有关部门的批准。

5.3.2 自卸汽车

（1）自卸汽车应保持顶升液压系统完好，工作平稳。操纵应灵活，不得有卡阻现象。各节液压缸表面应保持清洁。

（2）非顶升作业时，应将顶升操纵杆放在空挡位置，顶升前，应拔出车厢固定销。作业后，应及时插入车厢固定锁。固定锁应无裂纹，插入或拔出应灵活、可靠。在行驶过程中车厢挡板不得自行打开。

（3）自卸汽车配合挖掘机、装载机装料时，应符合《建筑机械使用安全技术规程》（JGJ 33—2012）第5.10.15条规定，就位后应拉紧手制动器。

（4）卸料时应听从现场专业人员指挥，车厢上方不得有障碍物，四周不得有人员来往，并应将车停稳。举升车厢时，应控制内燃机中速运转，当车厢升到顶点时，应降低内燃机转速，减少车厢振动。不得边卸边行驶。

（5）向坑洼地区卸料时，应和坑边保持安全距离。在斜坡上不得侧向倾卸。

（6）卸完料，车厢应及时复位，自卸汽车应在复位后行驶。

（7）自卸汽车不得装运爆破器材。

（8）车厢举升状态下，应将车厢支撑牢靠后，进入车厢下面进行检修、润滑等作业。

（9）装运混凝土或黏性物料后，应将车厢清洗干净。

（10）自卸汽车装运散料时，应有防止散落的措施。

5.3.3 平板拖车

（1）拖车的制动器、制动灯、转向灯等应配备齐全，并应与牵引车的灯光信号同时起作用。

（2）行车前，应检查并确认拖挂装置、制动装置、电缆接头等连接良好。

（3）拖车装卸机械时，应停在平坦坚实处，拖车应制动并用三角小楔紧轮胎。装车时应调整好机械在车厢上的位置，各轴负荷分配应合理。

（4）平板拖车的跳板应坚实，在装卸履带式起重机、挖掘机、压路机时，跳板与地面夹角不宜大于15°；在装卸履带式推土机、拖拉机时，跳板与地面夹角不应大于25°。装卸时应由熟练的驾驶人员操作，并应统一指挥。上、下车动作应平稳，不得在跳板上调整方向。

（5）装运履带式起重机时，履带式起重机起重臂应拆短，起重臂向后，吊钩不得自由晃动。

（6）推土机的铲刀宽度超过平板拖车宽度时，应先拆除铲刀后再装运。

（7）机械装车后，机械的制动器应锁定，保险装置应锁牢，履带或车轮应楔紧，机械应绑扎牢固。

（8）使用随车卷扬机装卸物料时，应有专人指挥，拖车应制动锁定，并应将车轮楔紧，防止在装卸时车辆移动。

（9）拖车长期停放或重车停放时间较长时，应将平板支起，轮胎不应承压。

5.3.4 机动翻斗车

（1）机动翻斗车驾驶员应经考试合格，持有机动翻斗车专用驾驶证上岗。

（2）机动翻斗车行驶前，应检查锁紧装置，并应将料斗锁牢。

（3）机动翻斗车行驶时，不得用离合器处于半结合状态来控制车速。

（4）在路面不良状况下行驶时，应低速缓行。机动翻斗车不得靠近路边或沟旁行驶，并应防侧滑。

（5）在坑沟边缘卸料时，应设置安全挡块。车辆接近坑边时，应减速行驶，不得冲撞挡块。

（6）上坡时，应提前换入低挡行驶；下坡时，不得空挡滑行；转弯时，应先减速，急转弯时，应先换入低挡。机动翻斗车不宜紧急刹车，应防止向前倾覆。

（7）机动翻斗车不得在卸料工况下行驶。

（8）内燃机运转或料斗内有载荷时，不得在车底下进行作业。

（9）多台机动翻斗车纵队行驶时，前后车之间应保持安全距离。

5.3.5 散装水泥车

（1）在装料前应检查并清除散装水泥车的罐体及料管内积灰和结渣等杂物，管道不得有堵塞和漏气现象；阀门开闭应灵活，部件连接应牢固可靠，压力表工作应正常。

（2）在打开装料口前，应先打开排气阀，排除罐内残余气压。

（3）装料完毕，应将装料口边缘上堆积的水泥清扫干净，盖好进料口，并锁紧。

（4）散装水泥车卸料时，应装好卸料管，关闭卸料管蝶阀和卸压管球阀，并应打开二次风管，接通压缩空气。空气压缩机应在无载情况下启动。

（5）在确认卸料阀处于关闭状态后，向罐内加压，当达到卸料压力时，应先稍开二次风嘴阀后再打开卸料阀，并用二次风嘴阀调整空气与水泥比例。

（6）卸料过程中，应注意观察压力表的变化情况，当发现压力突然上升，输气软管堵塞时，应停止送气，并应放出管内有压气体，及时排除故障。

（7）卸料作业时，空气压缩机应由专人管理，其他人员不得擅自操作。在进行加压卸料时，不得增加内燃机转速。

（8）卸料结束后，应打开放气阀，放尽罐内余气，并应关闭各部阀门。

（9）雨雪天气，散装水泥车进料口应关闭严密，并不得在露天装卸作业。

5.3.6　皮带运输机

（1）固定式皮带运输机应安装在坚固的基础上，移动式皮带运输机在开动前应将轮子楔紧。

（2）皮带运输机在启动前，应调整好输送带的松紧度，带扣应牢固，各传动部件应灵活可靠，防护罩应齐全有效。电气系统应布置合理，绝缘及接零或接地应保护良好。

（3）输送带启动时，应先空载运转，在运转正常后，再均匀装料。不得先装料后启动。

（4）输送带上加料时，应对准中心，并宜降低加料高度，减少落料对输送带的冲击。

（5）作业中，应随时观察输送带运输情况，当发现带有松动、走偏或跳动现象时，应停机进行调整。

（6）作业时，人员不得从带上面跨越，或从带下面穿过。输送带打滑时，不得用手拉动。

（7）输送带输送大块物料时，输送带两侧应加装挡板或栅栏。

（8）多台皮带运输机串联作业时，应从卸料端按顺序启动；停机时，应从装料端开始按顺序停机。

（9）作业时需要停机时，应先停止装料，将带上物料卸完后，再停机。

（10）皮带运输机作业中突然停机时，应立即切断电源，清除运输带上的物料，检查并排除故障。

（11）作业完毕后，应将电源断开，锁好电源开关箱，清除输送机上的砂土，应采用防雨护罩将电动机盖好。

5.4　混凝土机械

5.4.1　一般规定

（1）混凝土机械的内燃机、电动机、空气压缩机等应符合《建筑机械使用安全技术规程》（JGJ 33—2012）第 3 章的有关规定。行驶部分应符合《建筑机械使用安全技术规程》（JGJ 33—2012）第 6 章的有关规定。

（2）液压系统的溢流阀、安全阀应齐全有效，调定压力应符合说明书要求。系统应无泄漏，工作应平稳，不得有异响。

（3）混凝土机械的工作机构、制动器、离合器、各种仪表及安全装置应齐全完好。

（4）电气设备作业应符合现行行业标准《施工现场临时用电安全技术规范》（JGJ 46—2005）的有关规定。插入式、平板式振捣器的漏电保护器应采用防溅型产品，其额定漏电动作电流不应大于 15mA；额定漏电动作时间不应大于 0.1s。

（5）冬期施工，机械设备的管道、水泵及水冷却装置应采取防冻保温措施。

5.4.2 混凝土搅拌机

（1）作业区应排水通畅，并应设置沉淀池及防尘设施。

（2）操作人员视线应良好。操作台应铺设绝缘垫板。

（3）作业前应重点检查下列项目，并应符合相应要求：

1）料斗上、下限位装置应灵敏有效，保险销、保险链应齐全完好。钢丝绳报废应按现行国家标准《起重机钢丝绳 保养 维护、安装、检验和报废》（GB/T 5972—2009）的规定执行。

2）制动器、离合器应灵敏可靠。

3）各传动机构、工作装置应正常。开式齿轮、皮带轮等传动装置的安全防护罩应齐全可靠。齿轮箱、液压油箱内的油质和油量应符合要求。

4）搅拌筒与托轮接触应良好，不得窜动、跑偏。

5）搅拌筒内叶片应紧固，不得松动，叶片与衬板间隙应符合说明书规定。

6）搅拌机开关箱应设置在距搅拌机 5m 的范围内。

（4）作业前应先进行空载运转，确认搅拌筒或叶片运转方向正确。反转出料的搅拌机应进行正、反转运转。空载运转时，不得有冲击现象和异常声响。

（5）供水系统的仪表计量应准确，水泵、管道等部件应连接可靠，不得有泄漏。

（6）搅拌机不宜带载启动，在达到正常转速后上料，上料量及上料程序应符合使用说明书的规定。

（7）料斗提升时，人员严禁在料斗下停留或通过；当需在料斗下方进行清理或检修时，应将料斗提升至上止点，并必须用保险销锁牢或用保险链挂牢。

（8）搅拌机运转时，不得进行维修、清理工作。当作业人员需进入搅拌筒内作业时，应先切断电源，锁好开关箱，悬挂"禁止合闸"的警示牌，并应派专人监护。

（9）作业完毕，宜将料斗降到最低位置，并应切断电源。

5.4.3 混凝土搅拌运输车

（1）混凝土搅拌运输车的内燃机和行驶部分应分别符合《建筑机械使用安全技术规程》（JGJ 33—2012）第 3 章和第 6 章的有关规定。

（2）液压系统和气动装置的安全阀、溢流阀的调整压力应符合使用说明书的要求。卸料槽锁扣及搅拌筒的安全锁定装置应齐全完好。

（3）燃油、润滑油、液压油、制动液及冷却液应添加充足，质量应符合要求，不得有渗漏。

（4）搅拌筒及机架缓冲件应无裂纹或损伤，筒体与托轮应接触良好。搅拌叶片、进料斗，主辅卸料槽不得有严重磨损和变形。

（5）装料前应先启动内燃机空载运转，并低速旋转搅拌筒 3min～5min，当各仪表指示正常、制动气压达到规定值时，并检查确认后装料。装载量不得超过规定值。

（6）行驶前，应确认操作手柄处于"搅动"位置并锁定，卸料槽锁扣应扣牢。搅拌行驶时最高速度不得大于 50km/h。

（7）出料作业时，应将搅拌运输车停靠在地势平坦处，应与基坑及输电线路保持安全距离，并应锁定制动系统。

（8）进入搅拌筒维修、清理混凝土前，应将发动机熄火，操作杆置于空挡，将发动机钥匙取出，并应设专人监护，悬挂安全警示牌。

5.4.4　混凝土输送泵

（1）混凝土泵应安放在平整、坚实的地面上，周围不得有障碍物，支腿应支设牢靠，机身应保持水平和稳定，轮胎应楔紧。

（2）混凝土输送管道的敷设应符合下列规定：

1）管道敷设前应检查并确认管壁的磨损量应符合使用说明书的要求，管道不得有裂纹、砂眼等缺陷。新管或磨损量较小的管道应敷设在泵出口处。

2）管道应使用支架或与建筑结构固定牢固。泵出口处的管道底部应依据泵送高度、混凝土排量等设置独立的基础，并能承受相应的荷载。

3）敷设垂直向上的管道时，垂直管不得直接与泵的输出口连接，应在泵与垂直管之间敷设长度不小于 15m 的水平管，并加装逆止阀。

4）敷设向下倾斜的管道时，应在泵与斜管之间敷设长度不小于 5 倍落差的水平管。当倾斜度大于 7°时，应加装排气阀。

（3）作业前应检查并确认管道连接处管卡扣牢，不得泄漏。混凝土泵的安全防护装置应齐全可靠，各部位操纵开关、手柄等位置应正确，搅拌斗防护网应完好牢固。

（4）砂石粒径、水泥强度等级及配合比应符合出厂规定，并应满足混凝土泵的泵送要求。

（5）混凝土泵启动后，应空载运转，观察各仪表的指示值，检查泵和搅拌装置的运转情况，并确认一切正常后作业。泵送前应向料斗加入清水和水泥砂浆润滑泵及管道。

（6）混凝土泵在开始或停止泵送混凝土前，作业人员应与出料软管保持安全距离，作业人员不得在出料口下方停留。出料软管不得埋在混凝土中。

（7）泵送混凝土的排量、浇注顺序应符合混凝土浇筑施工方案的要求。施工荷载应控制在允许范围内。

（8）混凝土泵工作时，料斗中混凝土应保持在搅拌轴线以上，不应吸空或无料泵送。

（9）混凝土泵工作时，不得进行维修作业。

（10）混凝土泵作业中，应对泵送设备和管路进行观察，发现隐患应及时处理。对磨损超过规定的管子、卡箍、密封圈等应及时更换。

（11）混凝土泵作业后应将料斗和管道内的混凝土全部排出，并对泵、料斗、管道等进行清洗。清洗作业应按说明书要求进行。不宜采用压缩空气进行清洗。

5.4.5　混凝土泵车

（1）混凝土泵车应停放在平整坚实的地方，与沟槽和基坑的安全距离应符合使用说明书的要求。臂架回转范围内不得有障碍物，与输电线路的安全距离应符合现行行业标准《施工现场临时用电安全技术规范》（JGJ 46—2005）的有关规定。

（2）混凝土泵车作业前，应将支腿打开，并应采用垫木垫平，车身的倾斜度不应大于3°。

（3）作业前应重点检查下列项目，并应符合相应要求：

1）安全装置应齐全有效，仪表应指示正常。

2）液压系统、工作机构应运转正常。

3）料斗网格应完好牢固。

4）软管安全链与臂架连接应牢固。

（4）伸展布料杆应按出厂说明书的顺序进行。布料杆在升离支架前不得回转。不得用布料杆起吊或拖拉物件。

（5）当布料杆处于全伸状态时，不得移动车身。当需要移动车身时，应将上段布料杆折叠固定，移动速度不得超过 10km/h。

（6）不得接长布料配管和布料软管。

5.4.6　插入式振捣器

（1）作业前应检查电动机、软管、电缆线、控制开关等，并应确认处于完好状态。电缆线连接应正确。

（2）操作人员作业时应穿戴符合要求的绝缘鞋和绝缘手套。

（3）电缆线应采用耐候型橡皮护套铜芯软电缆，并不得有接头。

（4）电缆线长度不应大于 30m。不得缠绕、扭结和挤压，并不得承受任何外力。

（5）振捣器软管的弯曲半径不得小于 500mm，操作时应将振捣器垂直插入混凝土，深度不宜超过 600mm。

（6）振动器不得在初凝的混凝土、脚手板和干硬的地面上进行试振。在检修或作业间断时，应切断电源。

（7）作业完毕，应切断电源，并应将电动机、软管及振动棒清理干净。

5.4.7　附着式、平板式振捣器

（1）作业前应检查电动机、电源线、控制开关等，并确认完好无破损。附着式振捣器的安装位置应正确，连接应牢固，并应安装减振装置。

（2）操作人员作业时应穿戴符合要求的绝缘鞋和绝缘手套。

（3）平板式振捣器应采用耐气候型橡皮护套铜芯软电缆，并不得有接头和承受任何外力，其长度不应超过 30m。

（4）附着式、平板式振捣器的轴承不应承受轴向力，振捣器使用时，应保持振捣器电

动机轴线在水平状态。

（5）附着式、平板式振捣器不得在初凝的混凝土、脚手板和干硬的地面上进行试振。在检修或作业间断时，应切断电源。

（6）平板式振捣器作业时应使用牵引绳控制移动速度，不得牵拉电缆。

（7）在同一块混凝土模板上同时使用多台附着式振捣器时，各振动器的振频应一致，安装位置宜交错设置。

（8）安装在混凝土模板上的附着式振捣器，每次作业时间应根据施工方案确定。

（9）作业完毕，应切断电源，并应将振捣器清理干净。

5.4.8 混凝土振动台

（1）作业前应检查电动机、传动及防护装置，并确认完好有效。轴承座、偏心块及机座螺栓应紧固牢靠。

（2）振动台应设有可靠的锁紧夹，振动时应将混凝土槽锁紧，混凝土模板在振动台上不得无约束振动。

（3）振动台电缆应穿在电管内，并预埋牢固。

（4）作业前应检查并确认润滑油不得有泄漏，油温、传动装置应符合要求。

（5）在作业过程中，不得调节预置拨码开关。

（6）振动台应保持清洁。

5.4.9 混凝土喷射机

（1）喷射机风源、电源、水源、加料设备等应配套齐全。

（2）管道应安装正确，连接处应紧固密封。当管道通过道路时，管道应有保护措施。

（3）喷射机内部应保持干燥和清洁。应按出厂说明书规定的配合比配料，不得使用结块的水泥和未经筛选的砂石。

（4）作业前应重点检查下列项目，并应符合相应要求：

1）安全阀应灵敏可靠。

2）电源线应无破损现象，接线应牢靠。

3）各部密封件应密封良好，橡胶结合板和旋转板上出现的明显沟槽应及时修复。

4）压力表指针显示应正常。应根据输送距离，及时调整风压的上限值。

5）喷枪水环管应保持畅通。

（5）启动时，应按顺序分别接通风、水、电。开启进气阀时，应逐步达到额定压力启动电动机后，应空载运转，确认一切正常后方可投料作业。

（6）机械操作人员和喷射作业人员应有信号联系，送风、加料、停料、停风及发生堵塞时，应联系畅通，密切配合。

（7）喷嘴前方不得有人员。

（8）发生堵管时，应先停止喂料，敲击堵塞部位，使物料松散，然后用压缩空气吹通。操作人员作业时，应紧握喷嘴，不得甩动管道。

（9）作业时，输料软管不得随地拖拉和折弯。

（10）停机时，应先停止加料，再关闭电动机，然后停止供水，最后停送压缩空气，并应将仓内及输料管内的混合料全部喷出。

（11）停机后，应将输料管、喷嘴拆下清洗干净，清除机身内外粘附的混凝土料及杂物，并应使密封件处于放松状态。

5.4.10 混凝土布料机

（1）设置混凝土布料机前，应确认现场有足够的作业空间，混凝土布料机任一部位与其他设备及构筑物的安全距离不应小于 0.6m。

（2）混凝土布料机的支撑面应平整坚实。固定式混凝土布料机的支撑应符合使用说明书的要求，支撑结构应经设计计算，并应采取相应加固措施。

（3）手动式混凝土布料机应有可靠的防倾覆措施。

（4）混凝土布料机作业前应重点检查下列项目，并应符合相应要求：

1）支腿应打开垫实，并应锁紧。

2）塔架的垂直度应符合使用说明书要求。

3）配重块应与臂架安装长度匹配。

4）臂架回转机构润滑应充足，转动应灵活。

5）机动混凝土布料机的动力装置、传动装置、安全及制动装置应符合要求。

6）混凝土输送管道应连接牢固。

（5）手动混凝土布料机回转速度应缓慢均匀，牵引绳长度应满足安全距离的要求。

（6）输送管出料口与混凝土浇筑面宜保持 1m 的距离，不得被混凝土掩埋。

（7）人员不得在臂架下方停留。

（8）当风速达到 10.8m/s 及以上或大雨、大雾等恶劣天气应停止作业。

5.5 钢筋加工机械

5.5.1 一般规定

（1）机械的安装应坚实稳固。固定式机械应有可靠的基础；移动式机械作业时应楔紧行走轮。

（2）手持式钢筋加工机械作业时，应佩戴绝缘手套等防护用品。

（3）加工较长的钢筋时，应有专人帮扶。帮扶人员应听从操作人员指挥，不得任意推拉。

5.5.2 钢筋调直切断机

（1）料架、料槽应安装平直，并应与导向筒、调直筒和下切刀孔的中心线一致。

（2）切断机安装后，应用手转动飞轮，检查传动机构和工作装置，并及时调整间隙，紧固螺栓，在检查并确认电气系统正常后，进行空运转。切断机空运转时，齿轮应啮合良好，并不得有异响，确认正常后开始作业。

（3）作业时，应按钢筋的直径，选用适当的调直块、曳引轮槽及传动速度。调直块的孔径应比钢筋直径大 2mm～5mm。曳引轮槽宽应和所需调直钢筋的直径相符合。大直径钢筋宜选用较慢的传动速度。

（4）在调直块未固定或防护罩未盖好前，不得送料。作业中，不得打开防护罩。

（5）送料前，应将弯曲的钢筋端头切除。导向筒前应安装一根长度为1m的钢管。

（6）钢筋送入后，手应与曳轮保持安全距离。

（7）当调直后的钢筋仍有慢弯时，可逐渐加大调直块的偏移量，直到调直为止。

（8）切断3~4根钢筋后，应停机检查钢筋长度，当超过允许偏差时，应及时调整限位开关或定尺板。

5.5.3　钢筋切断机

（1）接送料的工作台面应和切刀下部保持水平，工作台的长度应根据加工材料长度确定。

（2）启动前，应检查并确认切刀不得有裂纹，刀架螺栓应紧固，防护罩应牢靠。应用手转动皮带轮，检查齿轮啮合间隙，并及时调整。

（3）启动后，应先空运转，检查并确认各传动部分及轴承运转正常后，开始作业。

（4）机械未达到正常转速前，不得切料。操作人员应使用切刀的中、下部位切料，应紧握钢筋对准刃口迅速投入，并应站在固定刀片一侧用力压住钢筋，防止钢筋末端弹出伤人。不得用双手分在刀片两边握住钢筋切料。

（5）操作人员不得剪切强度超过机械性能规定及直径超标的钢筋或烧红的钢筋。一次切断多根钢筋时，其总截面积应在规定范围内。

（6）剪切低合金钢筋时，应更换高硬度切刀，剪切直径应符合机械性能的规定。

（7）切断短料时，手和切刀之间的距离应大于150mm，并应采用套管或夹具将切断的短料压住或夹牢。

（8）机械运转中，不得用手直接清除切刀附近的断头和杂物。在钢筋摆动范围和机械周围，非操作人员不得停留。

（9）当发现机械有异常响声或切刀歪斜等不正常现象时，应立即停机检修。

（10）液压式切断机启动前，应检查并确认液压油位符合规定。切断机启动后，应空载运转，检查并确认电动机旋转方向应符合规定，并应打开放油阀，在排净液压缸体内的空气后开始作业。

（11）手动液压式切断机使用前，应将放油阀按顺时针方向旋紧，作业完毕后，应立即按逆时针方向旋松。

5.5.4　钢筋弯曲机

（1）工作台和弯曲机台面应保持水平。

（2）作业前应准备好各种芯轴及工具，并应按加工钢筋的直径和弯曲半径的要求，装好相应规格的芯轴和成型轴、挡铁轴。

（3）芯轴直径应为钢筋直径的2.5倍。挡铁轴应有轴套。挡铁轴的直径和强度不得小于被弯钢筋的直径和强度。

（4）启动前应检查并确认芯轴、挡铁轴、转盘等不得有裂纹和损伤，防护罩应有效。在空载运转并确认正常后，开始作业。

（5）作业时，应将需弯曲的一端钢筋插入在转盘固定销的间隙内，将另一端紧靠机身固定销，并用手压紧，在检查并确认机身固定销安放在挡住钢筋的一侧后，启动机械。

（6）弯曲作业时，不得更换轴芯、销子和变换角度以及调速，不得进行清扫和加油。

（7）对超过机械铭牌规定直径的钢筋不得进行弯曲。在弯曲未经冷拉或带有锈皮的钢筋时，应戴防护镜。

（8）在弯曲高强度钢筋时，应进行钢筋直径换算，钢筋直径不得超过机械允许的最大弯曲能力，并应及时调换相应的芯轴。

（9）操作人员应站在机身没有固定销的一侧。成品钢筋应堆放整齐，弯钩不得朝上。

（10）转盘换向应在弯曲机停稳后进行。

5.5.5 钢筋冷拉机

（1）应根据冷拉钢筋的直径，合理选用冷拉卷扬机。卷扬钢丝绳应经封闭式导向滑轮，并应和被拉钢筋成直角。操作人员应能见到全部冷拉场地。卷扬机与冷拉中心线距离不得少于 5m。

（2）冷拉场地应设置警戒区，并应安装防护栏及警告标志。非操作人员不得进入警戒区。作业时，操作人员与受拉钢筋的距离应大于 2m。

（3）采用配重控制的冷拉机应有指示起落的记号或专人指挥。冷拉机的滑轮、钢丝绳应相匹配。配重提起时，配重离地高度应小于 300mm。配重架四周应设置防护栏杆及警告标志。

（4）作业前，应检查冷拉机，夹齿应完好；滑轮、拖拉小车应润滑灵活；拉钩、地锚及防护装置应齐全牢固。

（5）采用延伸率控制的冷拉机，应设置明显的限位标志，并应有专人负责指挥。

（6）照明设施宜设置在张拉警戒区外。当需设置在警戒区内时，照明设施安装高度应大于 5m，并应加防护罩。

（7）作业后，应放松卷扬钢丝绳，落下配重，切断电源，并锁好开关箱。

5.5.6 钢筋冷拔机

（1）启动机械前，应检查并确认机械各部连接应牢固，模具不得有裂纹，轧头和模具的规格应配套。

（2）钢筋冷拔量应符合机械出厂说明书的规定。机械出厂说明书未作规定时，可按每次冷拔缩减模具孔径 0.5mm～1.0mm 进行。

（3）轧头时，应先将钢筋的一端穿过模具，钢筋穿过的长度宜为 100mm～150mm，再用夹具夹牢。

（4）作业时，操作人员的手与轧辊应保持 300mm～500mm 的距离。不得用手直接接触钢筋和滚筒。

（5）冷拔模架中应随时加足润滑剂，润滑剂可采用石灰和肥皂水调和晒干后的粉末。

（6）当钢筋的末端通过冷拔模后，应立即脱开离合器，同时用手闸挡住钢筋末端。

（7）冷拔过程中，当出现断丝或钢筋打结乱盘时，应立即停机处理。

5.5.7 钢筋螺纹成型机

（1）在机械使用前，应检查并确认刀具安装应正确，连接应牢固，运转部位润滑应良好，不得有漏电现象，空车试运转并确认正常后作业。

（2）钢筋应先调直再下料。钢筋切口端面应与轴线垂直，不得用气割下料。

（3）加工锥螺纹时，应采用水溶性切削润滑液。当气温低于0℃时，可掺入15%～20%亚硝酸钠。套丝作业时，不得用机油作润滑液或不加润滑液。

（4）加工时，钢筋应夹持牢固。

（5）机械在运转过程中，不得清扫刀片上面的积屑杂物和进行检修。

（6）不得加工超过机械铭牌规定直径的钢筋。

5.5.8 钢筋除锈机

（1）作业前应检查并确认钢丝刷应固定牢靠，传动部分应润滑充分，封闭式防护罩及排尘装置等应完好。

（2）操作人员应束紧袖口，并应佩戴防尘口罩、手套和防护眼镜。

（3）带弯钩的钢筋不得上机除锈。弯度较大的钢筋宜在调直后除锈。

（4）操作时，应将钢筋放平，并侧身送料。不得在除锈机正面站人。较长钢筋除锈时，应有2人配合操作。

5.6 焊接机械

5.6.1 一般规定

（1）焊接（切割）前，应先进行动火审查，确认焊接（切割）现场防火措施符合要求，并应配备相应的消防器材和安全防护用品，落实监护人员后，开具动火证。

（2）焊接设备应有完整的防护外壳，一、二次接线柱处应有保护罩。

（3）现场使用的电焊机应设有防雨、防潮、防晒、防砸的措施。

（4）焊割现场及高空焊割作业下方严禁堆放油类、木材、氧气瓶、乙炔瓶、保温材料等易燃、易爆物品。

（5）电焊机绝缘电阻不得小于0.5MΩ，电焊机导线绝缘电阻不得小于1MΩ，电焊机接地电阻不得大于4Ω。

（6）电焊机导线和接地线不得搭在易燃、易爆、带有热源或有油的物品上；不得利用建（构）筑物的金属结构、管道、轨道或其他金属物体，搭接起来，形成焊接回路，并不得将电焊机和工件双重接地；严禁使用氧气、天然气等易燃易爆气体管道作为接地装置。

（7）电焊机的一次侧电源线长度不应大于5m，二次线应采用防水橡皮护套铜芯软电缆，电缆长度不应大于30m，接头不得超过3个，并应双线到位。当需要加长导线时，应相应增加导线的截面积。当导线通过道路时，应架高，或穿入防护管内埋设在地下；当通过轨道时，应从轨道下面通过。当导线绝缘受损或断股时，应立即更换。

（8）电焊钳应有良好的绝缘和隔热能力。电焊钳握柄应绝缘良好，握柄与导线连接应牢靠，连接处应采用绝缘布包好。操作人员不得用胳膊夹持电焊钳并不得在水中冷却电焊钳。

（9）对承压状态的压力容器和装有剧毒、易燃、易爆物品的容器，严禁进行焊接或切割作业。

（10）当需焊割受压容器、密闭容器、粘有可燃气体和溶液的工件时，应先消除容器及管道内压力，消除可燃气体和溶液，并冲洗有毒、有害、易燃物质；对存有残余油脂的容器，宜用蒸汽、碱水冲洗，打开盖口，并确认容器清洗干净后，应灌满清水后进行焊割。

（11）在容器内和管道内焊割时，应采取防止触电、中毒和窒息的措施。焊、割密闭容器时。应留出气孔，必要时应在进、出气口处装设通风设备；容器内照明电压不得超过12V；容器外应有专人监护。

（12）焊接铜、销、锌、锡等有色金属时，应通风良好，焊割人员应戴防毒面罩或采取其他防毒措施。

（13）当预热焊件温度达150℃～700℃时，应设挡板隔离焊件发出的辐射热，焊接人员应穿戴隔热的石棉服装和鞋、帽等。

（14）雨雪天不得在露天电焊。在潮湿地带作业时，应铺设绝缘物品，操作人员应穿绝缘鞋。

（15）电焊机应按额定焊接电流和暂载率操作，并应控制电焊机的温升。

（16）当清除焊渣时，应戴防护眼镜，头部应避开焊渣飞溅方向。

（17）交流电焊机应安装防二次侧触电保护装置。

5.6.2 交（直）流焊机

（1）使用前，应检查并确认初、次级线接线正确，输入电压符合电焊机的铭牌规定，接线螺母、螺栓及其他部件完好齐全，不得松动或损坏。直流焊机换向器与电刷接触应良好。

（2）当多台焊机在同一场地作业时，相互间距不应小于600mm，应逐台启动，并应使三相负载保持平衡。多台焊机的接地装置不得串联。

（3）移动电焊机或停电时，应切断电源，不得用拖拉电缆的方法移动焊机。

（4）调节焊接电流和极性开关应在卸除负荷后进行。

（5）硅整流直流电焊机主变压器的次级线圈和控制变压器的次级线圈不得用摇表测试。

（6）长期停用的焊机启用时，应空载通电一定时间，进行干燥处理。

5.6.3 氩弧焊机

（1）作业前，应检查并确认接地装置安全可靠，气管、水管应通畅，不得有外漏。工作场所应有良好的通风措施。

（2）应先根据焊件的材质、尺寸、形状，确定极性，再选择焊机的电压、电流和氩气的流量。

（3）安装氩气表、氩气减压阀、管接头等配件时，不得粘有油脂，并应拧紧丝扣（至少 5 扣）。开气时，严禁身体对准氩气表和气瓶节门，应防止氩气表和气瓶节门打开伤人。

（4）水冷型焊机应保持冷却水清洁。在焊接过程中，冷却水的流量应正常，不得断水施焊。

（5）焊机的高频防护装置应良好，振荡器电源线路中的连锁开关不得分接。

（6）使用氩弧焊时，操作人员应戴防毒面罩。应根据焊接厚度确定钨极粗细，更换钨极时，必须切断电源。磨削钨极端头时，应设有通风装置，操作人员应佩戴手套和口罩，磨削下来的粉尘，应及时清除。钍、铈、钨极不得随身携带，应贮存在铅盒内。

（7）焊机附近不宜有振动。焊机上及周围不得放置易燃、易爆或导电物品。

（8）氮气瓶和氩气瓶与焊接地点应相距 3m 以上，并应直立固定放置。

（9）作业后，应切断电源，关闭水源和气源。焊接人员应及时脱去工作服，清洗外露的皮肤。

5.6.4 点焊机

（1）作业前，应清除上下两电极的油污。

（2）作业前，应先接通控制线路的转向开关和焊接电流的开关，调整好极数，再接通水源、气源，最后接通电源。

（3）焊机通电后，应检查并确认电气设备、操作机构、冷却系统、气路系统工作正常，不得有漏电现象。

（4）作业时，气路、水冷系统应畅通。气体应保持干燥。排水温度不得超过 40℃，排水量可根据水温调节。

（5）严禁在引燃电路中加大熔断器。当负载过小，引燃管内电弧不能发生时，不得闭合控制箱的引燃电路。

（6）正常工作的控制箱的预热时间不得少于 5min。当控制箱长期停用时，每月应通电加热 30min。更换闸流管前，应预热 30min。

5.6.5 二氧化碳气体保护焊机

（1）作业前，二氧化碳气体应按规定进行预热。开气时，操作人员必须站在瓶嘴的侧面。

（2）作业前，应检查并确认焊丝的进给机构、电线的连接部分、二氧化碳气体的供应系统及冷却水循环系统符合要求，焊枪冷却水系统不得漏水。

（3）二氧化碳气瓶宜存放在阴凉处，不得靠近热源，并应放置牢靠。

（4）二氧化碳气体预热器端的电压，不得大于 36V。

5.6.6 埋弧焊机

（1）作业前，应检查并确认各导线连接应良好；控制箱的外壳和接线板上的罩壳应完好；送丝滚轮的沟槽及齿纹应完好；滚轮、导电嘴（块）不得有过度磨损，接触应良好；减速箱润滑油应正常。

（2）软管式送丝机构的软管槽孔应保持清洁，并定期吹洗。

（3）在焊接中，应保持焊剂连续覆盖，以免焊剂中断露出电弧。

（4）在焊机工作时，手不得触及送丝机构的滚轮。

（5）作业时，应及时排走焊接中产生的有害气体，在通风不良的室内或容器内作业时，应安装通风设备。

5.6.7 对焊机

（1）对焊机应安置在室内或防雨的工棚内，并应有可靠的接地或接零。当多台对焊机并列安装时，相互间的间距不得小于 3m，并应分别接在不同相位的电网上，分别设置各自的断路器。

（2）焊接前，应检查并确认对焊机的压力机构应灵活，夹具应牢固，气压、液压系统不得有泄漏。

（3）焊接前，应根据所焊接钢筋的截面，调整二次电压，不得焊接超过对焊机规定直径的钢筋。

（4）断路器的接触点、电极应定期光磨，二次电路连接螺栓应定期紧固。冷却水温度不得超过 40℃；排水量应根据温度调节。

（5）焊接较长钢筋时，应设置托架。

（6）闪光区应设挡板，与焊接无关的人员不得入内。

（7）冬期施焊时，温度不应低于 8℃。作业后，应放尽机内冷却水。

5.6.8 竖向钢筋电渣压力焊机

（1）应根据施焊钢筋直径选择具有足够输出电流的电焊机。电源电缆和控制电缆连接应正确、牢固。焊机及控制箱的外壳应接地或接零。

（2）作业前，应检查供电电压并确认正常，当一次电压降大于 8％时，不宜焊接。焊接导线长度不得大于 30m。

（3）作业前，应检查并确认控制电路正常，定时应准确，误差不得大于 5％，机具的传动系统、夹装系统及焊钳的转动部分应灵活自如，焊剂应已干燥，所需附件应齐全。

（4）作业前，应按所焊钢筋的直径，根据参数表，标定好所需的电流和时间。

（5）起弧前，上下钢筋应对齐，钢筋端头应接触良好。对锈蚀或粘有水泥等杂物的钢筋，应在焊接前用钢丝刷清除，并保证导电良好。

（6）每个接头焊完后，应停留 5min～6min 保温，寒冷季节应适当延长保温时间。焊渣应在完全冷却后清除。

5.6.9 气焊（割）设备

（1）气瓶每三年检验一次，使用期不应超过 20 年。气瓶压力表应灵敏正常。

（2）操作者不得正对气瓶阀门出气口，不得用明火检验是否漏气。

（3）现场使用的不同种类气瓶应装有不同的减压器，未安装减压器的氧气瓶不得使用。

（4）氧气瓶、压力表及其焊割机具上不得沾染油脂。氧气瓶安装减压器时，应先检查阀门接头，并略开氧气瓶阀门吹除污垢，然后安装减压器。

（5）开启氧气瓶阀门时，应采用专用工具，动作应缓慢。氧气瓶中的氧气不得全部用尽，应留 49kPa 以上的剩余压力。关闭氧气瓶阀门时，应先松开减压器的活门螺栓。

(6) 乙炔钢瓶使用时，应设有防止回火的安全装置；同时使用两种气体作业时，不同气瓶都应安装单向阀，防止气体相互倒灌。

(7) 作业时，乙炔瓶与氧气瓶之间的距离不得少于 5m，气瓶与明火之间的距离不得少于 10m。

(8) 乙炔软管、氧气软管不得错装。乙炔气胶管、防止回火装置及气瓶冻结时，应用 40℃ 以下热水加热解冻，不得用火烤。

(9) 点火时，焊枪口不得对人。正在燃烧的焊枪不得放在工件或地面上。焊枪带有乙炔和氧气时，不得放在金属容器内，以防止气体逸出，发生爆燃事故。

(10) 点燃焊（割）炬时，应先开乙炔阀点火开氧气阀调整火。关闭时，应先关闭乙炔阀，再关闭氧气阀。

氢氧并用时，应先开乙炔气，再开氢气，最后开氧气，再点燃。灭火时，应先关氧气，再关氢气，最后关乙炔气。

(11) 操作时，氢气瓶、乙炔瓶应直立放置，且应安放稳固。

(12) 作业中，发现氧气瓶阀门失灵或损坏不能关闭时，应让瓶内的氧气自动放尽后，再进行拆卸修理。

(13) 作业中，当氧气软管着火时，不得折弯软管断气，应迅速关闭氧气阀门，停止供氧。当乙炔软管着火时，应先关熄炬火，可弯折前面一段软管将火熄灭。

(14) 工作完毕，应将氧气瓶、乙炔瓶气阀关好，拧上安全罩，检查操作场地，确认无着火危险，方准离开。

(15) 氧气瓶应与其他气瓶、油脂等易燃、易爆物品分开存放，且不得同车运输。氧气瓶不得散装吊运。运输时，氧气瓶应装有防振圈和安全帽。

5.6.10　等离子切割机

(1) 作业前，应检查并确认不得有漏电、漏气、漏水现象，接地或接零应安全可靠。应将工作台与地面绝缘，或在电气控制系统安装空载断路继电器。

(2) 小车、工件位置应适当，工件应接通切割电路正极，切割工作面下应设有熔渣坑。

(3) 应根据工件材质、种类和厚度选定喷嘴孔径，调整切割电源、气体流量和电极的内缩量。

(4) 自动切割小车应经空车运转，并应选定合适的切割速度。

(5) 操作人员应戴好防护面罩、电焊手套、帽子、滤膜防尘口罩和隔声耳罩。

(6) 切割时，操作人员应站在上风处操作。可从工作台下部抽风，并宜缩小操作台上的敞开面积。

(7) 切割时，当空载电压过高时，应检查电器接地或接零、割炬把手绝缘情况。

(8) 高频发生器应设有屏蔽护罩，用高频引弧后，应立即切断高频电路。

(9) 作业后，应切断电源，关闭气源和水源。

5.6.11 仿形切割机

（1）应按出厂使用说明书要求接通切割机的电源，并应做好保护接地或接零。

（2）作业前，应先空运转，检查并确认氧、乙炔和加装的仿形样板配合无误后，开始切割作业。

（3）作业后，应清理保养设备，整理并保管好氧气带、乙炔气带及电缆线。

6 施工现场消防安全

6.1 建筑防火

6.1.1 临时用房防火

（1）宿舍、办公用房的防火设计应符合下列规定：

1）建筑构件的燃烧性能等级应为 A 级。当采用金属夹芯板材时，其芯材的燃烧性能等级应为 A 级。

2）建筑层数不应超过 3 层，每层建筑面积不应大于 300m²。

3）层数为 3 层或每层建筑面积大于 200m² 时，应设置至少 2 部疏散楼梯，房间疏散门至疏散楼梯的最大距离不应大于 25m。

4）单面布置用房时，疏散走道的净宽度不应小于 1.0m；双面布置用房时，疏散走道的净宽度不应小于 1.5m。

5）疏散楼梯的净宽度不应小于疏散走道的净宽度。

6）宿舍房间的建筑面积不应大于 30m²，其他房间的建筑面积不宜大于 100m²。

7）房间内任一点至最近疏散门的距离不应大于 15m，房门的净宽度不应小于 0.8m；房间建筑面积超过 50m² 时，房门的净宽度不应小于 1.2m。

8）隔墙应从楼地面基层隔断至顶板基层底面。

（2）发电机房、变配电房、厨房操作间、锅炉房、可燃材料库房及易燃易爆危险品库房的防火设计应符合下列规定：

1）建筑构件的燃烧性能等级应为 A 级。

2）层数应为 1 层，建筑面积不应大于 200m²。

3）可燃材料库房单个房间的建筑面积不应超过 30m²，易燃易爆危险品库房单个房间的建筑面积不应超过 20m²。

4）房间内任一点至最近疏散门的距离不应大于 10m，房门的净宽度不应小于 0.8m。

（3）其他防火设计应符合下列规定：

1）宿舍、办公用房不应与厨房操作间、锅炉房、变配电房等组合建造。

2）会议室、文化娱乐室等人员密集的房间应设置在临时用房的第一层，其疏散门应向疏散方向开启。

6.1.2 在建工程防火

（1）在建工程作业场所的临时疏散通道应采用不燃、难燃材料建造，并应与在建工程结构施工同步设置，也可利用在建工程施工完毕的水平结构、楼梯。

（2）在建工程作业场所临时疏散通道的设置应符合下列规定：

1）耐火极限不应低于 0.5h。

2）设置在地面上的临时疏散通道，其净宽度不应小于 1.5m；利用在建工程施工完毕的水平结构、楼梯作临时疏散通道时，其净宽度不宜小于 1.0m；用于疏散的爬梯及设置在脚手架上的临时疏散通道，其净宽度不应小于 0.6m。

3）临时疏散通道为坡道，且坡度大于 25°时，应修建楼梯或台阶踏步或设置防滑条。

4）临时疏散通道不宜采用爬梯，确需采用时，应采取可靠固定措施。

5）临时疏散通道的侧面为临空面时，应沿临空面设置高度不小于 1.2m 的防护栏杆。

6）临时疏散通道设置在脚手架上时，脚手架应采用不燃材料搭设。

7）临时疏散通道应设置明显的疏散指示标识。

8）临时疏散通道应设置照明设施。

（3）既有建筑进行扩建、改建施工时，必须明确划分施工区和非施工区。施工区不得营业、使用和居住；非施工区继续营业、使用和居住时，应符合下列规定：

1）施工区和非施工区之间应采用不开设门、窗、洞口的耐火极限不低于 3.0h 的不燃烧体隔墙进行防火分隔。

2）非施工区内的消防设施应完好和有效，疏散通道应保持畅通，并应落实日常值班及消防安全管理制度。

3）施工区的消防安全应配有专人值守，发生火情应能立即处置。

4）施工单位应向居住和使用者进行消防宣传教育，告知建筑消防设施、疏散通道的位置及使用方法，同时应组织疏散演练。

5）外脚手架搭设不应影响安全疏散、消防车正常通行及灭火救援操作，外脚手架搭设长度不应超过该建筑物外立面周长的 1/2。

（4）外脚手架、支模架的架体宜采用不燃或难燃材料搭设，下列工程的外脚手架、支模架的架体应采用不燃材料搭设：

1）高层建筑。

2）既有建筑改造工程。

（5）下列安全防护网应采用阻燃型安全防护网：

1）离层建筑外脚手架的安全防护网。

2）既有建筑外墙改造时，其外脚手架的安全防护网。

3）临时疏散通道的安全防护网。

（6）作业场所应设置明显的疏散指示标志，其指示方向应指向最近的临时疏散通道入口。

（7）作业层的醒目位置应设置安全疏散示意图。

6.2 临时消防设施

6.2.1 一般规定

（1）施工现场应设置灭火器、临时消防给水系统和应急照明等临时消防设施。

（2）临时消防设施应与在建工程的施工同步设置。房屋建筑工程中，临时消防设施的设置与在建工程主体结构施工进度的差距不应超过 3 层。

（3）在建工程可利用已具备使用条件的永久性消防设施作为临时消防设施。当永久性消防设施无法满足使用要求时，应增设临时消防设施，并应符合《建设工程施工现场消防安全技术规范》（GB 50720—2011）第 5.2～5.4 节的有关规定。

（4）施工现场的消火栓泵应采用专用消防配电线路。专用消防配电线路应自施工现场总配电箱的总断路器上端接入，且应保持不间断供电。

（5）地下工程的施工作业场所宜配备防毒面具。

（6）临时消防给水系统的贮水池、消火栓泵、室内消防竖管及水泵接合器等应设置醒目标识。

6.2.2 灭火器

（1）在建工程及临时用房的下列场所应配置灭火器：

1）易燃易爆危险品存放及使用场所。

2）动火作业场所。

3）可燃材料存放、加工及使用场所。

4）厨房操作间、锅炉房、发电机房、变配电房、设备用房、办公用房、宿舍等临时用房。

5）其他具有火灾危险的场所。

（2）施工现场灭火器配置应符合下列规定：

1）灭火器的类型应与配备场所可能发生的火灾类型相匹配。

2）灭火器的最低配置标准应符合表 6-1 的规定。

灭火器的最低配置标准　　　　　　　　　　　　　　　　表 6-1

项　　目	固体物质火灾		液体或可熔化固体物质火灾、气体火灾	
	单具灭火器最小灭火级别	单位灭火级别最大保护面积（m^2/A）	单具灭火器最小灭火级别	单位灭火级别最大保护面积（m^2/B）
易燃易爆危险品存放及使用场所	3A	50	89B	0.5
固定动火作业场	3A	50	89B	0.5
临时动火作业点	2A	50	55B	0.5
可燃材料存放、加工及使用场所	2A	75	55B	1.0
厨房操作间、锅炉房	2A	75	55B	1.0
自备发电机	2A	75	55B	1.0
变配电房	2A	75	55B	1.0
办公用房、宿舍	1A	100	—	—

3）灭火器的配置数量应按现行国家标准《建筑灭火器配置设计规范》（GB 50140—2005）的有关规定经计算确定，且每个场所的灭火器数量不应少于 2 具。

4）灭火器的最大保护距离应符合表 6-2 的规定。

灭火器的最大保护距离 (m)　　　　　　　　表 6-2

灭火器配置场所	固体物质火灾	液体或可熔化固体物质火灾、气体火灾
易燃易爆危险品存放及使用场所	15	9
固定动火作业场	15	9
临时动火作业点	10	6
可燃材料存放、加工及使用场所	20	12
厨房操作间、锅炉房	20	12
发电机房、变配电房	20	12
办公用房、宿舍等	25	—

6.2.3 临时消防给水系统

（1）施工现场或其附近应设置稳定、可靠的水源，并应能满足施工现场临时消防用水的需要。

消防水源可采用市政给水管网或天然水源。当采用天然水源时，应采取确保冰冻季节、枯水期最低水位时顺利取水的措施，并应满足临时消防用水量的要求。

（2）临时消防用水量应为临时室外消防用水量与临时室内消防用水量之和。

（3）临时室外消防用水量应按临时用房和在建工程的临时室外消防用水量的较大者确定，施工现场火灾次数可按同时发生 1 次确定。

（4）临时用房建筑面积之和大于 1000m² 或在建工程单体体积大于 10000m³ 时，应设置临时室外消防给水系统。当施工现场处于市政消火栓 150m 保护范围内，且市政消火栓的数量满足室外消防用水量要求时，可不设置临时室外消防给水系统。

（5）临时用房的临时室外消防用水量不应小于表 6-3 的规定。

临时用房的临时室外消防用水量　　　　　　　　表 6-3

临时用房的建筑面积之和	火灾延续时间 (h)	消火栓用水量 (L/s)	每支水枪最小流量 (L/s)
1000m²＜面积≤5000m²	1	10	5
面积＞5000m²		15	5

（6）在建工程的临时室外消防用水量不应小于表 6-4 的规定。

在建工程的临时室外消防用水量　　　　　　　　表 6-4

在建工程（单体）体积	火灾延续时间 (h)	消火栓用水量 (L/s)	每支水枪最小流量 (L/s)
10000m³＜体积≤30000m³	1	15	5
体积＞30000m³	2	20	5

（7）施工现场临时室外消防给水系统的设置应符合下列规定：

1）给水管网宜布置成环状。

2）临时室外消防给水干管的管径，应根据施工现场临时消防用水量和干管内水流计算速度计算确定，且不应小于 $DN100$。

3）室外消火栓应沿在建工程、临时用房和可燃材料堆场及其加工场均匀布置，与在建工程、临时用房和可燃材料堆场及其加工场的外边线的距离不应小于 5m。

4）消火栓的间距不应大于 120m。

5）消火栓的最大保护半径不应大于 150m。

（8）建筑高度大于 24m 或单体体积超过 $30000m^3$ 的在建工程，应设置临时室内消防给水系统。

（9）在建工程的临时室内消防用水量不应小于表 6-5 的规定。

在建工程的临时室内消防用水量   表 6-5

建筑高度、在建工程体积（单体）	火灾延续时间（h）	消火栓用水量（L/s）	每支水枪最小流量（L/s）
24m＜建筑高度≤50m 或 30000m³＜体积≤50000m³	1	10	5
建筑高度＞50m 或体积＞50000m³		15	5

（10）在建工程临时室内消防竖管的设置应符合下列规定：

1）消防竖管的设置位置应便于消防人员操作，其数量不应少于 2 根，当结构封顶时，应将消防竖管设置成环状。

2）消防竖管的管径应根据在建工程临时消防用水量、竖管内水流计算速度计算确定，且不应小于 $DN100$。

（11）设置室内消防给水系统的在建工程，应设置消防水泵接合器。消防水泵接合器应设置在室外便于消防车取水的部位，与室外消火栓或消防水池取水口的距离宜为 15m～40m。

（12）设置临时室内消防给水系统的在建工程，各结构层均应设置室内消火栓接口及消防软管接口，并应符合下列规定：

1）消火栓接口及软管接口应设置在位置明显且易于操作的部位。

2）消火栓接口的前端应设置截止阀。

3）消火栓接口或软管接口的间距，多层建筑不应大于 50m，高层建筑不应大于 30m。

（13）在建工程结构施工完毕的每层楼梯处应设置消防水枪、水带及软管，且每个设置点不应少于 2 套。

（14）高度超过 100m 的在建工程，应在适当楼层增设临时中转水池及加压水泵。中转水池的有效容积不应少于 $10m^3$，上、下两个中转水池的高差不宜超过 100m。

（15）临时消防给水系统的给水压力应满足消防水枪充实水柱长度不小于 10m 的要求；给水压力不能满足要求时，应设置消火栓泵，消火栓泵不应少于 2 台，且应互为备用；消火栓泵宜设置自动启动装置。

（16）当外部消防水源不能满足施工现场的临时消防用水量要求时，应在施工现场设置临时贮水池。临时贮水池宜设置在便于消防车取水的部位，其有效容积不应小于施工现场火灾延续时间内一次灭火的全部消防用水量。

（17）施工现场临时消防给水系统应与施工现场生产、生活给水系统合并设置，但应设置将生产、生活用水转为消防用水的应急阀门。应急阀门不应超过 2 个，且应设置在易于操作的场所，并应设置明显标识。

（18）严寒和寒冷地区的现场临时消防给水系统应采取防冻措施。

6.2.4 应急照明

（1）施工现场的下列场所应配备临时应急照明：

1）自备发电机房及变配电房。

2）水泵房。

3）无天然采光的作业场所及疏散通道。

4）高度超过 100m 的在建工程的室内疏散通道。

5）发生火灾时仍需坚持工作的其他场所。

（2）作业场所应急照明的照度不应低于正常工作所需照度的 90%，疏散通道的照度值不应小于 0.5lx。

（3）临时消防应急照明灯具宜选用自备电源的应急照明灯具，自备电源的连续供电时间不应小于 60min。

6.3 防火管理

6.3.1 一般规定

（1）施工现场的消防安全管理应由施工单位负责。

实行施工总承包时，应由总承包单位负责。分包单位应向总承包单位负责，并应服从总承包单位的管理，同时应承担国家法律、法规规定的消防责任和义务。

（2）监理单位应对施工现场的消防安全管理实施监理。

（3）施工单位应根据建设项目规模、现场消防安全管理的重点，在施工现场建立消防安全管理组织机构及义务消防组织，并应确定消防安全负责人和消防安全管理人员，同时应落实相关人员的消防安全管理责任。

（4）施工单位应针对施工现场可能导致火灾发生的施工作业及其他活动，制订消防安全管理制度。消防安全管理制度应包括下列主要内容：

1）消防安全教育与培训制度。

2）可燃及易燃易爆危险品管理制度。

3）用火、用电、用气管理制度。

4）消防安全检查制度。

5）应急预案演练制度。

（5）施工单位应编制施工现场防火技术方案，并应根据现场情况变化及时对其修改、完善。防火技术方案应包括下列主要内容：

1）施工现场重大火灾危险源辨识。

2）施工现场防火技术措施。

3）临时消防设施、临时疏散设施配备。

4）临时消防设施和消防警示标识布置图。

（6）施工单位应编制施工现场灭火及应急疏散预案。灭火及应急疏散预案应包括下列主要内容：

　　1）应急灭火处置机构及各级人员应急处置职责。

　　2）报警、接警处置的程序和通信联络的方式。

　　3）扑救初起火灾的程序和措施。

　　4）应急疏散及救援的程序和措施。

　　（7）施工人员进场时，施工现场的消防安全管理人员应向施工人员进行消防安全教育和培训。消防安全教育和培训应包括下列内容：

　　1）施工现场消防安全管理制度、防火技术方案、灭火及应急疏散预案的主要内容。

　　2）施工现场临时消防设施的性能及使用、维护方法。

　　3）扑灭初起火灾及自救逃生的知识和技能。

　　4）报警、接警的程序和方法。

　　（8）施工作业前，施工现场的施工管理人员应向作业人员进行消防安全技术交底。消防安全技术交底应包括下列主要内容：

　　1）施工过程中可能发生火灾的部位或环节。

　　2）施工过程应采取的防火措施及应配备的临时消防设施。

　　3）初起火灾的扑救方法及注意事项。

　　4）逃生方法及路线。

　　（9）施工过程中，施工现场的消防安全负责人应定期组织消防安全管理人员对施工现场的消防安全进行检查。消防安全检查应包括下列主要内容：

　　1）可燃物及易燃易爆危险品的管理是否落实。

　　2）动火作业的防火措施是否落实。

　　3）用火、用电、用气是否存在违章操作，电、气焊及保温防水施工是否执行操作规程。

　　4）临时消防设施是否完好有效。

　　5）临时消防车道及临时疏散设施是否畅通。

　　（10）施工单位应依据灭火及应急疏散预案，定期开展灭火及应急疏散的演练。

　　（11）施工单位应做好并保存施工现场消防安全管理的相关文件和记录，并应建立现场消防安全管理档案。

6.3.2　可燃物及易燃易爆危险品管理

　　（1）用于在建工程的保温、防水、装饰及防腐等材料的燃烧性能等级应符合设计要求。

　　（2）可燃材料及易燃易爆危险品应按计划限量进场。进场后，可燃材料宜存放于库房内，露天存放时，应分类成垛堆放，垛高不应超过 2m，单垛体积不应超过 50m³，垛与垛之间的最小间距不应小于 2m，且应采用不燃或难燃材料覆盖；易燃易爆危险品应分类专库储存，库房内应通风良好，并应设置严禁明火标志。

　　（3）室内使用油漆及其有机溶剂、乙二胺、冷底子油等易挥发产生易燃气体的物资作业时，应保持良好通风，作业场所严禁明火，并应避免产生静电。

　　（4）施工产生的可燃、易燃建筑垃圾或余料，应及时清理。

6.3.3 用火、用电、用气管理

（1）施工现场用火应符合下列规定：

1）动火作业应办理动火许可证；动火许可证的签发人收到动火申请后，应前往现场查验并确认动火作业的防火措施落实后，再签发动火许可证。

2）动火操作人员应具有相应资格。

3）焊接、切割、烘烤或加热等动火作业前，应对作业现场的可燃物进行清理；作业现场及其附近无法移走的可燃物应采用不燃材料对其覆盖或隔离。

4）施工作业安排时，宜将动火作业安排在使用可燃建筑材料的施工作业前进行。确需在使用可燃建筑材料的施工作业之后进行动火作业时，应采取可靠的防火措施。

5）裸露的可燃材料上严禁直接进行动火作业。

6）焊接、切割、烘烤或加热等动火作业应配备灭火器材，并应设置动火监护人进行现场监护，每个动火作业点均应设置 1 个监护人。

7）五级（含五级）以上风力时，应停止焊接、切割等室外动火作业；确需动火作业时，应采取可靠的挡风措施。

8）动火作业后，应对现场进行检查，并应在确认无火灾危险后，动火操作人员再离开。

9）具有火灾、爆炸危险的场所严禁明火。

10）施工现场不应采用明火取暖。

11）厨房操作间炉灶使用完毕后，应将炉火熄灭，排油烟机及油烟管道应定期清理油垢。

（2）施工现场用电应符合下列规定：

1）施工现场供用电设施的设计、施工、运行和维护应符合现行国家标准《建设工程施工现场供用电安全规范》（GB 50194—1993）的有关规定。

2）电气线路应具有相应的绝缘强度和机械强度，严禁使用绝缘老化或失去绝缘性能的电气线路，严禁在电气线路上悬挂物品。破损、烧焦的插座、插头应及时更换。

3）电气设备与可燃、易燃易爆危险品和腐蚀性物品应保持一定的安全距离。

4）有爆炸和火灾危险的场所，应按危险场所等级选用相应的电气设备。

5）配电屏上每个电气回路应设置漏电保护器、过载保护器，距配电屏 2m 范围内不应堆放可燃物，5m 范围内不宜设置可能产生较多易燃、易爆气体、粉尘的作业区。

6）可燃材料库房不应使用高热灯具，易燃易爆危险品库房内应使用防爆灯具。

7）普通灯具与易燃物的距离不宜小于 300mm，聚光灯、碘钨灯等高热灯具与易燃物的距离不宜小于 500mm。

8）电气设备不应超负荷运行或带故障使用。

9）严禁私自改装现场供用电设施。

10）应定期对电气设备和线路的运行及维护情况进行检查。

（3）施工现场用气应符合下列规定：

1）储装气体的罐瓶及其附件应合格、完好和有效；严禁使用减压器及其他附件缺损的氧气瓶，严禁使用乙炔专用减压器、回火防止器及其他附件缺损的乙炔瓶。

2）气瓶运输、存放、使用时，应符合下列规定：

① 气瓶应保持直立状态，并采取防倾倒措施，乙炔瓶严禁横躺卧放。

② 严禁碰撞、敲打、抛掷、滚动气瓶。

③ 气瓶应远离火源，与火源的距离不应小于 10m，并应采取避免高温和防止曝晒的措施。

④ 燃气储装瓶罐应设置防静电装置。

3）气瓶应分类储存，库房内应通风良好；空瓶和实瓶同库存放时，应分开放置，空瓶和实瓶的间距不应小于 1.5m。

4）气瓶使用时，应符合下列规定：

① 使用前，应检查气瓶及气瓶附件的完好性，检查连接气路的气密性，并采取避免气体泄漏的措施，严禁使用已老化的橡皮气管。

② 氧气瓶与乙炔瓶的工作间距不应小于 5m，气瓶与明火作业点的距离不应小于 10m。

③ 冬季使用气瓶，气瓶的瓶阀、减压器等发生冻结时，严禁用火烘烤或用铁器敲击瓶阀，严禁猛拧减压器的调节螺丝。

④ 氧气瓶内剩余气体的压力不应小于 0.1MPa。

⑤ 气瓶用后应及时归库。

6.3.4　其他防火管理

（1）施工现场的重点防火部位或区域应设置防火警示标识。

（2）施工单位应做好施工现场临时消防设施的日常维护工作，对已失效、损坏或丢失的消防设施应及时更换、修复或补充。

（3）临时消防车道、临时疏散通道、安全出口应保持畅通，不得遮挡、挪动疏散指示标识，不得挪用消防设施。

（4）施工期间，不应拆除临时消防设施及临时疏散设施。

（5）施工现场严禁吸烟。

7 施工现场安全检查

7.1 安全检查的内容

1. 安全检查的目的

(1) 了解安全生产的状态，为分析研究、加强安全管理提供信息依据。

(2) 发现问题、暴露隐患，以便及时采取有效措施，消除事故隐患，保障安全生产。

(3) 发现、总结及交流安全生产的成功经验，推动地区乃至行业和企业安全生产水平的提高。

(4) 利用检查，进一步宣传、贯彻、落实安全生产方针、政策和各项安全生产规章制度。

(5) 增强领导和群众安全意识，制止违章指挥，纠正违章作业，提高安全生产的自觉性和责任感。安全检查是主动性的安全防范。

2. 建筑工程施工安全检查的主要内容

建筑工程施工安全检查主要是以查安全思想、查安全责任、查安全制度、查安全措施、查安全防护、查设备设施、查教育培训、查操作行为、查劳动防护用品使用和查伤亡事故处理等为主要内容。

安全检查要根据施工生产特点，具体确定检查的项目和检查的标准。

(1) 查安全思想主要是检查以项目经理为首的项目全体员工（包括分包作业人员）的安全生产意识和对安全生产工作的重视程度。

(2) 查安全责任主要是检查现场安全生产责任制度的建立；安全生产责任目标的分解与考核情况；安全生产责任制与责任目标是否已落实到了每一个岗位和每一个人员，并得到了确认。

(3) 查安全制度主要是检查现场各项安全生产规章制度和安全技术操作规程的建立和执行情况。

(4) 查安全措施主要是检查现场安全措施计划及各项安全专项施工方案的编制、审核、审批及实施情况；重点检查方案的内容是否全面、措施是否具体并有针对性，现场的实施运行是否与方案规定的内容相符。

(5) 查安全防护主要是检查现场临边、洞口等各项安全防护设施是否到位，有无安全隐患。

(6) 查设备设施主要是检查现场投入使用的设备设施的购置、租赁、安装、验收、使用、过程维护保养等各个环节是否符合要求；设备设施的安全装置是否齐全、灵敏、可靠，有无安全隐患。

(7) 查教育培训主要是检查现场教育培训岗位、教育培训人员、教育培训内容是否明确、具体、有针对性；三级安全教育制度和特种作业人员持证上岗制度的落实情况是否到位；教育培训档案资料是否真实、齐全。

（8）查操作行为主要是检查现场施工作业过程中有无违章指挥、违章作业、违反劳动纪律的行为发生。

（9）查劳动防护用品的使用主要是检查现场劳动防护用品、用具的购置、产品质量、配备数量和使用情况是否符合安全与职业卫生的要求。

（10）查伤亡事故处理主要是检查现场是否发生伤亡事故，对发生的伤亡事故是否已按照"四不放过"的原则进行了调查处理，是否已有针对性地制定了纠正与预防措施；制定的纠正与预防措施是否已得到落实并取得实效。

3. 建筑工程施工安全检查的主要形式

建筑工程施工安全检查的主要形式一般可分为日常巡查，专项检查，定期安全检查，经常性安全检查，季节性安全检查，节假日安全检查，开工、复工安全检查，专业性安全检查和设备设施安全验收检查等。

安全检查的组织形式应根据检查的目的、内容而定，因此参加检查的组成人员也就不完全相同。

（1）定期安全检查

建筑施工企业应建立定期分级安全检查制度，定期安全检查属全面性和考核性的检查，建筑工程施工现场应至少每旬开展一次安全检查工作，施工现场的定期安全检查应由项目经理亲自组织。

（2）经常性安全检查

建筑工程施工应经常开展预防性的安全检查工作，以便于及时发现并消除事故隐患，保证施工生产正常进行。施工现场经常性的安全检查方式主要有：现场专（兼）职安全生产管理人员及安全值班人员每天例行开展的安全巡视、巡查；现场项目经理、责任工程师及相关专业技术管理人员在检查生产工作的同时进行的安全检查；作业班组在班前、班中、班后进行的安全检查。

（3）季节性安全检查

季节性安全检查主要是针对气候特点（如：暑期、雨季、风季、冬季等）可能给安全生产造成的不利影响或带来的危害而组织的安全检查。

（4）节假日安全检查

在节假日、特别是重大或传统节假日（如：元旦、春节、"五一"、"十一"等）前后和节日期间，为防止现场管理人员和作业人员思想麻痹、纪律松懈等进行的安全检查。节假日加班，更要认真检查各项安全防范措施的落实情况。

（5）开工、复工安全检查

针对工程项目开工、复工之前进行的安全检查，主要是检查现场是否具备保障安全生产的条件。

（6）专业性安全检查

由有关专业人员对现场某项专业安全问题或在施工生产过程中存在的比较系统性的安全问题进行的单项检查。这类检查专业性强，主要应由专业工程技术人员、专业安全管理人员参加。

（7）设备设施安全验收检查

针对现场塔吊等起重设备、外用施工电梯、龙门架及井架物料提升机、电气设备、脚手架、现浇混凝土模板支撑系统等设备设施在安装、搭设过程中或完成后进行的安全验收、检查。

4. 安全检查的要求

（1）根据检查内容配备力量，抽调专业人员，确定检查负责人，明确分工。

（2）应有明确的检查目的和检查项目、内容及检查标准、重点、关键部位。对大面积或数量多的项目可采取系统的观感和一定数量的测点相结合的检查方法。检查时尽量采用检测工具，用数据说话。

（3）对现场管理人员和操作工人不仅要检查是否有违章指挥和违章作业行为，还应进行"应知应会"的抽查，以便了解管理人员及操作工人的安全素质。对于违章指挥、违章作业行为，检查人员可以当场指出、进行纠正。

（4）认真、详细进行检查记录，特别是对隐患的记录必须具体，如隐患的部位、危险性程度及处理意见等。采用安全检查评分表的，应记录每项扣分的原因。

（5）检查中发现的隐患应该进行登记，并发出隐患整改通知书，引起整改单位的重视，并作为整改的备查依据。对即发性事故危险的隐患，检察人员应责令其停工，被查单位必须立即整改。

（6）尽可能系统、定量地做出检查结论，进行安全评价。以利受检单位根据安全评价研究对策进行整改，加强管理。

（7）检查后应对隐患整改情况进行跟踪复查。查被检单位是否按"三定"原则（定人、定期限、定措施）落实整改，经复查整改合格后，进行销案。

7.2 安全检查的方法

建筑工程安全检查在正确使用安全检查表的基础上，可以采用"听"、"问"、"看"、"量"、"测"、"运转试验"等方法进行。

1. "听"

听取基层管理人员或施工现场安全员汇报安全生产情况，介绍现场安全工作经验、存在的问题、今后的发展方向。

2. "问"

主要是指通过询问、提问，对以项目经理为首的现场管理人员和操作工人进行应知应会抽查，以便了解现场管理人员和操作工人的安全意识和安全素质。

3. "看"

主要是指查看施工现场安全管理资料和对施工现场进行巡视。例如：查看项目负责人、专职安全管理人员、特种作业人员等的持证上岗情况；现场安全标志设置情况；劳动防护用品使用情况；现场安全防护情况；现场安全设施及机械设备安全装置配置情况等。

4. "量"

主要是指使用测量工具对施工现场的一些设施、装置进行实测实量。例如：对脚手架各种杆件间距的测量；对现场安全防护栏杆高度的测量；对电气开关箱安装高度的测量；

对在建工程与外电边线安全距离的测量等。

5."测"

主要是指使用专用仪器、仪表等监测器具对特定对象关键特性技术参数的测试。例如：使用漏电保护器测试仪对漏电保护器漏电动作电流、漏电动作时间的测试；使用地阻仪对现场各种接地装置接地电阻的测试；使用兆欧表对电机绝缘电阻的测试；使用经纬仪对塔吊、外用电梯安装垂直度的测试等。

6."运转试验"

主要是指由具有专业资格的人员对机械设备进行实际操作、试验，检验其运转的可靠性或安全限位装置的灵敏性。例如：对塔吊力矩限制器、变幅限位器、起重限位器等安全装置的试验；对施工电梯制动器、限速器、上下极限限位器、门联锁装置等安全装置的试验；对龙门架超高限位器、断绳保护器等安全装置的试验等。

7.3 安全检查的评分办法

《建筑施工安全检查标准》（JGJ 59—2011）使建筑工程安全检查由传统的定性评价上升到定量评价，使安全检查进一步规范化、标准化。建筑施工安全检查评定中，保证项目应全数检查。分项检查评分表和检查评分汇总表的满分分值均应为100分，评分表的实得分值应为各检查项目所得分值之和；评分应采用扣减分值的方法，扣减分值总和不得超过该检查项目的应得分值；当按分项检查评分表评分时，保证项目中有一项未得分或保证项目小计得分不足40分，此分项检查评分表不应得分。

1.《建筑施工安全检查标准》

（1）《建筑施工安全检查评分汇总表》主要内容包括：安全管理、文明施工、脚手架、基坑工程、模板支架、高处作业、施工用电、物料提升机与施工升降机、塔式起重机与起重吊装、施工机具10项，所示得分作为对一个施工现场安全生产情况的综合评价依据。

（2）《安全管理检查评分表》检查项目：保证项目包括：安全生产责任制、施工组织设计及专项施工方案、安全技术交底、安全检查、安全教育、应急救援。一般项目包括：分包单位安全管理、持证上岗、生产安全事故处理、安全标志。

（3）《文明施工检查评分表》检查项目：保证项目包括：现场围挡、封闭管理、施工场地、材料管理、现场办公与住宿、现场防火。一般项目包括：综合治理、公示标牌、生活设施、社区服务。

（4）脚手架检查评分表分为《扣件式钢管脚手架检查评分表》、《悬挑式脚手架检查评分表》、《门式钢管脚手架检查评分表》、《碗扣式钢管脚手架检查评分表》、《附着式升降脚手架检查评分表》、《承插型盘扣式钢管脚手架检查评分表》、《高处作业吊篮脚手架检查评分表》、《满堂脚手架检查评分表》8种脚手架的安全检查评分表。

（5）《基坑支护安全检查评分表》检查项目：保证项目包括：施工方案、基坑支护、降排水、基坑开挖、坑边荷载、安全防护。一般项目包括：基坑监测、支撑拆除、作业环境、应急预案。

（6）《模板支架安全检查评分表》检查项目：保证项目包括：施工方案、支架基础、支架稳定、施工荷载、交底与验收。一般项目包括：杆件连接、底座与托撑、构配件材质、支架拆除。

（7）《高处作业检查评分表》是对安全帽、安全网、安全带、临边防护、洞口防护、通道口防护、攀登作业、悬空作业、移动式操作平台、物料平台、悬挑式钢平台等项目的检查评定。

（8）《施工用电检查评分表》检查项目：保证项目包括：外电防护、接地与接零保护系统、配电线路、配电箱与开关箱。一般项目包括：配电室与配电装置、现场照明、用电档案。

（9）《物料提升机检查评分表》检查项目：保证项目包括：安全装置、防护设施、附墙架与缆风绳、钢丝绳、安拆、验收与使用。一般项目包括：基础与导轨架、动力与传动、通信装置、卷扬机操作棚、避雷装置。

（10）《施工升降机检查评分表》检查项目：保证项目包括：安全装置、限位装置、防护设施、附墙架、钢丝绳、滑轮与对重、安拆、验收与使用。一般项目包括：导轨架、基础、电气安全、通信装置。

（11）《塔式起重机检查评分表》检查项目：保证项目包括：载荷限制装置、行程限位装置、保护装置、吊钩、滑轮、卷筒与钢丝绳、多塔作业、安拆、验收与使用。一般项目包括：附着、基础与轨道、结构设施、电气安全。

（12）《起重吊装检查评分表》检查项目：保证项目包括：施工方案、起重机械、钢丝绳与地锚、索具、作业环境、作业人员。一般项目包括：起重吊装、高处作业、构件码放、警戒监护。

（13）《施工机具检查评分表》是对施工中使用的平刨、圆盘锯、手持电动工具、钢筋机械、电焊机、搅拌机、气瓶、翻斗车、潜水泵、振捣器、桩工机械等施工机具的检查评定。

2. 检查评分方法

（1）汇总表分数分配

汇总表满分为 100 分。各分项检查表在汇总表中均占 10 分，10 项检查内容为：安全管理、文明施工、脚手架、基坑工程、模板支架、高处作业、施工用电、物料提升机与施工升降机、塔式起重机与起重吊装、施工机具。

（2）汇总表中各分值的评分方法

1）分项检查评分表和检查评分汇总表的满分分值均应为 100 分，评分表的实得分值应为各检查项目所得分值之和。

2）评分应采用扣减分值的方法，扣减分值总和不得超过该检查项目的应得分值。

3）当按分项检查评分表评分时，保证项目中有一项未得分或保证项目小计得分不足 40 分，此分项检查评分表不应得分。

4）检查评分汇总表中各分项项目实得分值应按下式计算：

$$A_1 = \frac{B \times C}{100} \tag{7-1}$$

式中　A_1——汇总表各分项项目实得分值；

　　　B——汇总表中该项应得满分值；

　　　C——该项检查评分表实得分值。

5）当评分遇有缺项时，分项检查评分表或检查评分汇总表的总得分值应按下式计算：

$$A_2 = \frac{D}{E} \times 100 \qquad (7\text{-}2)$$

式中　A_2——遇有缺项时总得分值；

　　　D——实查项目在该表的实得分值之和；

　　　E——实查项目在该表的应得满分值之和。

6）脚手架、物料提升机与施工升降机、塔式起重机与起重吊装项目的实得分值，应为所对应专业的分项检查评分表实得分值的算术平均值。

3. 检查评定等级

施工安全检查的评定结论分为优良、合格、不合格三个等级，依据是汇总表的总得分和分项检查评分表的得分情况。

（1）优良

1）分项检查评分表无零分；

2）汇总表得分值应在80分及以上。

（2）合格

1）分项检查评分表无零分；

2）汇总表得分值应在80分以下，70分及以上。

（3）不合格

1）当汇总表得分值不足70分时；

2）当有一分项检查评分表得零分时。

当建筑施工安全检查评定的等级为不合格时，必须限期整改达到合格。

7.4　施工机械的安全检查和评价

1. 施工起重机械使用安全常识

塔式起重机、施工电梯、物料提升机等施工起重机械的操作（也称为司机）、指挥、司索等作业人员属特种作业，必须按国家有关规定经专门安全作业培训，取得特种作业操作资格证书，方可上岗作业。

施工起重机械（也称垂直运输设备）必须由相应的制造（生产）许可证企业生产，并有出厂合格证。其安装、拆除、加高及附墙施工作业，必须由相应作业资格的队伍作业，作业人员必须按国家有关规定经专门安全作业培训，取得特种作业操作资格证书，方可上岗作业。其他非专业人员不得上岗作业。

安装、拆卸、加高及附墙施工作业前，必须有经审批、审查的施工方案，并进行方案及安全技术交底。

（1）塔式起重机

1）起重机"十不吊"：

① 超载或被吊物重量不清不吊；

② 指挥信号不明确不吊；

③ 捆绑、吊挂不牢或不平衡不吊；

④ 被吊物上有人或浮置物不吊;

⑤ 结构或零部件有影响安全的缺陷或损伤不吊;

⑥ 斜拉歪吊和埋入地下物不吊;

⑦ 单根钢丝不吊;

⑧ 工作场地光线昏暗,无法看清场地、被吊物和指挥信号不吊;

⑨ 重物棱角处与捆绑钢丝绳之间未加衬垫不吊;

⑩ 易燃易爆物品不吊。

2) 塔式起重机吊运作业区域内严禁无关人员入内,起吊物下方不准站人。

3) 司机(操作)、指挥、司索等工种应按有关要求配备,其他人员不得作业。

4) 六级以上强风不准吊运物件。

5) 作业人员必须听从指挥人员的指挥,吊物起吊前作业人员应撤离。

6) 吊物的捆绑要求:

① 吊运物件时,应清楚重量,吊运点及绑扎应牢固可靠。

② 吊运散件物时,应用铁制合格料斗,料斗上应设有专用的牢固的吊装点;料斗内装物高度不得超过料斗上口边,散粒状的轻浮易撒物盛装高度应低于上口边线 10cm。

③ 吊运长条状物品(如钢筋、长条状木方等),所吊物件应在物品上选择两个均匀、平衡的吊点,绑扎牢固。

④ 吊运有棱角、锐边的物品时,钢丝绳绑扎处应做好防护措施。

(2)施工电梯

施工电梯也称外用电梯,也有称为(人、货两用)施工升降机,是施工现场垂直运输人员和材料的主要机械设备。

1) 施工电梯投入使用前,应在首层搭设出入口防护棚,防护棚应符合有关高处作业规范。

2) 电梯在大雨、大雾、六级以上大风以及导轨架、电缆等结冰时,必须停止使用。并将梯笼降到底层,切断电源。暴风雨后,应对电梯各安全装置进行一次检查,确认正常,方可使用。

3) 电梯梯笼周围 2.5m 范围,应设置防护栏杆。

4) 电梯各出料口运输平台应平整牢固,还应安装牢固可靠的栏杆和安全门,使用时安全门应保持关闭。

5) 电梯使用应有明确的联络信号,禁止用敲打、呼叫等联络。

6) 乘坐电梯时,应先关好安全门,再关好梯笼门,方可启动电梯。

7) 梯笼内乘人或载物时,应使载荷均匀分布,不得偏重;严禁超载运行。

8) 等候电梯时,应站在建筑物内,不得聚集在通道平台上,也不得将头手伸出栏杆和安全门外。

9) 电梯每班首次载重运行时,当梯笼升离地 1m～2m 时,应停机试验制动器的可靠性;当发现制动效果不良时,应调整或修复后方可投入使用。

10) 操作人员应根据指挥信号操作。作业前应鸣声示意。在电梯未切断总电源开关前,操作人员不得离开操作岗位。

11) 施工电梯发生故障的处理:

① 当运行中发现有异常情况时，应立即停机并采取有效措施将梯笼降到底层，排除故障后方可继续运行。

② 在运行中发现电气失控时，应立即按下急停按钮；在未排除故障前，不得打开急停按钮。

③ 在运行中发现制动器失灵时，可将梯笼开至底层维修；或者让其下滑防坠安全器制动。

④ 在运行中发现故障时，不可惊慌，电梯的安全装置将提供可靠的保护；并且听从专业人员的安排，或等待修复，或按专业人员指挥撤离。

12）作业后，应将梯笼降到底层，各控制开关拨到零位，切断电源，锁好开关箱，闭锁梯笼门和围护门。

（3）物料提升机

物料提升机有龙门架、井字架式的，也有的称为（货用）施工升降机，是施工现场物料垂直运输的主要机械设备。

1）物料提升机用于运载物料，严禁载人上下；装卸料人员、维修人员必须在安全装置可靠或采取了可靠的措施后，方可进入吊笼内作业。

2）物料提升机进料口必须加装安全防护门，并按高处作业规范搭设防护棚，并设安全通道，防止从棚外进入架体中。

3）物料提升机在运行时，严禁对设备进行保养、维修，任何人不得攀登架体和从架体内穿过。

4）运载物料的要求：

① 运送散料时，应使用料斗装载，并放置平稳；使用手推斗车装置于吊笼时，必须将手推斗车平稳并制动放置，注意车把手及车不能伸出吊笼。

② 运送长料时，物料不得超出吊笼；物料立放时，应捆绑牢固。

③ 物料装载时，应均匀分布，不得偏重，严禁超载运行。

5）物料提升机的架体应有附墙或缆风绳，并应牢固可靠，符合说明书和规范的要求。

6）物料提升机的架体外侧应用小网眼安全网封闭，防止物料在运行时坠落。

7）禁止在物料提升机架体上焊接、切割或者钻孔等作业，防止损伤架体的任何构件。

8）出料口平台应牢固可靠。并应安装防护栏杆和安全门。运行时安全门应保持关闭。

9）吊笼上应有安全门，防止物料坠落；并且安全门应与安全停靠装置联锁。安全停靠装置应灵敏可靠。

10）楼层安全防护门应有电气或机械锁装置，在安全门未可靠关闭时，停止吊笼运行。

11）作业人员等待吊笼时，应在建筑材料内或者平台内距安全门 1m 以上处等待。严禁将头手伸出栏杆或安全门。

12）进出料口应安装明确的联络信号，高架提升机还应安装可视系统。

2. 起重吊装作业安全常识

起重吊装是指建筑工程中，采用相应的机械设备和设施来完成结构吊装和设施安装。其作业属于危险作业，作业环境复杂，技术难度大。

（1）作业前应根据作业特点编制专项施工方案，并对参加作业人员进行方案和安全技术交底。

（2）作业时周边应设置警戒区域，设置醒目的警示标志，防止无关人员进入；特别危险处应设监护人员。

（3）起重吊装作业大多数作业点都必须由专业技术人员作业；属于特种作业的人员必须按国家有关规定经专门安全作业培训，取得特种作业操作资格证书，方可上岗作业。

（4）作业人员现场作业应选择条件安全的位置作业。卷扬机与地滑轮穿越钢丝绳的区域，禁止人员站立和通行。

（5）吊装过程必须设有专人指挥，其他人员必须服从指挥。起重指挥不能兼作其他工种。并应确保起重司机清晰准确地听到指挥信号。

（6）作业过程必须遵守起重机"十不吊"原则。

（7）被吊物的捆绑要求，按塔式起重机中被吊物捆绑的作业要求。

（8）构件存放场地应该平整坚实。构件叠放用方木垫平，必须稳固，不准超高（一般不宜超过 1.6m）。构件存放除设置垫木外，必要时要设置相应的支撑，提高其稳定性。禁止无关人员在堆放的构件中穿行，防止发生构件倒塌挤人事故。

（9）在露天有六级以上大风或大雨、大雪、大雾等天气时，应停止起重吊装作业。

（10）起重机作业时，起重臂和吊物下方严禁有人停留、工作或通过。重物吊运时，严禁人从上方通过。严禁用起重机载运人员。

（11）经常使用的起重工具注意事项：

1）手动倒链。操作人员应经培训合格，方可上岗作业，吊物时应挂牢后慢慢拉动倒链，不得斜向拽拉。当一人拉不动时，应查明原因，禁止多人一齐猛拉。

2）手扳倒链。操作人员应经培训合格，方可上岗作业，使用前检查自锁夹钳装置的可靠性，当夹紧钢丝绳后，应能往复运动，否则禁止使用。

3）千斤顶。操作人员应经培训合格，方可上岗作业，千斤顶置于平整坚实的地面上，并垫木板或钢板，防止地面沉陷。顶部与光滑物接触面应垫硬木防止滑动。开始操作应逐渐顶升，注意防止顶歪，始终保持重物的平衡。

3. 中小型施工机械使用的安全常识

施工机械的使用必须按"定人、定机"制度执行。操作人员必须经培训合格，方可上岗作业，其他人员不得擅自使用。机械使用前，必须对机械设备进行检查，各部位确认完好无损；并空载试运行，符合安全技术要求，方可使用。

施工现场机械设备必须按其控制的要求，配备符合规定的控制设备，严禁使用倒顺开关。在使用机械设备时，必须严格按安全操作规程，严禁违章作业；发现有故障，或者有异常响动，或者温度异常升高，都必须立即停机；经过专业人员维修，并检验合格后，方可重新投入使用。

操作人员应做到"调整、紧固、润滑、清洁、防腐"十字作业的要求，按有关要求对机械设备进行保养。操作人员在作业时，不得擅自离开工作岗位。下班时，应先将机械停止运行，然后断开电源，锁好电箱，方可离开。

（1）混凝土（砂浆）搅拌机

1）搅拌机的安装一定要平稳、牢固。长期固定使用时，应埋置地脚螺栓；在短期使用时，应在机座上铺设木枕或撑架找平牢固放置。

2）料斗提升时，严禁在料斗下工作或穿行。清理料斗坑时，必须先切断电源，锁好电箱，并将料斗双保险钩挂牢或插上保险插销。

3）运转时，严禁将头或手伸入料斗与机架之间查看，不得用工具或物件伸入搅拌筒内。

4）运转中严禁保养维修。维修保养搅拌机，必须拉闸断电，锁好电箱挂好"有人工作严禁合闸"牌，并有专人监护。

（2）混凝土振动器

混凝土振动器常用的有插入式和平板式。

1）振动器应安装漏电保护装置，保护接零应牢固可靠。作业时操作人员应穿戴绝缘胶鞋和绝缘手套。

2）使用前，应检查各部位无损伤，并确认连接牢固，旋转方向正确。

3）电缆线应满足操作所需的长度。严禁用电缆线拖拉或吊挂振动器。振动器不得在初凝的混凝土、地板、脚手架和干硬的地面上进行试振。在检修或作业间断时，应断开电源。

4）作业时，振动棒软管的弯曲半径不得小于 500mm，并不得多于两个弯，操作时应将振动棒垂直地沉入混凝土，不得用力硬插、斜推或让钢筋夹住棒头，也不得全部插入混凝土中，插入深度不应超过棒长的 3/4，不宜触及钢筋、芯管及预埋件。

5）作业停止需移动振动器时，应先关闭电动机，再切断电源。不得用软管拖拉电动机。

6）平板式振动器工作时，应使平板与混凝土保持接触，待表面出浆，不再下沉后，即可缓慢移动；运转时，不得搁置在已凝或初凝的混凝土上。

7）移动平板式振动器应使用干燥绝缘的拉绳，不得用脚踢电动机。

（3）钢筋切断机

1）机械未达到正常转速时，不得切料。切料时，应使用切刀的中、下部位，紧握钢筋对准刃口迅速投入，操作者应站在固定刀片一侧用力压住钢筋，应防止钢筋末端弹出伤人。

2）不得剪切直径及强度超过机械铭牌规定的钢筋和烧红的钢筋。一次切断多根钢筋时，其总截面积应在规定范围内。

3）切断短料时，手和切刀之间的距离应保持在 150mm 以上，如手握端小于 400mm 时，应采用套管或夹具将钢筋短头压住或夹牢。

4）运转中严禁用手直接清除切刀附近的断头和杂物。钢筋摆动周围和切刀周围，不得停留非操作人员。

（4）钢筋弯曲机

1）应按加工钢筋的直径和弯曲半径的要求，装好相应规格的芯轴和成型轴、挡铁轴。芯轴直径应为钢筋直径的 2.5 倍。挡铁轴应有轴套，挡铁轴的直径和强度不得小于被弯钢筋的直径和强度。

2）作业时，应将钢筋需弯曲一端插入在转盘固定销的间隙内，另一端紧靠机身固定销，并用手压紧；应检查机身固定销并确认安放在挡住钢筋的一侧，方可开动。

3）作业中，严禁更换轴芯、销子和变换角度以及调整，也不得进行清扫和加油。

4）对超过机械铭牌规定直径的钢筋严禁进行弯曲。不直的钢筋，不得在弯曲机上弯曲。

5）在弯曲钢筋的作业半径内和机身不设固定销的一侧严禁站人。

6）转盘换向时，应待停稳后进行。

7）作业后，应及时清除转盘及插入座孔内的铁锈、杂物等。

（5）钢筋调直切断机

1）应按调直钢筋的直径，选用适当的调直块及传动速度。调直块的孔径应比钢筋直径大 2mm～5mm，传动速度应根据钢筋直径选用，直径大的宜选用慢速，经调试合格，方可作业。

2）在调直块未固定、防护罩未盖好前不得送料。作业中严禁打开各部防护罩并调整间隙。

3）当钢筋送入后，手与轮应保持一定的距离，不得接近。

4）送料前应将不直的钢筋端头切除。导向筒前应安装一根 1m 长的钢管，钢筋应穿过钢管再送入调直前端的导孔内。

（6）钢筋冷拉机

1）卷扬机的位置应使操作人员能见到全部的冷拉场地，卷扬机与冷拉中线的距离不得少于 5m。

2）冷拉场地应在两端地锚外侧设置警戒区，并应安装防护栏及醒目的警示标志。严禁非作业人员在此停留。操作人员在作业时必须离开钢筋 2m 以外。

3）卷扬机操作人员必须看到指挥人员发出的信号，并待所有的人员离开危险区后方可作业。冷拉应缓慢、均匀。当有停车信号或碰到有人进入危险区时，应立即停拉，并稍稍放松卷扬机钢丝绳。

4）夜间作业的照明设施，应装设在张拉危险区外。当需要装设在场地上空时，其高度应超过 5m。灯泡应加防护罩。

（7）圆盘锯

1）锯片必须平整，锯齿尖锐，不得连续缺齿 2 个，裂纹长度不得超过 20mm。

2）被锯木料厚度，以锯片能露出木料 10mm～20mm 为限。

3）启动后，必须等待转速正常后，方可进行锯料。

4）送料时，不得将木料左右晃动或者高抬。锯料长度不小于 500mm。接近端头时，应用推棍送料。

5）若锯线走偏，应逐渐纠正，不得猛扳。

6）操作人员不应站在与锯片同一直线上操作。手臂不得跨越锯片工作。

（8）蛙式夯实机

1）夯实作业时，应一人扶夯，一人传递电缆线，且必须戴绝缘手套和穿绝缘鞋。电缆线不得扭结或缠绕，且不得张拉过紧，应保持有 3m～4m 的余量。移动时，应将电缆线移至夯机后方，不得隔机扔电缆线，当转向困难时，应停机调整。

2）作业时，手握扶手应保持机身平衡，不得用力向后压，并应随时调整行进方向。转弯时不得用力过猛，不得急转弯。

3）夯实填高土方时，应在边缘以内 100mm～150mm 夯实 2～3 遍后，再夯实边缘。

4）在较大基坑作业时，不得在斜坡上夯行，应避免造成夯头后折。

5）夯实房心土时，夯板应避开房心地下构筑物、钢筋混凝土基桩、机座及地下管道等。

6）在建筑物内部作业时，夯板或偏心块不得打在墙壁上。

7）多机作业时，平列间距不得小于 5m，前后间距不得小于 10m。

8）夯机前进方向和夯机四周 1m 范围内，不得站立非操作人员。

（9）振动冲击夯

1）内燃冲击夯启动后，内燃机应怠速运转 3min～5min，然后逐渐加大油门，待夯机跳动稳定后，方可作业。

2）电动冲击夯在接通电源启动后，应检查电动机旋转方向，有错误时应倒换联系线。

3）作业时应正确掌握夯机，不得倾斜，手把不宜握得过紧，能控制夯机前进速度即可。

4）正常作业时，不得使劲往下压手把，影响夯机跳起高度。在较松的填料上作业或上坡时，可将手把稍向下压，并应能增加夯机前进速度。

5）电动冲击夯操作人员必须戴绝缘手套，穿绝缘鞋。作业时，电缆线不应拉得过紧，应经常检查线头安装，不得松动及引起漏电。严禁冒雨作业。

（10）潜水泵

1）潜水泵宜先装在坚固的篮筐里再放入水中，也可在水中将泵的四周设立坚固的防护围网。泵应直立于水中，水深不得小于 0.5m，不得在含有泥沙的水中使用。

2）潜水泵放入水中或提出水面时，应先切断电源，严禁拉拽电缆或出水管。

3）潜水泵应装设保护接零和漏电保护装置，工作时泵周围 30m 以内水面，不得有人、畜进入。

4）应经常观察水位变化，叶轮中心至水平距离应在 0.5m～3.0m 之间，泵体不得陷入污泥或露出水面。电缆不得与井壁、池壁相擦。

5）每周应测定一次电动机定子绕组的绝缘电阻，其值应无下降。

（11）交流电焊机

1）外壳必须有保护接零，应有二次空载降压保护器和触电保护器。

2）电源应使用自动开关。接线板应无损坏，有防护罩。一次线长度不超过 5m，二次线长度不得超过 30m。

3）焊接现场 10m 范围内，不得有易燃、易爆物品。

4）雨天不得在室外作业。在潮湿地点焊接时，要站在胶板或其他绝缘材料上。

5）移动电焊机时，应切断电源，不得用拖拉电缆的方法移动。当焊接中突然停电时，应立即切断电源。

（12）气焊设备

1）氧气瓶与乙炔瓶使用时间距不得小于 5m，存放时间距不得小于 3m，并且距高温、明火等不得小于 10m；达不到上述要求时，应采取隔离措施。

2）乙炔瓶存放和使用必须立放，严禁倒放。

3）在移动气瓶时，应使用专门的抬架或小推车；严禁氧气瓶与乙炔混合搬运；禁止直接使用钢丝绳、链条。

4）开关气瓶应使用专用工具。

5）严禁敲击、碰撞气瓶，作业人员工作时不得吸烟。

4. 施工机械监控与管理

一般可分为机械设备和建筑起重机械两类进行管理。

（1）机械设备日常检查内容

1）机械设备管理制度。

2）机械设备进场验收记录。

3）机械设备管理台账。

4）机械设备安全资料。

5）机械设备入场前，项目部机械管理人员应进行登记，建立"机械设备安全管理台账"，并应收集生产厂家生产许可证、产品合格证及使用说明书。

6）机械设备进入施工现场后，项目负责人应组织项目技术负责人、机械管理人员、专职安全管理人员、使用单位有关人员、租赁单位有关人员进行验收，应形成机械设备进场验收记录，各方人员签字确认。

7）机械设备在安装、使用、拆除前，应由项目施工技术人员对机械设备操作人员进行安全技术交底，形成安全技术交底记录，经双方签字确认后方可实施，并及时存档。

8）机械设备安装完毕后，项目负责人应组织项目技术负责人，机械管理人员，专职安全管理人员，安装、使用、租赁单位有关人员进行验收签字，形成机械设备安装验收记录和安全检查记录。

9）机械设备在日常使用过程中，项目部机械管理人员应形成"机械设备日常运行记录"。

10）项目部机械管理人员应按使用说明书要求对机械设备进行维护保养，形成"机械设备维修保养记录"。

（2）建筑起重机械日常检查内容

1）项目部应收集整理建筑起重机械特种设备制造许可证、产品合格证、制造监督检验证明、使用说明书、备案证书。

2）项目部应收集整理建筑起重机械安拆单位的资质证书、安全生产许可证，安拆人员的建筑施工特种作业人员操作资格证书，安装、拆卸工程安全协议书。

3）项目部应在建筑起重机械安装、拆卸前，分别编制安装工程专项施工方案、拆卸工程专项施工方案。

4）群塔（两台及两台以上）作业时，应绘制"群塔作业平面布置图"。

5）建筑起重机械安装前，安装单位应填写"建筑起重机械安装告知"记录，报施工总承包单位和项目监理部审核后，告知工程所在地建筑安全监督管理机构。

6）建筑起重机械安装、使用、拆卸前，应由项目施工技术人员对起重机械操作人员进行安全技术交底，经双方签字确认后方可实施，并及时存档。

7）建筑起重机械基础工程资料包括地基承载力资料、地基处理情况资料、施工资料、检测报告、建筑起重机械基础工程验收记录。

8）起重机械安装（拆卸）过程中，安装（拆卸）单位安装（拆卸）人员应根据施工需要填写建筑起重机械安装（拆卸）过程记录。

9）建筑起重机械安装完毕后，安装单位应进行自检，形成安装自检记录，龙门架及井架物料提升机也应按规范要求进行自检，安装（拆卸）人员应做好记录。

10）建筑起重机械自检合格后，安装单位应当委托有相应资质的检验检测机构检测，检测合格报告留项目部存档。

11）建筑起重机械检测合格后，总包单位应报项目监理，组织租赁单位、安装单位、使用单位、监理单位等对起重机械共同验收，形成塔式起重机（施工升降机、龙门架及井架物料提升机）安装验收记录，各方签字共同确认。

12）总包单位应按有关规定取得建筑起重机械使用登记证书，存档。

13）塔式起重机每次顶升时，由项目机械管理人员填写形成"塔式起重机顶升检验记录"；施工升降机每次加节时，由项目机械管理人员填写形成"施工升降机加节验收记录"。

14）塔式起重机每次附着锚固时，由项目机械管理人员填写形成"塔式起重机附着锚固检验记录"。

15）建筑起重机械操作人员应将起重机械的运行情况进行记录，形成"建筑起重机械运行记录"。

16）项目部应对建筑起重机械定期进行检查维护保养，形成"建筑起重机械定期维护检测记录"。

5. 施工机械的检查评分表

按照《建筑施工安全检查标准》（JGJ 59—2011）的要求进行现场检查评分。主要检查评分表有《物料提升机检查评分表》、《施工升降机检查评分表》、《塔式起重机检查评分表》、《起重吊装检查评分表》、《施工机具检查评分表》等。见表 7-1～表 7-5。

物料提升机检查评分表

表 7-1

序号	检查项目		扣分标准	应得分数	扣减分数	实得分数
1	保证项目	安全装置	未安装起重量限制器、防坠安全器扣15分 起重量限制器、防坠安全器不灵敏扣15分 安全停层装置不符合规范要求，未达到定型化扣10分 未安装上限位开关的扣15分 上限位开关不灵敏、安全越程不符合规范要求的扣10分 物料提升机安装高度超过30m，未安装渐进式防坠安全器、自动停层、语音及影像信号装置每项扣5分	15		
2		防护设施	未设置防护围栏或设置不符合规范要求扣5分 未设置进料口防护棚或设置不符合规范要求扣5～10分 停层平台两侧未设置防护栏杆、挡脚板每处扣5分，设置不符合规范要求每处扣2分 停层平台脚手板铺设不严、不牢每处扣2分 未安装平台门或平台门不起作用每处扣5分，平台门安装不符合规范要求、未达到定型化每处扣2分 吊笼门不符合规范要求扣10分	15		

序号	检查项目		扣分标准	应得分数	扣减分数	实得分数
3	保证项目	附墙架与缆风绳	附墙架结构、材质、间距不符合规范要求扣 10 分 附墙架未与建筑结构连接或附墙架与脚手架连接扣 10 分 缆风绳设置数量、位置不符合规范扣 5 分 缆风绳未使用钢丝绳或未与地锚连接每处扣 10 分 钢丝绳直径小于 8mm 扣 4 分，角度不符合 45°～60°要求每处扣 4 分 安装高度 30m 的物料提升机使用缆风绳扣 10 分 地锚设置不符合规范要求每处扣 5 分	10		
4		钢丝绳	钢丝绳磨损、变形、锈蚀达到报废标准扣 10 分 钢丝绳夹设置不符合规范要求每处扣 5 分 吊笼处于最低位置，卷筒上钢丝绳少于 3 圈扣 10 分 未设置钢丝绳过路保护或钢丝绳拖地扣 5 分	10		
5		安装与验收	安装单位未取得相应资质或特种作业人员未持证上岗扣 10 分 未制定安装（拆卸）安全专项方案扣 10 分，内容不符合规范要求扣 5 分 未履行验收程序或验收表未经责任人签字扣 5 分 验收表填写不符合规范要求每项扣 2 分	10		
		小计		60		
6	一般项目	导轨架	基础设置不符合规范扣 10 分 导轨架垂直度偏差大于 0.15％扣 5 分 导轨结合面阶差大于 1.5mm 扣 2 分 井架停层平台通道处未进行结构加强的扣 5 分	10		
7		动力与传动	卷扬机、曳引机安装不牢固扣 10 分 卷筒与导轨架底部导向轮的距离小于 20 倍卷筒宽度，未设置排绳器扣 5 分 钢丝绳在卷筒上排列不整齐扣 5 分 滑轮与导轨架、吊笼未采用刚性连接扣 10 分 滑轮与钢丝绳不匹配扣 10 分 卷筒、滑轮未设置防止钢丝绳脱出装置扣 5 分 曳引钢丝绳为 2 根及以上时，未设置曳引力平衡装置扣 5 分	10		
8		通信装置	未按规范要求设置通信装置扣 5 分 通信装置未设置语音和影像显示扣 3 分	5		
9		卷扬机操作棚	卷扬机未设置操作棚的扣 10 分 操作棚不符合规范要求的扣 5～10 分	10		
10		避雷装置	防雷保护范围以外未设置避雷装置的扣 5 分 避雷装置不符合规范要求的扣 3 分	5		
		小计		40		
检查项目合计				100		

施工升降机检查评分表   表 7-2

序号	检查项目	扣分标准	应得分数	扣减分数	实得分数
1	安全装置	未安装起重量限制器或不灵敏扣 10 分 未安装渐进式防坠安全器或不灵敏扣 10 分 防坠安全器超过有效标定期限扣 10 分 对重钢丝绳未安装防松绳装置或不灵敏扣 6 分 未安装急停开关扣 5 分，急停开关不符合规范要求扣 3～5 分 未安装吊笼和对重用的缓冲器扣 5 分 未安装安全钩扣 5 分	10		
2	限位装置	未安装极限开关或极限开关不灵敏扣 10 分 未安装上限位开关或上限位开关不灵敏扣 10 分 未安装下限位开关或下限位开关不灵敏扣 8 分 极限开关与上限位开关安全越程不符合规范要求的扣 5 分 极限限位器与上、下限位开关共用一个触发元件扣 4 分 未安装吊笼门机电联锁装置或不灵敏扣 8 分 未安装吊笼顶窗电气安全开关或不灵敏扣 4 分	10		
3	保证项目 · 防护设施	未设置防护围栏或设置不符合规范要求扣 8～10 分 未安装防护围栏门联锁保护装置或联锁保护装置不灵敏扣 8 分 未设置出入口防护棚或设置不符合规范要求扣 6～10 分 停层平台搭设不符合规范要求扣 5～8 分 未安装平台门或平台门不起作用每一处扣 4 分，平台门不符合规范要求、未达到定型化每一处扣 2～4 分	10		
4	附着	附墙架未采用配套标准产品扣 8～10 分 附墙架与建筑结构连接方式、角度不符合说明书要求扣 6～10 分 附墙架间距、最高附着点以上导轨架的自由高度超过说明书要求扣 8～10 分	10		
5	钢丝绳、滑轮与对重	对重钢丝绳数少于 2 根或未相对独立扣 10 分 钢丝绳磨损、变形、锈蚀达到报废标准扣 6～10 分 钢丝绳的规格、固定、缠绕不符合说明书及规范要求扣 5～8 分 滑轮未安装钢丝绳防脱装置或不符合规范要求扣 4 分 对重重量、固定、导轨不符合说明书及规范要求扣 6～10 分 对重未安装防脱轨保护装置扣 5 分	10		
6	安装、拆卸与验收	安装、拆卸单位无资质扣 10 分 未制定安装、拆卸专项方案扣 10 分，方案无审批或内容不符合规范要求扣 5～8 分 未履行验收程序或验收表无责任人签字扣 5～8 分 验收表填写不符合规范要求每一项扣 2～4 分 特种作业人员未持证上岗扣 10 分	10		
	小计		60		

序号	检查项目	扣分标准	应得分数	扣减分数	实得分数
7	导轨架	导轨架垂直度不符合规范要求扣 7～10 分 标准节腐蚀、磨损、开焊、变形超过说明书及规范要求扣 7～10 分 标准节结合面偏差不符合规范要求扣 4～6 分 齿条结合面偏差不符合规范要求扣 4～6 分	10		
8	基础	基础制作、验收不符合说明书及规范要求扣 8～10 分 特殊基础未编制制作方案及验收扣 8～10 分 基础未设置排水设施扣 4 分	10		
9	电气安全	施工升降机与架空线路小于安全距离又未采取防护措施扣 10 分 防护措施不符合要求扣 4～6 分 电缆使用不符合规范要求扣 4～6 分 电缆导向架未按规范设置扣 4 分 防雷保护范围以外未设置避雷装置扣 10 分 避雷装置不符合规范要求扣 5 分	10		
10	通信装置	未安装楼层联络信号扣 10 分 楼层联络信号不灵敏扣 4～6 分	10		
	小计		40		
检查项目合计			100		

一般项目（序号7～10）

塔式起重机检查评分表　　　　　　　　　　　　　　表 7-3

序号	检查项目	扣分标准	应得分数	扣减分数	实得分数
1	载荷限制装置	未安装起重量限位器或不灵敏扣 10 分 未安装力矩限制器或不灵敏扣 10 分	10		
2	行程限位装置	未安装起升高度限位器或不灵敏扣 10 分 未安装幅度限位器或不灵敏扣 6 分 回转不设集电器的塔式起重机未安装回转限位器或不灵敏扣 6 分 行走式塔式起重机未安装行走限位器或不灵敏扣 8 分	10		
3	保护装置	小车变幅的塔式起重机未安装断绳保护及断轴保护装置或不符合规范要求扣 8～10 分 行走及小车变幅的轨道行程末端未安装缓冲器及止挡装置或不符合规范要求扣 6～10 分 起重臂根部绞点高度大于 50m 的塔式起重机未安装风速仪或不灵敏扣 4 分 塔式起重机顶部高度大于 30m 且高于周围建筑物未安装障碍指示灯扣 4 分	10		

保证项目（序号1～3）

续表

序号	检查项目		扣分标准	应得分数	扣减分数	实得分数
4	保证项目	吊钩、滑轮、卷筒与钢丝绳	吊钩未安装钢丝绳防脱钩装置或不符合规范要求扣8分 吊钩磨损、变形、疲劳裂纹达到报废标准扣10分 滑轮、卷筒未安装钢丝绳防脱装置或不符合规范要求扣4分 滑轮及卷筒的裂纹、磨损达到报废标准扣6~8分 钢丝绳磨损、变形、锈蚀达到报废标准扣6~10分 钢丝绳的规格、固定、缠绕不符合说明书及规范要求扣5~8分	10		
5		多塔作业	多塔作业未制定专项施工方案扣10分，施工方案未经审批或方案针对性不强扣6~10分 任意两台塔式起重机之间的最小架设距离不符合规范要求扣10分	10		
6		安装、拆卸与验收	安装、拆卸单位未取得相应资质扣10分 未制定安装、拆卸专项方案扣10分，方案未经审批或内容不符合规范要求扣5~8分 未履行验收程序或验收表未经责任人签字扣5~8分 验收表填写不符合规范要求每项2~4分 特种作业人员未持证上岗扣10分 未采取有效联络信号扣7~10分	10		
		小计		60		
7	一般项目	附着	塔式起重机高度超过规范不安装附着装置扣10分 附着装置水平距离或间距不满足说明书要求而未进行设计计算和审批的扣6~8分 安装内爬式塔式起重机的建筑承载结构未进行受力计算扣8分 附着装置安装不符合说明书及规范要求扣6~10分 附着后塔身垂直度不符合规范要求扣8~10分	10		
8		基础与轨道	基础未按说明书及有关规定设计、检测、验收扣8~10分 基础未设置排水措施扣4分 路基箱或枕木铺设不符合说明书及规范要求扣4~8分 轨道铺设不符合说明书及规范要求扣4~8分	10		
9		结构设施	主要结构件的变形、开焊、裂纹、锈蚀超过规范要求扣8~10分 平台、走道、梯子、栏杆等不符合规范要求扣4~8分 主要受力构件高强螺栓使用不符合规范要求扣6分 销轴连接不符合规范要求扣2~6分	10		
10		电气安全	未采用TN-S接零保护系统供电扣10分 塔式起重机与架空线路小于安全距离又未采取防护措施扣10分 防护措施不符合要求扣4~6分 防雷保护范围以外未设置避雷装置的扣10分 避雷装置不符合规范要求扣5分 电缆使用不符合规范要求扣4~6分	10		
		小计		40		
	检查项目合计			100		

起重吊装检查评分表 表 7-4

序号	检查项目			扣分标准	应得分数	扣减分数	实得分数
1	保证项目	施工方案		未编制专项施工方案或专项施工方案未经审核扣 10 分 采用起重拔杆或起吊重量超过 100kN 及以上专项方案未按规定组织专家论证扣 10 分	10		
2		起重机械	起重机	未安装荷载限制装置或不灵敏扣 20 分 未安装行程限位装置或不灵敏扣 20 分 吊钩未设置钢丝绳防脱钩装置或不符合规范要求扣 8 分	20		
			起重拔杆	未按规定安装荷载、行程限制装置每项扣 10 分 起重拔杆组装不符合设计要求扣 10~20 分 起重拔杆组装后未履行验收程序或验收表无责任人签字扣 10 分			
3		钢丝绳与地锚		钢丝绳磨损、断丝、变形、锈蚀达到报废标准扣 10 分 钢丝绳索具安全系数小于规定值扣 10 分 卷筒、滑轮磨损、裂纹达到报废标准扣 10 分 卷筒、滑轮未安装钢丝绳防脱装置扣 5 分 地锚设置不符合设计要求扣 8 分	10		
4		作业环境		起重机作业处地面承载能力不符合规定或未采用有效措施扣 10 分 起重机与架空线路安全距离不符合规范要求扣 10 分	10		
5		作业人员		起重吊装作业单位未取得相应资质或特种作业人员未持证上岗扣 10 分 未按规定进行技术交底或技术交底未留有记录扣 5 分	10		
		小计			60		
6	一般项目	高处作业		未按规定设置高处作业平台扣 10 分 高处作业平台设置不符合规范要求扣 10 分 未按规定设置爬梯或爬梯的强度、构造不符合规定扣 8 分 未按规定设置安全带悬挂点扣 10 分	10		
7		构件码放		构件码放超过作业面承载能力扣 10 分 构件堆放高度超过规定要求扣 4 分 大型构件码放未采取稳定措施扣 8 分	10		
8		信号指挥		未设置信号指挥人员扣 10 分 信号传递不清晰、不准确扣 10 分	10		
9		警戒监护		未按规定设置作业警戒区扣 10 分 警戒区未设专人监护扣 8 分	10		
		小计			40		
检查项目合计					100		

施工机具检查评分表 表 7-5

序号	检查项目	扣 分 标 准	应得分数	扣减分数	实得分数
1	平刨	平刨安装后未进行验收合格手续扣 3 分 未设置护手安全装置扣 3 分 传动部位未设置防护罩扣 3 分 未做保护接零、未设置漏电保护器每处扣 3 分 未设置安全防护棚扣 3 分 无人操作时未切断电源扣 3 分 使用平刨或圆盘锯合用一台电机的多功能木工机具，平刨和圆盘锯两项扣 12 分	12		
2	圆盘锯	电锯安装后未留有验收合格手续扣 3 分 未设置锯盘护罩、分料器、防护挡板安全装置和传动部位未进行防护每缺一项扣 3 分 未做保护接零、未设置漏电保护器每处扣 3 分 未设置安全防护棚扣 3 分 无人操作时未切断电源扣 3 分	10		
3	手持电动工具	Ⅰ类手持电动工具未采取保护接零或漏电保护器扣 8 分 使用Ⅰ类手持电动工具不按规定穿戴绝缘用品扣 4 分 使用手持电动工具随意接长电源线或更换插头扣 4 分	8		
4	钢筋机械	机械安装后未留有验收合格手续扣 5 分 未做保护接零、未设置漏电保护器每处扣 5 分 钢筋加工区无防护棚，钢筋对焊作业区未采取防止火花飞溅措施，冷拉作业区未设置防护栏每处扣 5 分 传动部位未设置防护罩或限位失灵每处扣 3 分	10		
5	电焊机	电焊机安装后未留有验收合格手续扣 3 分 未做保护接零、未设置漏电保护器每处扣 3 分 未设置二次空载降压保护器或二次侧漏电保护器每处扣 3 分 一次线长度超过规定或不穿管保护扣 3 分 二次线长度超过规定或未采用防水橡皮护套铜芯软电缆扣 3 分 电源不使用自动开关扣 2 分 二次线接头超过 3 处或绝缘层老化每处扣 3 分 电焊机未设置防雨罩、接线柱未设置防护罩每处扣 3 分	8		
6	搅拌机	搅拌机安装后未留有验收合格手续扣 4 分 未做保护接零、未设置漏电保护器每处扣 4 分 离合器、制动器、钢丝绳达不到要求每项扣 2 分 操作手柄未设置保险装置扣 3 分 未设置安全防护棚和作业台不安全扣 4 分 上料斗未设置安全挂钩或挂钩不使用扣 3 分 传动部位未设置防护罩扣 4 分 限位不灵敏扣 4 分 作业平台不平稳扣 3 分	8		

续表

序号	检查项目	扣 分 标 准	应得分数	扣减分数	实得分数
7	气瓶	氧气瓶未安装减压器扣5分 各种气瓶未标明标准色标扣2分 气瓶间距小于5m、距明火小于10m又未采取隔离措施每处扣2分 乙炔瓶使用或存放时平放扣3分 气瓶存放不符合要求扣3分 气瓶未设置防震圈和防护帽每处扣2分	8		
8	翻斗车	翻斗车制动装置不灵敏扣5分 无证司机驾车扣5分 行车载人或违章行车扣5分	8		
9	潜水泵	未做保护接零、未设置漏电保护器每处扣3分 漏电动作电流大于15mA、负荷线未使用专用防水橡皮电缆每处扣3分	6		
10	振捣器具	未使用移动式配电箱扣4分 电缆长度超过30m扣4分 操作人员未穿戴好绝缘防护用品扣4分	8		
11	桩工机械	机械安装后未留有验收合格手续扣3分 桩工机械未设置安全保护装置扣3分 机械行走路线地耐力不符合说明书要求扣3分 施工作业编制方案扣3分 桩工机械作业违反操作规程扣3分	6		
12	泵送机械	机械安装后未留有验收合格手续扣4分 未做保护接零、未设置漏电保护器每处扣4分 固定式混凝土输送泵未制作良好的设备基础扣4分 移动式混凝土输送泵车未安装在平坦坚实的地坪上扣4分 机械周围排水不通畅的扣3分、积灰扣2分 机械产生的噪声超过《建筑施工场界噪声限值》扣3分 整机不清洁、漏油、漏水每发现一处扣2分	8		
检查项目合计			100		

7.5 临时用电的安全检查和评价

1. 施工现场临时用电安全要求

（1）基本原则

1）建筑施工现场的电工、电焊工属于特种作业工种，必须按国家有关规定经专门安全作业培训，取得特种作业操作资格证书，方可上岗作业。其他人员不得从事电气设备及电气线路的安装、维修和拆除。

2）建筑施工现场必须采用 TN-S 接零保护系统，即具有专用保护零线（PE 线）、电源中性点直接接地的 220/380V 三相五线制系统。

3）建筑施工现场必须按"三级配电二级保护"设置。

4）施工现场的用电设备必须实行"一机、一闸、一漏、一箱"制，即每台用电设备必须有自己专用的开关箱，专用开关箱内必须设置独立的隔离开关和漏电保护器。

5）严禁在高压线下方搭设临建、堆放材料和进行施工作业；在高压线一侧作业时，必须保持至少 6m 的水平距离，达不到上述距离时，必须采取隔离防护措施。

6）在宿舍工棚、仓库、办公室内严禁使用电饭煲、电水壶、电炉、电热杯等较大功率电器。如需使用，应由项目部安排专业电工在指定地点安装可使用较高功率电器的电气线路和控制器。严禁使用不符合安全的电炉、电热棒等。

7）严禁在宿舍内乱托乱接电源，非专职电工不准乱接或更换熔丝，不准以其他金属丝代替熔丝（保险）丝。

8）严禁在电线上晾衣服和挂其他东西等。

9）搬运较长的金属物体，如钢筋、钢管等材料时，应注意不要碰触到电线。

10）在临近输电线路的建筑物上作业时，不能随便往下扔金属类杂物；更不能触摸、拉动电线或电线接触钢丝和电杆的拉线。

11）移动金属梯子和操作平台时，要观察高处输电线路与移动物体的距离，确认有足够的安全距离，再进行作业。

12）在地面或楼面上运送材料时，不要踏在电线上；停放手推车、堆放钢模板、跳板、钢筋时不要压在电线上。

13）在移动有电源线的机械设备时，如电焊机、水泵、小型木工机械等，必须先切断电源，不能带电搬动。

14）当发现电线坠地或设备漏电时，切不可随意跑动和触摸金属物体，并保持 10m 以上距离。

（2）安全电压

1）安全电压是指 50V 以下特定电源供电的电压系列。

安全电压是为防止触电事故而采用的 50V 以下特定电源供电的电压系列，分为 42V、36V、24V、12V 和 6V 五个等级，根据不同的作业条件，选用不同的安全电压等级。建筑施工现场常用的安全电压有 12V、24V、36V。

2）特殊场所必须采用安全电压照明供电。

以下特殊场所必须采用安全电压照明供电：

① 室内灯具离地面低于 2.4m，手持照明灯具，一般潮湿作业场所（地下室、潮湿室内、潮湿楼梯、隧道、人防工程以及有高温、导电灰尘等）的照明，电源电压应不大于 36V。

② 在潮湿和易触及带电体场所的照明电源电压，应不大于 24V。

③ 在特别潮湿的场所，锅炉或金属容器内，导电良好的地面使用手持照明灯具等，照明电源电压不得大于 12V。

3）正确识别电线的相色。

电源线路可分工作相线（火线）、专用工作零线和专用保护零线。一般情况下，工作相线（火线）带电危险，专用工作零线和专用保护零线不带电（但在不正常情况下，工作零线也可以带电）。

一般相线（火线）分为 A、B、C 三相，分别为黄色、绿色、红色；工作零线为黑色；专用保护零线为黄绿双色线。

严禁用黄绿双色、黑色、蓝色线当相线，也严禁用黄色、绿色、红色线作为工作零线和保护零线。

（3）"用电示警"标志

正确识别"用电示警"标志或标牌，不得随意靠近、随意损坏和挪动标牌（表 7-6）。

"用电示警"标志

表 7-6

分类	颜　色	使用场所
常用电力标志	红色	配电房、发电机房、变压器等重要场所
高压示警标志	字体为黑色，箭头和边框为红色	需高压示警场所
配电房示警标志	字体为红色，边框为黑色 （或字与边框交换颜色）	配电房或发电机房
维护检修示警标志	底为红色、字为白色 （或字为红色、底为白色、边框为黑色）	维护检修时相关场所
其他用电示警标志	箭头为红色、边框为黑色、字为红色或黑色	其他一般用电场所

进入施工现场的每个人都必须认真遵守用电管理规定，见到以上用电示警标志或标牌时，不得随意靠近，更不准随意损坏、挪动标牌。

2. 施工现场临时用电的安全技术措施

（1）电气线路的安全技术措施

1）施工现场电气线路全部采用"三相五线制"（TN-S 系统）专用保护接零（PE 线）系统供电。

2）施工现场架空线采用绝缘铜线。

3）架空线设在专用电杆上，严禁架设在树木、脚手架上。

4）导线与地面保持足够的安全距离。

导线与地面最小垂直距离：施工现场应不小于 4m；机动车道应不小于 6m；铁路轨道应不小于 7.5m。

5）无法保证规定的电气安全距离，必须采取防护措施。

如果由于在建工程位置限制而无法保证规定的电气安全距离，必须采取设置防护性遮拦、栅栏，悬挂警告标志牌等防护措施，发生高压线断线落地时，非检修人员要远离落地10m 以外，以防跨步电压危害。

6）为了防止设备外壳带电发生触电事故，设备应采用保护接零，并安装漏电保护器等措施。作业人员要经常检查保护零线连接是否牢固可靠，漏电保护器是否有效。

7）在电箱等用电危险地方，挂设安全警示牌。如"有电危险"、"禁止合闸，有人工作"等。

（2）照明用电的安全技术措施

施工现场临时照明用电的安全要求如下：

1）临时照明线路必须使用绝缘导线。

临时照明线路必须使用绝缘导线，户内（工棚）临时线路的导线必须安装在离地 2m 以上支架上；户外临时线路必须安装在离地 2.5m 以上支架上，零星照明线不允许使用花线，一般应使用软电缆线。

2）建设工程的照明灯具宜采用拉线开关。拉线开关距地面高度为 2m～3m，与出、入口的水平距离为 0.15m～0.2m。

3）严禁在床头设立开关和插座。

4）电器、灯具的相线必须经过开关控制。

5）不得将相线直接引入灯具，也不允许以电气插头代替开关来分合电路，室外灯具距地面不得低于 3m；室内灯具不得低于 2.4m。

6）使用手持照明灯具（行灯）应符合一定的要求：

① 电源电压不超过 36V。

② 灯体与手柄应坚固，绝缘良好，并耐热防潮湿。

③ 灯头与灯体结合牢固。

④ 灯泡外部要有金属保护网。

⑤ 金属网、反光罩、悬吊挂钩应固定在灯具的绝缘部位上。

7）照明系统中每一单相回路上，灯具和插座数量不宜超过 25 个，并应装设熔断电流为 15A 以下的熔断保护器。

（3）配电箱与开关箱的安全技术措施

施工现场临时用电一般采用三级配电方式，即总配电箱（或配电室），下设分配电箱，再以下设开关箱，开关箱以下就是用电设备。

配电箱和开关箱的使用安全要求如下：

1）配电箱、开关箱的箱体材料，一般应选用钢板，亦可选用绝缘板，但不宜选用木质材料。

2）电箱、开关箱应安装端正、牢固，不得倒置、歪斜。

固定式配电箱、开关箱的下底与地面垂直距离应大于或等于 1.3m，小于或等于 1.5m；移动式分配电箱、开关箱的下底与地面的垂直距离应大于或等于 0.6m，小于或等于 1.5m。

3）进入开关箱的电源线，严禁用插销连接。

4）电箱之间的距离不宜太远。

分配电箱与开关箱的距离不得超过 30m。开关箱与固定式用电设备的水平距离不宜超过 3m。

5）每台用电设备应有各自专用的开关箱。

施工现场每台用电设备应有各自专用的开关箱，且必须满足"一机、一闸、一漏、一箱"的要求，严禁用同一个开关电器直接控制两台及两台以上用电设备（含插座）。

开关箱中必须设漏电保护器，其额定漏电动作电流应不大于 30mA，漏电动作时间应不大于 0.1s。

6）所有配电箱门应配锁，不得在配电箱和开关箱内挂接或插接其他临时用电设备，开关箱内严禁放置杂物。

7）配电箱、开关箱的接线应由电工操作，非电工人员不得乱接。

（4）配电箱和开关箱的使用要求

1）在停、送电时，配电箱、开关箱之间应遵守合理的操作顺序：

送电操作顺序：总配电箱→分配电箱→开关箱；

断电操作顺序：开关箱→分配电箱→总配电箱。

正常情况下，停电时首先分断自动开关，然后分断隔离开关；送电时先合隔离开关，后合自动开关。

2）使用配电箱、开关箱时，操作者应接受岗前培训，熟悉所使用设备的电气性能和掌握有关开关的正确操作方法。

3）及时检查、维修，更换熔断器的熔丝，必须用原规格的熔丝，严禁用铜线、铁线代替。

4）配电箱的工作环境应经常保持设置时的要求，不得在其周围堆放任何杂物，保持必要的操作空间和通道。

5）维修机器停电作业时，要与电源负责人联系停电，要悬挂警示标志，卸下保险丝，锁上开关箱。

3. 手持电动机具使用安全

手持电动机具在使用中需要经常移动，其振动较大，比较容易发生触电事故。而这类设备往往是在工作人员紧握之下运行的，因此，手持电动机具比固定设备更具有较大的危险性。

（1）手持电动机具的分类

手持电动机具按触电保护分为Ⅰ类工具、Ⅱ类工具和Ⅲ类工具。

1）Ⅰ类工具（即普通型电动机具）。

其额定电压超过 50V。工具在防止触电的保护方面不仅依靠其本身的绝缘，而且必须将不带电的金属外壳与电源线路中的保护零线做可靠连接，这样才能保证工具基本绝缘损坏时不成为导电体。这类工具外壳一般都是全金属。

2）Ⅱ类工具（即绝缘结构皆为双重绝缘结构的电动机具）。

其额定电压超过 50V。工具在防止触电的保护方面不仅依靠基本绝缘，而且还提供双重绝缘或加强绝缘的附加安全预防措施。这类工具外壳有金属和非金属两种，但手持部分是非金属，非金属处有"回"符号标志。

3）Ⅲ类工具（即特低电压的电动机具）。

其额定电压不超过 50V。工具在防止触电的保护方面依靠由安全特低电压供电和在工具内部不含产生比安全特低电压高的电压。这类工具外壳均为全塑料。

Ⅱ、Ⅲ类工具都能保证使用时电气安全的可靠性，不必接地或接零。

（2）手持电动机具的安全使用要求

1）一般场所应选用Ⅰ类手持式电动工具，并应装设额定漏电动作电流不大于15mA、额定漏电动作时间小于0.1s的漏电保护器。

2）在露天、潮湿场所或金属构架上操作时，必须选用Ⅱ类手持式电动工具，并装设漏电保护器，严禁使用Ⅰ类手持式电动工具。

3）负荷线必须采用耐用的橡皮护套铜芯软电缆。

单相用三芯（其中一芯为保护零线）电缆；三相用四芯（其中一芯为保护零线）电缆；电缆不得有破损或老化现象，中间不得有接头。

4）手持电动工具应配备装有专用的电源开关和漏电保护器的开关箱，严禁一台开关接两台以上设备，其电源开关应采用双刀控制。

5）手持电动工具开关箱内应采用插座连接，其插头、插座应无损坏、无裂纹，且绝缘良好。

6）使用手持电动工具前，必须检查外壳、手柄、负荷线、插头等是否完好无损，接线是否正确（防止相线与零线错接）；发现工具外壳、手柄破裂，应立即停止使用并进行更换。

7）非专职人员不得擅自拆卸和修理工具。

8）作业人员使用手持电动工具时，应穿绝缘鞋，戴绝缘手套，操作时握其手柄，不得利用电缆提拉。

9）长期搁置不用或受潮的工具在使用前应由电工测量绝缘阻值是否符合要求。

4. 施工现场临时用电安全检查主要内容

（1）检查标准规范依据

1）《建筑施工安全检查标准》（JGJ 59—2011）；

2）《施工现场临时用电安全技术规范》（JGJ 46—2005）。

（2）检查的主要项目

施工用电检查评分表是对施工现场临时用电情况的评价。检查的项目应包括：外电防护、接地与接零保护系统、配电箱、开关箱、现场照明、配电线路、电器装置、变配电装置和用电档案九项内容。

5. 施工现场临时用电安全检查方法

施工现场临时用电检查主要采用现场检查和用检查评分表打分的办法。

（1）施工用电检查评分表，按表7-7进行检查打分。

施工用电检查评分表　　　　　　　　　　　　　　　　　　表7-7

序号	检查项目		扣 分 标 准	应得分数	扣减分数	实得分数
1	保证项目	外电防护	外电线路与在建工程（含脚手架）、高大施工设备、场内机动车道之间小于安全距离且未采取防护措施扣10分 防护设施和绝缘隔离措施不符合规范扣5～10分 在外电架空线路正下方施工、建造临时设施或堆放材料物品扣10分	10		

序号	检查项目	扣 分 标 准	应得分数	扣减分数	实得分数
2		接地与接零保护系统	施工现场专用变压器配电系统未采用 TN-S 接零保护方式扣20分 配电系统未采用同一保护方式扣10～20分 保护零线引出位置不符合规范扣10～20分 保护零线装设开关、熔断器或与工作零线混接扣10～20分 保护零线材质、规格及颜色标记不符合规范每处扣3分 电气设备未接保护零线每处扣3分 工作接地与重复接地的设置和安装不符合规范扣10～20分 工作接地电阻大于 4Ω，重复接地电阻大于 10Ω 扣10～20分 施工现场防雷措施不符合规范扣5～10分	20		
3	保证项目	配电线路	线路老化破损，接头处理不当扣10分 线路未设短路、过载保护扣5～10分 线路截面不能满足负荷电流每处扣2分 线路架设或埋设不符合规范扣5～10分 电缆沿地面明敷扣10分 使用四芯电缆外加一根线替代五芯电缆扣10分 电杆、横担、支架不符合要求每处扣2分	10		
4		配电箱与开关箱	配电系统未按"三级配电、二级漏电保护"设置扣10～20分 用电设备违反"一机、一闸、一漏、一箱"每处扣5分 配电箱与开关箱结构设计、电器设置不符合规范扣10～20分 总配电箱与开关箱未安装漏电保护器每处扣5分 漏电保护器参数不匹配或失灵每处扣3分 配电箱与开关箱内闸具损坏每处扣3分 配电箱与开关箱进线和出线混乱每处扣3分 配电箱与开关箱内未绘制系统接线图和分路标记每处扣3分 配电箱与开关箱未设门锁、未采取防雨措施每处扣3分 配电箱与开关箱安装位置不当、周围杂物多等不便操作每处扣3分 分配电箱与开关箱的距离、开关箱与用电设备的距离不符合规范每处扣3分	20		
		小计	60		

序号	检查项目	扣 分 标 准	应得分数	扣减分数	实得分数
5	配电室与配电装置	配电室建筑耐火等级低于3级扣15分 配电室未配备合格的消防器材扣3~5分 配电室、配电装置布设不符合规范扣5~10分 配电装置中的仪表、电器元件设置不符合规范或损坏、失效扣5~10分 备用发电机组未与外电线路进行联锁扣15分 配电室未采取防雨雪和小动物侵入的措施扣10分 配电未设警示标志、工地供电平面图和系统图扣3~5分	15		
6	一般项目 现场照明	照明用电与动力用电混用每处扣3分 特殊场所未使用36V及以下安全电压扣15分 手持照明灯未使用36V以下电源供电扣10分 照明变压器未使用双绕组安全隔离变压器扣15分 照明专用回路未安装漏电保护器每处扣3分 灯具金属外壳未接保护零线每处扣3分 灯具与地面、易燃物之间小于安全距离每处扣3分 照明线路接线混乱和安全电压线路接头处使用绝缘布包扎扣10分	15		
7	用电档案	未制定专项用电施工组织设计或设计缺乏针对性扣5~10分 专项用电施工组织设计未履行审批程序，实施后未组织验收扣5~10分 接地电阻、绝缘电阻和漏电保护器检测记录未填写或填写不真实扣3分 安全技术交底、设备设施验收记录未填写或填写不真实扣3分 定期巡视检查、隐患整改记录未填写或填写不真实扣3分 档案资料不齐全、未设专人管理扣5分	10		
	小计		40		
检查项目合计			100		

（2）临时用电工程检查验收记录见表7-8所列。

临时用电工程检查验收记录　　　　　　　　　表7-8

工程名称			供电方式	
计算用电电流（A）		计算用电负荷（kV·A）	选择变压器容量（kV·A）	
选择电源电缆或导线截面积（mm²）		供电局变压器容量（kV·A）	保护方式	

序号	验收项目	验 收 内 容	验收结果
1	施工方案	用电设备在 5 台及以上或设备总容量 50kW 及以上者应编制临时用电施工组织设计，施工单位技术负责人批准、总监理工程师审批	
		用电设备在 5 台以下或设备总容量 50kW 以下者应制定安全用电和电气防火措施，施工单位技术负责人批准、总监理工程师审批	
		应有用电工程总平面图、配电装置布置图、配电系统接线图（总配电箱、分配电箱、开关箱）、接地装置设计图	
2	安全技术交底	有安全技术交底	
3	外电防护	外电架空路线下方应无生活设施、作业棚、堆放材料、施工作业区	
		与外电架空线之间的最小安全操作距离符合规范要求	
		达不到最小安全距离要求时，应设置坚固、稳定的绝缘隔离防护设施，并悬挂醒目的警告标志	
4	配电路线	架空线、电杆、横担应符合规定要求，架空线应架设在专用电杆上，不得架设在树木、脚手架及其他设施上。架空线在一个档距内，每层导线的接头数不得超过该层导线条数的 50%，且一条导线应只有一个接头	
		架空线路布设符合规范要求。架空线路的档距≤35m，架空线路的线间距≥0.3m	
		架空线与邻近线路或固定物的距离符合规范要求	
		电杆埋地、接线符合规范要求	
		电缆中应包含全部工作芯线和用做保护零线或保护线的芯线。需要三相四线制配电的电缆线路必须采用五芯电缆	
		五芯电缆应包含淡蓝、绿/黄二种颜色绝缘芯线。淡蓝色芯线必须用做工作零线（N 线）；绿/黄双色芯线必须用做保护零线（PE 线），严禁混用	
		架空电缆敷设应符合规范要求	
		埋地电缆敷设方式、深度应符合规范要求，埋地电缆路径应设方位标志	
		埋地电缆在穿越建筑物、构筑物、道路、易受机械损伤、介质腐蚀场所及引出地面 2m 至地下 0.2m 处，应采用可靠的安全防护措施	
		在建工程内的电缆线路严禁穿越脚手架引入，垂直敷设固定点每楼层不得少于一处	
		装饰装修工程或其他特殊阶段，应补充编制单项施工用电方案。电源线可沿墙角、地面敷设，但应采取防机械损伤和电火措施	
		室内配线必须是绝缘导线或电缆，过墙处应穿管保护	

续表

序号	验收项目	验 收 内 容	验收结果
5	接地与接零保护系统	应采用 TN-S 接零保护系统供电，电气设备的金属外壳必须与 PE 线连接	
		当施工现场与外电线路共用同一供电系统时，电气设备的接地、接零保护应与原系统保持一致	
		PE 线采用绝缘导线。PE 线上严禁装设开关或熔断器，严禁通过工作电源，且严禁断线	
		TN 系统中，PE 线除必须在配电室或总配电箱处做重复接地外，还必须在配电系统的中间处和末端处做重复接地。接地装置符合规范要求，每一处重复接地装置的接地电阻值不应大于 10Ω	
		工作接地电阻值符合规范要求	
		不得采用铝导体做接地体或地下接地线。垂直接地体不得采用螺纹钢。接地可利用自然接地体，但应保证其电气连接和热稳定	
		需设防雷接地装置的，其冲击接地电阻值不得大于 30Ω	
		做防雷接地机械上的电气设备，所连接的 PE 线必须同时做重复接地，同一台机械电气设备的重复接地和机械的防雷接地可共用同一接地体，但接地电阻应符合重复接地电阻值的要求	
6	配电箱	符合三级配电两级保护要求，箱体符合规范要求，有门、有锁、有防雨、有防尘措施	
		每台用电设备必须有各自专用的开关箱，动力开关箱与照明开关箱必须分设	
		配电箱设置位置应符合有关要求，有足够二人同时工作的空间或通道	
		配电柜（总配电箱）、分配电箱、开关箱内的电器配置与接线应符合有关要求，连接牢固，完好可靠	
		配电箱的电器安装板上必须分设 N 线端子板和 PE 线端子板。N 线端子板必须与金属电器安装板绝缘；PE 线端子板必须与金属电器安装板做电气连接	
		隔离开关应设置于电源进线端，应采用分断时具有可见分断点，并能同时断开电源所有极的隔离电器	
		配电箱、开关箱的电源进线端严禁采用插头或插座做活动连接；开关箱出线端如连接需接 PE 线的用电设备，不得采用插头或插座做活动连接	
		漏电保护装置应灵敏、有效，参数应匹配	
		开关箱中漏电保护器的额定漏电动作电流不应大于 30mA，额定漏电动作时间不应大于 0.1s	
		总配电箱中漏电保护器的额定漏电动作电流应大于 30mA，额定漏电动作时间应大于 0.1s，但其额定漏电动作电源与额定漏电动作时间的乘积不应大于 30mA·s	

续表

序号	验收项目	验 收 内 容	验收结果
7	现场照明	照明回路有单独开关箱，应装设隔离开关、短路与过载保护电器和漏电保护器	
		灯具金属外壳应做接零保护。室外灯具安装高度不低于3m，室内安装高度不低于2.5m	
		照明器具选择符合规范要求。照明器具、器材应无绝缘老化或破损	
		按规定使用安全电压。隧道、人防工程、高温、有导电灰尘、比较潮湿或灯具离地面高度低于2.5m等场所的照明，电源电压不应大于36V	
		照明变压器必须使用双绕组型安全隔离变压器，严禁使用自耦变压器	
		照明装置符合规范要求	
		对夜间影响飞机或车辆通行的在建工程及机械设备，必须设置醒目的红色信号灯，其电源应设在施工现场总电源开关的前侧，并应设置外电线路停止电时的应急自备电源	
8	变配电装置	配电室布置应符合有关要求，自然通风，应有防止雨雪侵入和动物进入的措施	
		发电机组电源必须与外电线路电源连锁，严禁并列运行	
		发电机组并列运行时，必须装设同期装置，并在机组同步运行后再向负载供电	

项目经理部验收结论： 项目负责人： 项目技术负责人： 专职安全员： 电工： 其他人员： 　　　　　　年　月　日（章）	施工单位验收意见： 验收负责人：　　　　年　月　日（章） 监理单位意见： 总监理工程师：　　　年　月　日（章）

7.6 消防设施的安全检查和评价

建筑消防设施主要分为两大类，一类为灭火系统，另一类为安全疏散系统。应使建筑消防设施始终处于完好有效的状态，保证建筑物的消防安全。

我们必须加大监督检查管理的力度，提高建筑消防设施的完好率，保证公民人身安全和建筑物的消防安全。建筑消防设施种类很多，适应于施工现场的种类不多，主要有施工现场消火栓给水系统、手提灭火器和推车灭火器、现场灭火沙包等。

1. 施工现场消火栓给水系统

（1）施工现场安全检查要点

1）施工现场临时消火栓应分设于各层明显且便于使用的地点，并保证消火栓的充实水柱能到达工程内任何部位。使用时栓口离地面 1.2m，出水方向宜与墙壁成 90°。

2）消火栓口径应为 65mm，配备的水带每节长度不宜超过 20m，水枪喷嘴口径不小于 19mm。每个消火栓处宜设启动消防水泵的按钮。

3）室外消火栓应沿消防车道或堆料场内交通道路的边缘设置，消火栓之间的距离不应大于 120m。周围 3m 之内，禁止堆物。

（2）常见问题

1）消防水池：有效容量偏小、合用水池无消防专用的技术措施、较大容量水池无分格措施。

2）消防水泵：流量偏小或扬程偏大，一组消防水泵只有一根吸水管或只有一根出水管，出水管上无压力表、无试验放水阀、无泄压阀，引水装置设置不正确，吸水管的管径偏小，普通水泵与消防水泵偷梁换柱。

3）增压设施：增压泵的流量偏大。

4）水泵接合器：与室外消火栓或消防水池的取水口距离大于 40m、数量偏少、未分区设置。

5）减压装置：消火栓口动压大于 0.5MPa 的未设减压装置，减压孔板孔径偏小。

6）消防水箱：屋顶合用水箱无直通消防管网水管、无消防水专用措施、出水管上未设单向阀。

7）消火栓：阀门关闭不严，有渗水现象；冬期地上室外消火栓冻裂；室外地上消火栓开启时剧烈振动；室内消火栓口处的静水压力超过 80m 水柱，没有采用分区给水系统；室内消火栓口方向与墙平行（另外，目前新上市的消火栓口可旋转的消防栓质量有一部分不过关，用过一段时间消火栓口生锈，影响使用）；屋顶未设检查用的试验消火栓。

8）消火栓按钮：临时高压给水系统部分消火栓箱内未设置直接启泵按钮，功能不齐（常见错误有 4 种类型：消火栓按钮不能直接启泵，只能通过联动控制器启动消防水泵；消火栓按钮启动后无确认信号；消火栓按钮不能报警，显示所在部位；消火栓按钮通过 220V 强电启泵）。

9）消火栓管道：直径小；采用镀锌管，有的安装单位违章进行焊接（致使防腐层破坏，管道易锈蚀烂穿，造成漏水）。

10）高层建筑下层水压超过 0.4MPa，无减压装置；这样给使用带来很大问题，压力过大无法操作使用，还容易造成事故。

11）消火栓箱内的水枪、水带、接口、消防卷盘（水喉）等器材缺少、不全，水泵启动按钮失效。

12）供水压力不足，不能满足水枪充实水柱的要求。影响火灾火场施救。

13）消火栓箱内器材锈蚀、水带发霉、阀门锈蚀无法开启。

14）水泵接合器故障、失效。

2. 手提灭火器和推车灭火器

手提式灭火器和推车式灭火器是扑救建筑初期火灾最有效的灭火器材，使用方便，容易掌握，是施工现场配置的最常见的消防器材。它的类型有很多种，分别适用于不同类型的火灾。保证灭火器的有效好用是扑救初期火灾的必备条件。

检查各种灭火器，是对施工现场消防检查的一项重要内容。我们应当熟练地掌握检查的内容和重点，以及不同场所灭火器的配置计算。

（1）常见问题

1）数量不足、灭火器选型与场所环境火灾类型不符。

2）灭火器超期；无压力表，或压力不足。

3）夏季酷热时节灭火器在阳光下直接暴晒（可能引起爆炸），冬天严寒时期灭火器在室外存放（导致失效）。

4）灭火器放置在灭火器箱内上锁，不方便取用。

5）配置的灭火器是非正规厂家的假冒伪劣产品，或非法维修的灭火器。

（2）现场检查

1）根据危险等级检查灭火器数量是否充足，场所灭火器选型是否合适。

2）有无灭火器锈蚀、过期或压力不足现象。

3）是否取用方便。灭火器是否是国家认证合格产品，是否是认证厂家维修。

（3）检查检测

建筑消防设施的检查检测，要耐心细致，不可走马观花、蜻蜓点水，要认真测试，详细记录在案。作为维护检测的依据。

建筑消防设施随着科技进步在不断的更新换代，新的设施与旧的设施能否很好的配套结合是不容忽视的问题，许多新设施安装后由于未能很好地解决与原设施的结合调试问题，结果使整个系统陷于瘫痪。在检查中遇到设备更新时，要注意这方面的问题。

有的建筑消防设施比较多，一次检查完有困难，可以将其余设施在下次检查。

养兵千日，用兵一时，建筑消防设施的维护检查，是长期不辍的事情，要想保证消防设施的完好有效，保证建筑场所的消防安全，就必须耐心坚持，认真负责，一丝不苟。对于消防监督人员是这样，对于建筑中从事消防设施管理的人员也应是这样。

3. 施工现场消防设施检查内容

（1）消防管理方面应检查的内容有：消防安全管理组织机构的建立，消防安全管理制度，防火技术方案，灭火及应急疏散预案和演练记录，消防设施平面图，消防重点部位明细，消防设备、设施和器材登记，动火作业审批。

（2）施工现场主要消防器材有：灭火器、消防锹、消防钩、消防钳，消防用钢管、配件，消防管道等。

（3）施工现场应编制消防重点部位明细，做到分区分责任落实到位。

（4）消火栓系统的检查：

1）现场用消火栓水枪射水（直接插入排水管道）检查消防水压。

2）消火栓箱内的启动按钮启动消防水泵。

3）检查消火栓箱内的枪、带、接口、压条、阀门、卷盘是否齐全好用。

4）检查室内消火栓系统内的单向阀、减压阀等有无阀门锈蚀现象；水带有无破损、发霉的情况。

5）消火栓的使用方法是否正确。打开消火栓门，按下内部火警按钮（按钮用做报警和启动消防泵）→一人接好枪头和水带奔向起火点→另一人接好水带和阀门口→逆时针打开阀门水喷出即可（注：电起火要确定切断电源）。

（5）手提灭火器和推车灭火器的检查：

1）根据危险等级检查灭火器数量是否充足，场所灭火器选型是否合适。

2）有无灭火器锈蚀、过期或压力不足现象。

3）是否取用方便。灭火器是否是国家认证合格产品，是否是认证厂家维修。

4. 消防保卫安全资料检查内容

（1）消防安全管理主要包括下列内容：

1）项目部应建立消防安全管理组织机构。

2）项目部应制定消防安全管理制度。

3）项目部应编制施工现场防火技术专项方案。

4）项目部应编制施工现场灭火及应急疏散预案，定期组织演练，并有文字和图片记录。

5）项目部应绘制消防设施平面图，应明确现场各类消防设施、器材的布置位置和数量。

6）项目部应对施工现场消防重点部位进行登记，填写"消防重点部位明细表"。

7）项目部应将各类消防设备、设施和器材进行登记，填写"消防设备、设施、器材登记表"。

8）施工现场动火作业前，应由动火作业人提出动火作业申请，填写动火作业审批手续。

（2）保卫管理主要包括下列内容：

1）项目部应制定安全保卫制度。

2）项目部值班保卫人员应每天记录当班期间工作的主要事项，做好保卫人员值班、巡查等工作记录。

3）项目部应建立门卫制度，设置门卫室，门卫每天对外来人员、车辆进行登记，做好有关记录。

5. 施工现场消防管理常用表格

施工现场常用的管理表格有：消防重点部位明细记录和消防设备、设施、器材登记记录等（表7-9、表7-10）。

消防重点部位明细记录　　　　　　　　表7-9

工程名称				
序号	消防重点部位名称	消防器材配备情况	防火责任人	检查时间和结果

项目负责人：　　　　　　　　　　　　　消防安全管理人员：

消防设备、设施、器材登记记录 表 7-10

工程名称			地 址		
工程高度		层数		水泵台数	
扬 程		水压情况		设水箱否	
水箱容量		泵房是否设专用线路			
消防竖管口径		水口如何配备			
器材箱的配备		水龙带数		现场消火栓数	
灭火器材数量		维修时间		是否有效	
制定的措施及泵房配电线路图					

年 月 日

项目负责人：   消防安全管理人员：

7.7 施工现场临边、洞口的安全防护

对施工现场临边、洞口的防护一般就是指对施工现场"四口"和"五临边"的防护。"四口"指在建工程的通道口、预留洞口、楼梯口和电梯井口。

"五临边"防护是指在建工程的楼面临边、屋面临边、阳台临边、升降口临边、基坑临边。而《建筑施工安全检查标准》（JGJ 59—2011）是对高处作业的检查项目的检查评定。主要内容是对安全帽、安全网、安全带、临边防护、洞口防护、通道口防护、攀登作业、悬空作业、移动式操作平台、物料平台、悬挑式钢平台等项目的检查评定。

在建工程如何做到全封闭：在安全检查标准中，用密目网式安全网全封闭，这是一项技术进步。一般在多层建筑施工用里脚手架时，应在外围搭设距墙面 10cm 的防护架用密目式安全网封闭。高层建筑无落地架时，除施工区段脚手架外转用密目式安全网封闭外，下部各层的临边及窗口、洞口等也应用密目式安全网或其他防护措施全封闭。

现场封闭与脚手架检查表中的外转防护：一个是指用里脚手架施工时的外转封闭，另一个是指外脚手架作业时的外转防护。两者是对不同作业环境提出的全封闭要求。

电梯井应每间隔不大于 10m 设置一道平网防护层，以兜住掉下去的人。用脚手板或钢筋网会给人造成二次伤害。

防护设施的定型化、工具化。所谓防护设施的定型化、工具化是指临边和洞口处的防护栏杆和防护门应改变过去随意性和临时观念，制作成定型的、工具式的，以便重复使用。这既可保证安全可靠，又做到方便经济。

"三宝"与"四口"施工现场安全检查：在施工现场进行日常安全检查时，"三宝"与"四口"两者之间没有有机的联系，但因这两部分防护做得不好，在施工现场引起的伤亡事故是相互交叉的，既有高处坠落事故又有物体打击事故。因此，在《建筑施工安全检查标准》（JGJ 59—2011）中将这两部分内容放在一张检查表内，但不设保证项目，见表 7-11。

"三宝、四口"及临边防护检查评分表　　　　　　表 7-11

序号	检查项目	扣 分 标 准	应得分数	扣减分数	实得分数
1	安全帽	作业人员不戴安全帽每人扣 2 分 作业人员未按规定佩戴安全帽每人扣 1 分 安全帽不符合标准每顶扣 1 分	10		
2	安全网	在建工程外侧未采用密目式安全网封闭或网间不严扣 10 分 安全网规格、材质不符合要求扣 10 分	10		
3	安全带	作业人员未系挂安全带每人扣 5 分 作业人员未按规定系挂安全带每人扣 3 分 安全带不符合标准每条扣 2 分	10		
4	临边防护	工作面临边无防护每处扣 5 分 临边防护不严或不符合规范要求每处扣 5 分 防护设施未形成定型化、工具化扣 5 分	10		
5	洞口防护	在建工程的预留洞口、楼梯口、电梯井口，未采取防护措施每处扣 3 分 防护措施、设施不符合要求或不严密每处扣 3 分 防护设施未形成定型化、工具化扣 5 分 电梯井内每隔两层（不大于 10m）未按设置安全平网每处扣 5 分	10		
6	通道口防护	未搭设防护棚或防护不严、不牢固可靠每处扣 5 分 防护棚两侧未进行防护每处扣 6 分 防护棚宽度不大于通道口宽度每处扣 4 分 防护棚长度不符合要求每处扣 6 分 建筑物高度超过 30m，防护棚顶未采用双层防护每处扣 5 分 防护棚的材质不符合要求每处扣 5 分	10		
7	攀登作业	移动式梯子的梯脚底部垫高使用每处扣 5 分 折梯使用未有可靠拉撑装置每处扣 5 分 梯子的制作质量或材质不符合要求每处扣 5 分	5		
8	悬空作业	悬空作业处未设置防护栏杆或其他可靠的安全设施每处扣 5 分 悬空作业所用的索具、吊具、料具等设备，未经过技术鉴定或验证、验收每处扣 5 分	5		
9	移动式操作平台	操作平台的面积超过 10m² 或高度超过 5m 扣 6 分 移动式操作平台，轮子与平台的连接不牢固可靠或立柱底端距离地面超过 80mm 扣 10 分 操作平台的组装不符合要求扣 10 分 平台台面铺板不严扣 10 分 操作平台四周未按规定设置防护栏杆或未设置登高扶梯扣 10 分 操作平台的材质不符合要求扣 10 分	10		

序号	检查项目	扣　分　标　准	应得分数	扣减分数	实得分数
10	物料平台	物料平台未编制专项施工方案或未经设计计算扣10分 物料平台搭设不符合专项方案要求扣10分 物料平台支撑架未与工程结构连接或连接不符合要求扣8分 平台台面铺板不严或台面层下方未按要求设置安全平网扣10分 材质不符合要求扣10分 物料平台未在明显处设置限定荷载标牌扣3分	10		
11	悬挑式钢平台	悬挑式钢平台未编制专项施工方案或未经设计计算扣10分 悬挑式钢平台的搁支点与上部拉结点，未设置在建筑物结构上扣10分 斜拉杆或钢丝绳，未按要求在平台两边各设置两道扣10分 钢平台未按要求设置固定的防护栏杆和挡脚板或栏板扣10分 钢平台台面铺板不严，或钢平台与建筑结构之间铺板不严扣10分 平台上未在明显处设置限定荷载标牌扣6分	10		
检查项目合计			100		

8　安全事故的救援及处理

8.1　建筑安全事故的分类

1. 按事故的原因及性质分类

从建筑活动的特点及事故的原因和性质来看，建筑安全事故可以分为四类，即生产事故、质量事故、技术事故和环境事故。

（1）生产事故

生产事故主要是指在建筑产品的生产、维修、拆除过程中，操作人员违反有关施工操作规程等而直接导致的安全事故。这种事故一般都是在施工作业过程中出现的，事故发生的次数比较频繁，是建筑安全事故的主要类型之一。目前我国对建筑安全生产的管理主要是针对生产事故。

（2）质量事故

质量事故主要是指由于设计不符合规范或施工达不到要求等原因而导致建筑结构实体或使用功能存在瑕疵，进而引起安全事故的发生。在设计不符合规范标准方面，主要是一些没有相应资质的单位或个人私自出图和设计本身存在安全隐患。在施工达不到设计要求方面，一是施工过程违反有关操作规程留下的隐患；二是由于有关施工主体偷工减料的行为而导致的安全隐患。质量事故可能发生在施工作业过程中，也可能发生在建筑实体的使用过程中。特别是在建筑实体的使用过程中，质量事故带来的危害是极其严重的，如果在外加灾害（如地震、火灾）发生的情况下，其危害后果是不堪设想的。质量事故也是建筑安全事故的主要类型之一。

（3）技术事故

技术事故主要是指由于工程技术原因而导致的安全事故，技术事故的结果通常是毁灭性的。技术是安全的保证，曾被确信无疑的技术可能会在突然之间出现问题，起初微不足道的瑕疵可能导致灾难性的后果，很多时候正是由于一些不经意的技术失误才导致了严重的事故。技术事故的发生，可能发生在施工生产阶段，也可能发生在使用阶段。

（4）环境事故

环境事故主要是指建筑实体在施工或使用的过程中，由于使用环境或周边环境原因而导致的安全事故。使用环境原因主要是对建筑实体的使用不当，比如荷载超标、静荷载设计而动荷载使用以及使用高污染建筑材料或放射性材料等。对于使用高污染建筑材料或放射性材料的建筑物，一是给施工人员造成职业病危害，二是对使用者的身体带来伤害。周边环境原因主要是一些自然灾害方面的，比如山体滑坡等。在一些地质灾害频发的地区，应该特别注意环境事故的发生。环境事故的发生，我们往往归咎于自然灾害，其实是缺乏对环境事故的预判和防治能力。

2. 按事故类别分类

按事故类别分，可以分为 14 类，即物体打击、车辆伤害、机械伤害、起重伤害、触电、灼烫、火灾、高处坠落、坍塌、透水、爆炸、中毒、窒息、其他伤害。

3. 按事故严重程度分类

可以分为轻伤事故、重伤事故和死亡事故三类。

根据生产安全事故（以下简称事故）造成的人员伤亡或者直接经济损失，事故一般分为以下等级：

（1）特别重大事故，是指造成 30 人以上死亡，或者 100 人以上重伤（包括急性工业中毒，下同），或者 1 亿元以上直接经济损失的事故。

（2）重大事故，是指造成 10 人以上 30 人以下死亡，或者 50 人以上 100 人以下重伤，或者 5000 万元以上 1 亿元以下直接经济损失的事故。

（3）较大事故，是指造成 3 人以上 10 人以下死亡，或者 10 人以上 50 人以下重伤，或者 1000 万元以上 5000 万元以下直接经济损失的事故。

（4）一般事故，是指造成 3 人以下死亡，或者 10 人以下重伤，或者 1000 万元以下直接经济损失的事故。

其中，"以上"包括本数，"以下"不包括本数。

8.2 事故应急救援预案

（1）县级以上人民政府建设行政主管部门应当根据本级人民政府的要求，制定本行政区域内建设工程特大生产安全事故应急救援预案。

（2）制定本单位生产安全事故应急救援预案，建立应急救援组织或者配备应急救援人员，配备必要的应急救援器材、设备，并定期组织演练。

（3）根据建设工程施工的特点、范围，对施工现场易发生重大事故的部位、环节进行监控，制定施工现场生产安全事故应急救援预案。实行施工总承包的，由总承包单位统一组织编制建设工程生产安全事故应急救援预案，工程总承包单位和分包单位按照应急救援预案，各自建立应急救援组织或者配备应急救援人员，配备救援器材、设备，并定期组织演练。

8.3 事故报告

（1）事故发生后，事故现场有关人员应当立即向本单位负责人报告；单位负责人接到报告后，应当于 1 小时内向事故发生地县级以上人民政府安全生产监督管理部门和负有安全生产监督管理职责的有关部门报告。

情况紧急时，事故现场有关人员可以直接向事故发生地县级以上人民政府安全生产监督管理部门和负有安全生产监督管理职责的有关部门报告。

（2）安全生产监督管理部门和负有安全生产监督管理职责的有关部门接到事故报告后，应当依照下列规定上报事故情况，并通知公安机关、劳动保障行政部门、工会和人民检察院：

1）特别重大事故、重大事故逐级上报至国务院安全生产监督管理部门和负有安全生产监督管理职责的有关部门。

2）较大事故逐级上报至省、自治区、直辖市人民政府安全生产监督管理部门和负有安全生产监督管理职责的有关部门。

3）一般事故上报至设区的市级人民政府安全生产监督管理部门和负有安全生产监督管理职责的有关部门。

安全生产监督管理部门和负有安全生产监督管理职责的有关部门依照前款规定上报事故情况，应当同时报告本级人民政府。国务院安全生产监督管理部门和负有安全生产监督管理职责的有关部门以及省级人民政府接到发生特别重大事故、重大事故的报告后，应当立即报告国务院。

必要时，安全生产监督管理部门和负有安全生产监督管理职责的有关部门可以越级上报事故情况。

（3）安全生产监督管理部门和负有安全生产监督管理职责的有关部门逐级上报事故情况，每级上报的时间不得超过 2 小时。

（4）报告事故应当包括下列内容：

1）事故发生单位概况；

2）事故发生的时间、地点以及事故现场情况；

3）事故的简要经过；

4）事故已经造成或者可能造成的伤亡人数（包括下落不明的人数）和初步估计的直接经济损失；

5）已经采取的措施；

6）其他应当报告的情况。

8.4　事故现场的保护

事故发生后，事故发生单位应当立即采取有效措施，首先抢救伤员和排除险情，制止事故蔓延扩大，稳定施工人员情绪。要做到有组织、有指挥。同时，要严格保护事故现场，因抢救伤员、疏导交通、排除险情等原因，需要移动现场物件时，应当做出标志，绘制现场简图并做出书面记录，妥善保存现场重要痕迹、物证，有条件的可以拍照或摄像。

一次死亡 3 人以上的事故，要按住房和城乡建设部有关规定，立即组织摄像和召开现场会，教育全体职工。

事故现场是提供有关物证的主要场所，是调查事故原因不可缺少的客观条件。因此，要求现场各种物件的位置、颜色、形状及其物理化学性质等尽可能地保持原来状态，必须采取一切必要的和可能的措施严加保护，防止人为或自然因素的破坏。

清理事故现场，应在调查组确认无可取证，并充分记录及经有关部门同意后，方能进行。任何人不得借口恢复生产，擅自清理现场，掩盖事故真相。

8.5 组织事故调查组

接到事故报告后，事故发生单位负责人除应立即赶赴现场帮助组织抢救外，还应及时着手事故的调查工作。

轻伤、重伤事故，由企业负责人或由其指定人员组织生产、技术、安全等有关人员以及工会成员参加的事故调查组，进行调查。

重大死亡事故，由事故发生地的市、县级以上的建设行政主管部门组织事故调查组，进行调查。调查组成员由建设行政主管部门、事故发生单位的主管部门和国家安全生产监督部门、工会、公安等有关部门的人员组成，并可邀请检察机关派员参加，必要时，调查组可以聘请有关方面的专家协助进行技术鉴定、事故分析和财产损失的评估工作。

事故调查组成员应符合下列条件：

（1）具有事故调查所需的某一方面的专长；

（2）与所发生的事故没有直接的利害关系。

8.6 事故的调查处理

（1）特别重大事故由国务院或者国务院授权有关部门组织事故调查组进行调查。

重大事故、较大事故、一般事故分别由事故发生地省级人民政府、设区的市级人民政府、县级人民政府负责调查。省级人民政府、设区的市级人民政府、县级人民政府可以直接组织事故调查组进行调查，也可以授权或者委托有关部门组织事故调查组进行调查。

未造成人员伤亡的一般事故，县级人民政府也可以委托事故发生单位组织事故调查组进行调查。

（2）上级人民政府认为必要时，可以调查由下级人民政府负责调查的事故。

自事故发生之日起 30 日内（道路交通事故、火灾事故自发生之日起 7 日内），因事故伤亡人数变化导致事故等级发生变化，依照规定应当由上级人民政府负责调查的，上级人民政府可以另行组织事故调查组进行调查。

（3）特别重大事故以下等级事故，事故发生地与事故发生单位不在同一个县级以上行政区域的，由事故发生地人民政府负责调查，事故发生单位所在地人民政府应当派人参加。

（4）事故调查组的组成应当遵循精简、效能的原则。

根据事故的具体情况，事故调查组由有关人民政府、安全生产监督管理部门、负有安全生产监督管理职责的有关部门、监察机关、公安机关以及工会派人组成，并应当邀请人民检察院派人参加。事故调查组可以聘请有关专家参与调查。

（5）事故调查组成员应当具有事故调查所需要的知识和专长，并与所调查的事故没有直接利害关系。

（6）事故调查组组长由负责事故调查的人民政府指定。事故调查组组长主持事故调查组的工作。

（7）事故调查组履行下列职责：

1) 查明事故发生的经过、原因、人员伤亡情况及直接经济损失；

2) 认定事故的性质和事故责任；

3) 提出对事故责任者的处理建议；

4) 总结事故教训，提出防范和整改措施；

5) 提交事故调查报告。

(8) 事故调查组有权向有关单位和个人了解与事故有关的情况，并要求其提供相关文件、资料，有关单位和个人不得拒绝。

事故发生单位的负责人和有关人员在事故调查期间不得擅离职守，并应当随时接受事故调查组的询问，如实提供有关情况。

事故调查中发现涉嫌犯罪的，事故调查组应当及时将有关材料或者其复印件移交司法机关处理。

(9) 事故调查中需要进行技术鉴定的，事故调查组应当委托具有国家规定资质的单位进行技术鉴定。必要时，事故调查组可以直接组织专家进行技术鉴定。技术鉴定所需时间不计入事故调查期限。

(10) 事故调查组成员在事故调查工作中应当诚信公正、恪尽职守，遵守事故调查组的纪律，保守事故调查的秘密。

未经事故调查组组长允许，事故调查组成员不得擅自发布有关事故的信息。

(11) 事故调查组应当自事故发生之日起 60 日内提交事故调查报告；特殊情况下，经负责事故调查的人民政府批准，提交事故调查报告的期限可以适当延长，但延长的期限最长不超过 60 日。

(12) 事故调查报告应当包括下列内容：

1) 事故发生单位概况；

2) 事故发生经过和事故救援情况；

3) 事故造成的人员伤亡和直接经济损失；

4) 事故发生的原因和事故性质；

5) 事故责任的认定以及对事故责任者的处理建议；

6) 事故防范和整改措施。

事故调查报告应当附具有关证据材料。事故调查组成员应当在事故调查报告上签名。

(13) 事故调查报告报送负责事故调查的人民政府后，事故调查工作即告结束。事故调查的有关资料应当归档保存。

(14) 现场勘查。事故发生后，调查组必须尽早到现场进行勘查。现场勘查是技术性很强的工作，涉及广泛的科技知识和实践经验，对事故现场的勘查应该做到及时、全面、细致、客观。

现场勘察的主要内容有：

1) 做出笔录：

① 发生事故的时间、地点、气候等；

② 现场勘查人员姓名、单位、职务、联系电话等；

③ 现场勘查起止时间、勘查过程；

④ 设备、设施损坏或异常情况及事故前后的位置；

⑤ 能量逸散所造成的破坏情况、状态、程度等；

⑥ 事故发生前的劳动组合、现场人员的位置和行动。

2）现场拍照或摄像：

① 方位拍摄，要能反映事故现场在周围环境中的位置；

② 全面拍摄，要能反映事故现场各部分之间的联系；

③ 中心拍摄，要能反映事故现场中心情况；

④ 细目拍摄，揭示事故直接原因的痕迹物、致害物等。

3）绘制事故图。根据事故类别和规模以及调查工作的需要应绘制出下列示意图：

① 建筑物平面图、剖面图；

② 发生事故时人员位置及疏散（活动）图；

③ 破坏物立体图或展开图；

④ 涉及范围图；

⑤ 设备或工、器具构造图等。

4）事故事实材料和证人材料搜集：

① 受害人和肇事者姓名、年龄、文化程度、工龄等；

② 出事当天受害人和肇事者的工作情况，过去的事故记录；

③ 个人防护措施、健康状况及与事故致因有关的细节或因素；

④ 对证人的口述材料应经本人签字认可，并应认真考证其真实程度。

（15）分析事故原因。明确责任者通过充分地调查，查明事故经过，弄清造成事故的各种因素，包括人、物、环境、生产管理和技术管理等方面的问题，经过认真、客观、全面、细致、准确地分析，确定事故的性质和责任。

事故调查分析的目的，是通过认真分析事故原因，从中接受教训，采取相应措施，防止类似事故重复发生，这也是事故调查分析的宗旨。

事故分析步骤，首先整理和仔细阅读调查材料，按以下七项内容进行分析：受伤部位、受伤性质、起因物、致害物、伤害方式、不安全状态、不安全行为。

然后确定事故的直接原因、间接原因和事故责任者。分析事故原因时，应根据调查所确认的事实，从直接原因入手，逐步深入到间接原因，通过对直接原因和间接原因的分析，确定事故的直接责任者和领导责任者，再根据其在事故发生过程中的作用，确定主要责任者。

事故的性质通常分为三类：

1）责任事故，就是由于人的过失造成的事故。

2）非责任事故，即由于人们不能预见或不可抗拒的自然条件变化所造成的事故，或是在技术改造、发明创造、科学试验活动中，由于科学技术条件的限制而发生的无法预料的事故。但是，对于能够预见并可采取措施加以避免的伤亡事故，或没有经过认真研究解决技术问题而造成的事故，不能包括在内。

3）破坏性事故，即为达到既定的目的而故意造成的事故。对已确定为破坏性事故的，应由公安机关和企业保卫部门认真追查破案，依法处理。

（16）提出处理意见。写出调查报告根据对事故原因的分析，对已确定的事故直接责任者和领导责任者，根据事故后果和事故责任人应负的责任提出处理意见。同时，应制定防范措施并加以落实，防止类似事故重复发生，切实做到"四不放过"，即：事故的原因分析不清不放过，事故责任者和群众没有受到教育不放过，没有防范措施不放过，事故的责任者没受到处罚不放过。

调查组应着重把事故的经过、原因、责任分析和处理意见以及本次事故教训和改进工作的建议等写成文字报告，经调查组全体人员签字后报批。如调查组内部意见有分歧，应在弄清事实的基础上，对照政策法规反复研究，统一认识。对于个别成员仍持有不同意见的，允许保留，并在签字时写明自己的意见。对此可上报上级有关部门处理直至报请同级人民政府裁决，但不得超过事故处理工作的时限。

（17）事故的处理结案。调查组在调查工作结束后十日内，应当将调查报告送批准组成调查组的人民政府和建设行政主管部门以及调查组其他成员部门。经组成调查组的部门同意，调查组调查工作即告结束。

如果是一次死亡 3 人以上的事故，待事故调查结束后，应按建设部原监理司 1995 年 14 号文规定，事故发生地区要派人员在规定的时间内到建设部汇报。

建设部安全监督员按规定参与 3 级以上重大事故的调查处理工作，并负责对事故结案和整改措施等落实工作进行监督。

事故处理完毕后，事故发生单位应当尽快写出详细的处理报告，并按规定逐级上报。

对造成重大伤亡事故的责任者，由其所在单位或上级主管部门给予行政处分；构成犯罪的，由司法机关依法追究刑事责任。

对造成重大伤亡事故承担直接责任的有关单位，由其上级主管部门或当地建设行政主管部门，根据调查组的建议，责令其限期改善工程建设技术安全措施，并依据有关法规予以处罚。

对于连续两年发生死亡 3 人以上的事故，或发生一次死亡 3 人以上的重大死亡事故，万人死亡率超过平均水平一倍以上的单位，要按照《国务院关于特大安全事故行政责任追究的规定》（国务院令第 302 号）规定，追究有关领导和事故直接责任者的责任，给予必要的行政、经济处罚，并对企业处以通报批评、停产整顿、停止投标、降低资质、吊销营业执照等处罚。

按照国务院 75 号令规定，事故处理应当在 90 日内结案，特殊情况不得超过 180 日。

事故处理结案后，应将事故资料归档保存，其中包括：

1）职工伤亡事故登记表；

2）职工死亡、重伤事故调查报告及批复；

3）现场调查记录、图纸、照片；

4）技术鉴定和试验报告；

5）物证、人证材料；

6）直接和间接经济损失材料；

7）事故责任者自述材料；

8）医疗部门对伤亡人员的诊断书；

9）发生事故时工艺条件、操作情况和设计资料；

10）有关事故的通报、简报及文件；

11）注明参加调查组的人员姓名、职务、单位。

参 考 文 献

[1] 国家标准.GB 50720—2011 建设工程施工现场消防安全技术规范[S].北京：中国计划出版社，2011.

[2] 行业标准.JGJ 33—2012 建筑机械使用安全技术规程[S].北京：中国建筑工业出版社，2012.

[3] 行业标准.JGJ 46—2005 施工现场临时用电安全技术规范[S].北京：中国建筑工业出版社，2005.

[4] 行业标准.JGJ 59—2011 建筑施工安全检查标准[S].北京：中国建筑工业出版社，2012.

[5] 行业标准.JGJ 128—2010 建筑施工门式钢管脚手架安全技术规范[S].北京：中国建筑工业出版社，2010.

[6] 行业标准.JGJ 130—2011 建筑施工扣件式钢管脚手架安全技术规范[S].北京：中国建筑工业出版社，2011.

[7] 行业标准.JGJ 162—2008 建筑施工模板安全技术规范[S].北京：中国建筑工业出版社，2008.

[8] 行业标准.JGJ 164—2008 建筑施工木脚手架安全技术规范[S].北京：中国建筑工业出版社，2008.

[9] 行业标准.JGJ 166—2008 建筑施工碗扣式钢管脚手架安全技术规范[S].北京：中国建筑工业出版社，2009.

[10] 行业标准.JGJ 202—2010 建筑施工工具式脚手架安全技术规范[S].北京：中国建筑工业出版社，2010.

[11] 行业标准.JGJ/T 250—2011 建筑与市政工程施工现场专业人员职业标准[S].北京：中国建筑工业出版社，2012.

[12] 行业标准.JGJ 276—2012 建筑施工起重吊装工程安全技术规范[S].北京：中国建筑工业出版社，2012.